民族文字出版专项资金资助项目
新型职业农牧民培育工程教材

杂粮栽培技术

དཀྱུས་འབྲུ་འདེབས་གསོ་ལག་རྩལ།

农牧区惠民种植养殖实用技术丛书（汉藏对照）

《杂粮栽培技术》编委会　编

青海人民出版社

图书在版编目(CIP)数据

杂粮栽培技术：汉藏对照 /《杂粮栽培技术》编委会编；卡本友译. -- 西宁：青海人民出版社，2016.12(2020.11 重印)
(农牧区惠民种植养殖实用技术丛书)
ISBN 978-7-225-05293-9

Ⅰ. ①杂… Ⅱ. ①杂… ②卡… Ⅲ. ①杂粮—栽培技术—汉、藏 Ⅳ. ①S51

中国版本图书馆 CIP 数据核字（2016）第 322462 号

农牧区惠民种植养殖实用技术丛书
杂粮栽培技术(汉藏对照)
《杂粮栽培技术》编委会　编
卡本友　译

出 版 人　樊原成
出版发行　青海人民出版社有限责任公司
西宁市五四西路 71 号　邮政编码:810023　电话:(0971)6143426(总编室)
发行热线　(0971)6143516 / 6137730
网　　址　http: // www. qhrmcbs. com
印　　刷　青海新华民族印务有限公司
经　　销　新华书店
开　　本　890mm×1240mm　1/32
印　　张　6
字　　数　140 千
版　　次　2016 年 12 月第 1 版　2020 年 11 月第 3 次印刷
书　　号　ISBN 978 - 7 - 225 - 05293 - 9
定　　价　18.00 元

《杂粮栽培技术》编委会

主　　编：李吉环

副 主 编：王　维

编写人员：吴晓林　彭冬梅　史瑞琪　赵增跃

　　　　　许永丽　王健斌

翻　　译：卡本友

《དཀྱུས་འབྲུ་འདེབས་གསོ་ལག་རྒྱལ》

རྩོམ་སྒྲིག་ཨུ་ཡོན་ལྷན་ཁང་།

གཙོ་སྒྲིག་པ། ལི་ཅི་རྟོན།

གཙོ་སྒྲིག་པ་གཞོན་པ། ཞང་ལྷེ།

རྩོམ་སྒྲིག་མི་སྣ། ཁྲུའུ་ཞའོ་ལིན། ཕེང་ཧུང་མེ། ཧྲི་ཧྲུའེ་ཆི། ཀྲའོ་ཅིང་ཡུའེ།
ཞུས་ཡུང་ལི། ཞང་ཅན་ཕིན།

ཞིག་སྒྲུར་པ། མཁའ་འབུམ་ཡག

前　言

青稞、蚕豆、豌豆是青海省的优势杂粮作物，近年来，青海小宗粮豆产业发展以科技为依托，积极培育和示范推广优质新品种，制订和推广青稞、蚕豆、豌豆标准化栽培技术规范，小宗粮豆产量和品质得到大幅度提升，涌现出一批高产典型。

为进一步促进青海省小宗粮豆产业发展，提高产业化水平，根据生产者的需求，我们组织技术人员编写了《杂粮栽培技术》一书。该书共分青稞、蚕豆、豌豆等三章，每章又分五节，主要讲述作物的生产发展现状、生物学特性、主栽品种、栽培技术等内容，可供农业科技人员和广大农民群众参阅。书中内容如有不妥之处，敬请读者批评指正。

编　者

2015 年 10 月

སྔོན་གཏམ།

ནས་དང་རྒྱ་སྨན། སྨན་རིལ་བཅས་ནི་མཚོ་སྔོན་ཞིང་ཆེན་གྱི་གནས་བབ་ལེགས་པའི་དཀྱུས་འབྲུ་ལོ་ཏོག་ཡིན། ཉེ་བའི་ལོ་ཤས་རིང་མཚོ་སྔོན་གྱི་གྲངས་འབོར་ཆུང་བའི་སྨན་འབྲུ་ཐོན་ལས་ཀྱི་འཕེལ་རྒྱས་ནི་ཚན་རིག་ལག་རྩལ་རྒྱབ་རྟེན་དུ་བྱས་ཏེ། ཧུར་བརྩོན་གྱིས་འདེབས་གསོ་དང་རྒྱུ་སྤྲུས་བཟང་བའི་ས་བོན་གསར་བ་དཔེ་སྟོན་ཁྱབ་སྤེལ་བྱས་པ་དང་། ནས་དང་རྒྱ་སྨན། སྨན་རིལ་བཅས་ཀྱི་ཚད་ལྡན་ཅན་གྱི་འདེབས་གསོ་ལག་རྩལ་གྱི་ཚད་གཞི་བཟོས་པ་དང་ཁྱབ་སྤེལ་བྱས་པར་བརྟེན། གྲངས་འབོར་ཆུང་བའི་སྨན་འབྲུའི་ཐོན་ཚད་དང་རྒྱུ་སྤྲུས་ཚད་ཆེན་པོས་མཐོར་འདེགས་བྱུང་ཞིང་། ཐོན་ཚད་མཐོ་བའི་དཔེ་མཚོན་ཅན་སྐོར་ཞིག་བྱུང་བ་རེད།

སྔར་ལས་ལྷག་པར་མཚོ་སྔོན་ཞིང་ཆེན་གྱི་གྲངས་འབོར་ཆུང་བའི་སྨན་འབྲུ་ཐོན་ལས་ཀྱི་འཕེལ་རྒྱས་ལ་སྐུལ་འདེད་དང་། ཐོན་ལས་ཅན་གྱི་ཆུ་ཚད་མཐོར་འདེགས་ཡོང་བའི་ཆེད་དུ། ཐོན་སྐྱེད་མཁན་གྱི་དགོས་མཁོ་གཞིར་བཟུང་སྟེ་ང་ཚོས་ལག་རྩལ་མི་སྣ་རྩ་འཛུགས་ཀྱིས《དཀྱུས་འབྲུ་འདེབས་གསོ་ལག་རྩལ》ཞེས་པའི་དཔེ་དེབ་འདི་རྩོམ་འབྲི་བྱས་པ་ཡིན། དེབ་འདི་བསྡོམས་པས་ནས་དང་རྒྱ་སྨན། སྨན་རིལ་བཅས་ལེའུ་གསུམ་དུ་དབྱེ་ཞིང་ལེའུ་རེ་རེའང་ས་བཅད་ལྔ་རུ་དབྱེ་སྟེ་ལོ་ཏོག་གི་ཐོན་སྐྱེད་འཕེལ་རྒྱས་ཀྱི་ད་ལྟའི་གནས་ཚུལ་དང་སྐྱེ་དངོས་རིག་པའི་ཁྱད་གཤིས། འདེབས་གསོ་བྱེད་པའི་ས་བོན་གཙོ་བོ།

འདེབས་གསོའི་ལག་རྩལ་སོགས་ཀྱི་ནང་དོན་ཞིབ་བརྗོད་བྱས་ཏེ་ཞིང་ལས་ཚན······
རྩལ་མི་སྣ་དང་རྒྱ་ཆེའི་ཞིང་པ་མང་ཚོགས་ལ་གཟིགས་དཔྱད་དུ་ཕུལ་བ་ཡིན།
དེབ་འདིའི་ནང་དོན་ལ་མི་འགྲིག་པའི་ཆ་མཚེས་ཚེ་ཀློག་མཁན་རྣམས་ནས་སྐྱོན······
བརྗོད་དང་ཡོ་བསྲང་གནང་བར་ཞུ།

སྒྲིག་མཁན་གྱིས།

2015ལོའི་ཟླ 10པར།

目　　录

དཀར་ཆག

第一章　青稞栽培技术

第一节　概　述

一、分布区域

青稞是（*Hordeum vulgare* Linn. var. *nudum*）禾本科大麦属的一种禾谷类作物，因其内外颖壳分离，籽粒裸露，又称裸大麦、元麦、米大麦。主要分布于青海、西藏、甘肃西南部、四川西北部、云南西北部等地区，是藏族人民的主要粮食。青稞在青藏高原上种植约有3 500年的历史，营养价值极高，同时青稞又是青海、西藏四宝之首糌粑的主要原料。

二、青稞起源

据国内外文献资料记载，关于大麦的起源问题，一直以来说法多种多样，但归结起来可概括为两种观点。一种观点认为大麦起源于西亚，并从小亚细亚经过美索不达米亚到伊朗高原的中东地区，再从埃及、北非，直到苏联的北高加索等地区传入我国。其主要依据是那里广泛存在着二棱和六棱野生大麦，多次发现公元前6 000年左右的大麦遗物。另一种观点则认为，大麦起源地在我国青海、西藏和四川西部和云南北部。这里不仅广泛存在二棱、六棱和中间型野生大麦，并在很多遗物考古中发现了许多青稞碳化物。

大麦由野生品种到栽培品种的演化，也是一个颇有争议的问题。归纳起来有四种：即二棱起源说、二六棱双源说、六棱起源说和多阶段进化系统学说。

（一）二棱起源说

认为除伊朗和小亚细亚发现过公元前6 000年的六棱大麦外，更早的大麦遗物全是二棱型；二棱对六棱为显性，野生二棱与栽培六棱杂交后可得到类似野生六棱大麦的后代，因此认为栽培大麦起源于野生二棱大麦。

（二）六棱双源说

认为在二棱大麦的杂交中，从来没有分离出多棱型大麦，也缺少二棱向六棱类型过渡的证据，因此认为二棱和六棱型各有其本身的起源。

（三）六棱起源说

以W. 里蒙彭（Rimpao）为代表，从比较形态学观点认为栽培大麦的祖先种应为六棱型，而二棱型则为六棱型穗侧小穗退化所致。1938年瑞典学者E. 欧伯格（Aberg），把中国四川西部的野生六棱大麦，认为是真正的栽培大麦祖先种，定名为H. agriocrithon，并认为西藏高原是栽培大麦的起源地。

（四）多阶段进化系统说

20世纪70年代，我国学者在西藏、青海、四川西部等地进行考察，发现大量二棱、六棱和中间型野生大麦。通过对其进行性状遗传、细胞学核型和酶谱等研究，提出了多阶段进化系统学说。该学说认为栽培大麦的进化可能是由二棱到六棱，由小穗有柄到无柄，籽粒由有稃到裸粒，穗轴由碎穗到坚韧的过程。第一阶段的原始种是野生二棱大麦，在漫长的历史长河中，由于人类驯化大麦才开始了第二阶段，比阶段相继产生了六棱瓶型、六棱无柄型和六棱裸粒型等野生大麦。到第三阶段才进化为栽培六棱大麦，而栽培二棱大麦则是选育大穗、大粒的结果。这一学说强调了六棱大麦在进化中的作用，并论证了青藏高原是野生大麦的起源地之一。

一般认为，青稞是青藏高原的原始作物，许多学者延用栽培大麦起源地理中心说，认为青藏高原是栽培六棱大麦的发源地，众多的考古发现证明我国有悠久的青稞栽培历史。据报道，中国科学院遗传研究所在甘肃东灰山遗址发现了小麦、大麦等作物的炭化颗粒，经用碳[14]进行测定，该遗址被确认为距今5 000 ± 159年，炭化的大麦籽粒与现在栽培的青稞形状极为相似。这是我国青稞起源方面迄今为止最早的考古证据。

青稞与大麦同属同种，亲缘相近。我国大麦学开拓者徐文廷教授对我国藏区青稞起源与演化研究方面做出了重要的贡献。他将中国栽培大麦进行了一种三级分类体系，即在普通大麦一个种下，划分包括近缘野生大麦在内的五个亚种和若干变种。其具体名称如下：普通大麦种（*sp. Hordeum vulgare*）包括五个亚种，即野生二棱大麦亚（*ssp. H. spontaneum*）、野生六棱大麦（*ssp. H. agriocrithon*）、二棱大麦亚种〔*ssp. H. distichon*〕、多棱大麦亚种〔*ssp. H. vulgare*〕和中间型大麦亚种（*ssp. H. intermedium*）。他还进一步研究认为，除少数栽培大麦亲缘关系较远的野生大麦是四倍体（4x = 28）或六倍体（6x = 42）外，绝大多数的栽培大麦和野生大麦都是二倍体（2x = 14），体细胞只有14个染色体，包含一组七个染色体的染色体组。

我国的近缘野生大麦和栽培大麦自成一体。以野生二棱大麦为起点的进化体系认为，从野生二棱大麦进化成栽培大麦，分成两大分支：一是由野生二棱大麦的钝稃大麦进化成现代栽培二棱大麦（*Hordeum distichum*）；二是由野生二棱大麦经若干过渡类型，如上述三个野生二棱大麦，再由野生六棱大麦进化成现代栽培的六棱大麦（*Hordeum vulgarel*）。据考古研究证明，六棱大麦栽培较早，二棱大麦栽培较晚。现在世界各国利用六棱大麦作食用，二棱大麦作酿酒工业用。据中国科学院西北高原生物研究所调查，大麦种在西藏自治区的分布密度大，共有10个种和变种。青稞在青藏高原的分布有60多个类型，野生大麦有20多个类型。在云贵高原的青稞品种中，存在着大量的遗传显性基因，如春性（Sh2，Sh3），小穗轴长毛（S），稀穗（L），刺芒（R），正常芒（Lk2），没紫色叶耳（Pau），蓝色糊粉（GL），抗云纹病（Rh）等，这些都是起源中心的标志（见图1－1）。

图1－1　蜡熟期青稞

三、青稞营养价值

青稞具有丰富的营养价值（见表1－1）和突出的医药保健作用。《本草拾遗》记载：青稞，下气宽中、壮精益力、除湿发汗、止泻。藏医典籍《晶珠本草》更把青稞作为一种重要药物，用于治疗多种疾病。青稞在中国西北、华北及内蒙古、西藏等地均有栽培，当地群众以之为粮，《药性考》栽“青稞形同大麦，皮薄面脆，西南人倚为正食”。

表1－1　每100克青稞所含营养素

成分	剂量	成分	剂量	成分	剂量
热量	339千卡	硫胺素	0.34毫克	钙	113毫克
蛋白质	8.1克	核黄素	0.11毫克	镁	65毫克
脂肪	1.5克	烟酸	6.7毫克	铁	40.7毫克
碳水化合物	73.2克	维生素C	0毫克	锰	2.08毫克
膳食纤维	1.8克	维生素E	0.96毫克	锌	2.38毫克
维生素A	0微克	胆固醇	0毫克	铜	5.13毫克
胡萝卜素	3微克	钾	644毫克	磷	405毫克
视黄醇当量	12.4微克	钠	77毫克	硒	4.0微克

（一）β－葡聚糖

青稞是世界上麦类作物中β－葡聚糖最高的作物，青稞β－葡聚糖平均含量为6.57%，优良品种青稞25含量可达8.6%，是小麦β－葡聚糖平均含量的50倍。β－葡聚糖通过减少肠道黏膜与致癌物质的接触和间接抑制致癌微生物作用来预防结肠癌；通过降血脂和降胆固醇的合成预防心血管疾病：通过控制血糖防治糖尿病。同时青稞还具有提高机体防御能力、调节生理节律的作用。另据美国科学研究表明，青稞除含有β－葡聚糖外，还含有一种专门的胆固醇抑制因子，其含量每千克100～150毫克。

（二）膳食纤维

青稞的总疗效纤维含量为16%，其中不可溶性疗效纤维9.68%，可溶性疗效纤维6.37%，前者是小麦不可溶性疗效纤维的8倍，后者是小麦可溶性疗效纤维的15倍。膳食纤维具有清肠通便，清除体内毒素的良好功效，是人体消化系统的清道夫。

（三）支链淀粉

青稞淀粉成分独特，普遍含有74%～78%支链淀粉。支链淀粉所含有的大量凝胶黏液，经加热后呈弱碱性，对胃酸过多有抑制作用；对病灶可起到缓解和屏障保护作用。

（四）稀有营养成分

每100克青稞面粉中含硫胺素（维生素B_1）0.32毫克，核黄素（维生素B_2）0.21毫克，尼克酸3.6毫克，维生素E 0.25毫克。这些物质对促进人体健康发育均有积极作用。

（五）微量元素

青稞还含有多种有益人体健康的无机元素，如钙、磷、铁、铜、锌和微量元素硒等。硒是联合国卫生组织确定的人体必需的微量元素，是该组织唯一认定的防癌抗癌元素。

此外，青稞炒后磨成面用酥油茶拌成的糌粑，是藏族居民的主食，其营养价值不低于其他谷类的营养。糌粑不但是藏族人民的传统食品，而且成为招待外宾的重要食品。在宗教节日中藏族人民还要抛撒糌粑，以示祝福；在举行盛大煨桑时，人们不但要往火里洒点水，还要投入糌粑等。

第二节　青稞产业发展现状

一、产业发展的重要意义

青稞栽培历史悠久，分布地区辽阔，从我国范围来说青稞的种植则集中分布于青藏高原的青海、西藏两省区及甘肃、四川仅靠青藏高原的边远地区。在青海省境内，南至玉树藏族自治州囊谦县（北纬约32°11′），北到海北藏族自治州祁连县（北纬约38°11′），西起海西蒙古族藏族自治州的阿拉尔（东经90°31′），东至民和县下川口（东经102°56′），地跨6个纬度，12个经度，海拔在1 650～3 900米高差范围皆可种植青稞。近年来，青海省青稞栽培面积长期保持在80万～100万亩，仅次于小麦、油菜而居第三位，是青海省六大作物之一。

目前，为顺应经济一体化发展潮流，各地区以优势互补、资源置换为基础，发展特色农业，作为区域农业经济持续稳定发展的主要方针。青稞作为少数几种青海省独有、特别适应青藏高原恶劣生态条件、拥有广大消费者群体的作物，具有不可替代的生态与栽培地位，完全具备生态、生产、社会、市场方面的基本特性而成为青藏高原一大特色农作物，值得予以强化培植，加快发展。尤其伴随经济增长、食品和饲料等相关加工业的发展以及群众生活水平的提高，青稞消费者增长趋势还将日益增强，青稞仍然是青海省人畜食物链上重要的物能给源，仍旧是作物生产体系的重要补充作物。在倡导以增加农牧民收入为宗旨的种植结构调整中，在加强生态建设实施退耕还林还草的基本国策指导下，青稞栽培面积虽渐有萎缩，但其基本地位是不会动摇的。相反，通过单位面积生产水平和商业青稞供给能力提高，将更有助于增加农牧民收入，更有助于退耕还林还草工作的有序进行。但长期以来，青稞生产依然处于弱势地位，未受到应有的重视和发展，生产技术落后，基础设施不良；投入少，灾害多，防灾抗灾能力弱，生产水平低而不稳，总体发展水平难以满足不断增长的消费者需求，因而对农牧民生活和青稞加工产业带来诸多不利影响。又因为受传统饮食习惯和生产区域限制，解决青稞短缺问题，不能依靠调入大米、小麦等来解决，只能依赖农业科技水平的提高、新型实用技术的推广应用，促进青海青稞特色种植的稳定与发展来满足对青稞日益增长的需求。

二、产业发展现状

20 世纪 70 年代，青稞在青海省的种植面积得到稳步发展，1976 年昆仑 1 号青稞曾创下了 637.5 千克的高产纪录。进入 20 世纪 80 年代以后，全省青稞种植面积逐年下降，从 1980 年的 160.23 万亩下降到 2006 年的 44 万亩；从 2007 年青稞种植面积有所回升，到 2015 年其种植面积达到 88 万亩。伴随柴青 1 号、北青系列、昆仑系列等优良品种的引育成功和栽培技术的改进，尤其是柴青 1 号、昆仑 14、昆仑 15 号等优良品种以及配套的测土配方施肥技术、沟播技术、半精量播种、有害生物综合防治等技术的推广应用，青稞单产不断提高，品质得到逐渐改善。平均单产从 1981 年的 103.5 千克提高到了 2015 年的 200 千克，大面积高产田单产均在 300 千克以上。

第三节　青稞生物学特性

一、根

青稞的根系属须根系，由初生根和次生根组成。初生根由种子的胚长出，初生根一般 5～6 条，多的有 7～8 条。初生根在幼苗期从种子发芽到根群形成前，起着吸收和供给幼苗营养的重要作用。初生根数目多少与种子大小和种子活力密切相关。种子大而饱满，生命力强，其初生根数目较多，长出的幼苗也健壮。反之，籽粒瘦小、千粒重小而不饱满的种子，其产生的初生根数目少，幼苗弱瘦。在良好的土壤条件下，秋播青稞越冬时初生根入土深度可达 60～70 厘米，到生育后期，有的品种初生根可达 200 厘米左右。次生根没有一定数目，所以又称为不定根，与品种特性和土壤含水量、土壤养分状况有着密切的关系。次生根由离表土 2～3 厘米深处的分蘖节周围长出，比初生根长且多，弯曲分枝，可从一级根上发生二级根，再由二级根发生出三级根，盘根错节的侧根往往形成较大的须根系统，集中分布于 10～30 厘米耕作层，它在青稞生长的大部分时间内起着吸收各供给营养、支撑固定植株的重要作用。在次生根上往往长出许多根毛，根毛是根的表皮细胞产生的突起物，长 1～3 毫米，它的作用是将水分与营养物质吸入体内，供给地上部分的需要。

二、茎

青稞茎直立，空心茎。由若干节和节间组成，地上部分有 4～8个节间。一般品种 5 个节间，矮秆品种 3 个节间，茎基部的节间短，愈上则愈长。茎的高度（株高）为 80～120 厘米，矮秆品种株高60～90厘米。茎直径2.5～4毫米，包括主茎和分蘖茎，均由节和节间组成。茎节可分为地上茎节和地下茎节，地下茎节有7～10个不生长的节间，密集在一起，形成分蘖节；地上茎节通常有4～8个明显伸长的节间，形成茎秆。

成熟前期的青稞茎秆为直立的圆柱体，茎的表面光滑，呈绿色，成熟后期变黄色，也有少数品种茎秆带紫色。茎节维管束密集，彼此交错，形成横隔，实心。茎下部的节间和上部节间大部分被叶鞘包围。

青稞的节间由下而上逐渐变长，茎基部第1～2节间是否短粗与其抗倒伏性有着密切的联系。栽培时应尽可能地缩短基部节间长度，促使其节间发育健壮，穗下部节间应适当拉长。茎壁厚度与抗倒伏也有一定关系，茎壁厚，弹性好，茎秆重点下移，可提高抗倒伏能力。

三、叶

青稞的叶厚而宽，叶色较淡，冬性和一些丰产品种，叶色较浓绿。叶着生在茎节上，每一完全的茎秆一般具有4～8片叶，最上面的一叶叫旗叶。青稞的叶依其形态与功能分为完全叶、不完全叶和变态叶三种。

青稞叶片是进行光合作用的主要器官。一般较宽，叶片含水量普遍比小麦叶片高。主茎叶片数因品种类型而异，冬性和半冬性品种叶片数较多，春性品种较少。多数品种的叶片数在11～16片之间，主茎叶片数与其生长发育的环境条件关系较大，肥水充足，主茎叶数增多。整地粗放或播种过深易导致出苗延缓，叶片数减少。

四、花

青稞的花序为穗状花序，筒形，小穗着生在扁平的呈“Z”字形的穗轴上。穗轴通常由15～20个节片相连组成，每个节片弯曲处的隆起部分并列着生3个小穗，呈三联小穗。每个小穗基部外面有2片护颖，是重要的分类性状。青稞的护颖细而长，不同品种的护颖宽度、绒毛和锯齿都是不同的。

小花有内颖和外颖各1片，外颖呈凸形，比较宽圆，并从侧面包围颖果，且外颖端多有芒。内颖呈钝龙骨形，一般较薄。小花内着生3个雄蕊和1个雌蕊，雌蕊具有二叉状羽毛状柱头和一个子房。在子房与外颖之间的基部有2片桨片。青稞开花是由浆片细胞吸水膨胀推开外颖而实现的。(图1－2)

图1－2　拔节—抽穗期青稞

五、果实

在植物学上，青稞的种子为颖果，籽粒是裸粒，与颖壳完全分离。籽粒长6～9毫米，宽2～3毫米，形状有纺锤形、椭圆形、菱形、锥形等，青稞籽粒比皮大麦表面更光滑，颜色多种多样，有黄色、灰绿色、绿色、蓝色、红色、白色、褐色、紫色及黑色等。青稞籽粒是由受精后的整个子房发育而成的，在生产上青稞的果实即为种子（籽粒）。种子由胚、胚乳和皮层三部分组成。

胚部没有外胚叶，胚中已分化的叶原基有 4 片，胚乳中淀粉含量多，面筋成分少，籽粒含淀粉 45% ~70%，蛋白质 8% ~14%。（图 1 -3）

图 1 -3　乳熟期青稞

第四节　青稞主栽品种

一、柴青 1 号

（一）品种来源

海西州种子管理站、青海省利农种业有限公司、青海省种子管理站于 1995 年从“肚里黄”品种中经系统选育而成。

（二）特征特性

株高 80.12 厘米，穗全抽出，穗长方形，穗部半弯，千粒重

49.26克，容重810克/升。春性，中熟，生育期113天，全生育期133天。

（三）栽培技术要点

4月上、中旬播种，播深4～5厘米，亩播种量18～20千克，保苗22万～26万株，保穗30万～32万穗。

（四）生产能力及适宜地区

一般肥力条件下平均亩产380～450千克，高肥力条件下亩产450～650千克。适宜在青海省年均温0.5℃以上的中、高位山旱地及柴达木盆地种植。

二、昆仑13号

（一）品种来源

青海省农林科学院作物所于1989年经有性杂交选育而成。

（二）特征特性

株高114.53厘米，穗全抽出，穗脖弯垂，穗长方形，千粒重42.8克，容重708克/升。春性，中早熟，生育期102天，全生育期123天。

（三）栽培技术要点

3月中下旬至4月上旬播种，条播，播深4～6.5厘米，亩播量17.5～21.25千克，保苗22万～24万株，保穗24万～28万穗。

（四）生产能力及适宜地区

一般肥力条件下平均亩产200～240千克/亩，中等肥力条件下240～275千克/亩，高肥力条件下275～300千克/亩。适宜在青海省东部农业区中、高位山旱地和高位水地种植。

三、昆仑14号

（一）品种来源

青海省农林科学院以“白91－97－3”为母本、“昆仑12号”为父本，采用杂交育种，并结合南繁加代、多生态区鉴定等技术手段培育的粮草双高青稞新品种。

（二）特征特性

春性多棱青稞品种生育期 105 ~ 110 天，属中早熟品种。幼苗半匍匐，叶色绿，茎秆粗壮、弹性好，基部节间较短。抽穗时株型松紧中等，闭颖授粉，蔬穗型，穗长方形，穗茎弯曲，穗层整齐；穗长 6.8 ~ 8.7 厘米，穗粒数 38.7 ~ 43.2 粒，千粒重 44.5 ~ 51.7 克；长齿芒，籽粒椭圆形，粒色淡黄，饱满，半角质；抗倒伏，抗条纹病、云纹病等主要病害。该品种株高 100 ~ 110 厘米，穗全抽出，繁茂性好，生物学产量高，属粮草双高型品系（粮∶草 1∶1.55）。

（三）栽培技术要点

4 月上旬播种，采用条播，播种量 20 ~ 22 千克/亩，行距 15 厘米，播种深度 3 ~ 4 厘米，用尿素 5 ~ 10 千克/亩、磷酸二铵 10 ~ 15 千克/亩作底肥。

（四）生产能力及适宜地区

一般肥力条件下，平均亩产 400 ~ 450 千克，适宜在青海省年均温 0.5℃以上的高位水地生态区、柴达木盆地绿洲灌溉农业区及相识生态区种植。

四、昆仑 15 号

（一）品种来源

青海省农林科学院作物所以“柴青 1 号”为母本，“昆仑 12 号”为父本，经有性杂交选育而成。

（二）特征特性

春性多棱青稞品种，生育期 101 ~ 107 天，属早熟品种。幼苗直立，叶色绿，茎秆粗壮、弹性好，基部节间较短，闭颖授粉，蔬穗型，穗长方形，穗茎弯曲，穗层整齐；穗长 6.2 ~ 7.9 厘米，穗粒数 38.1 ~ 41.9 粒，千粒重 42.3 ~ 45.7 克；长齿芒，籽粒椭圆形，粒色褐色，饱满，粉质；中抗条纹病、云纹病等主要病害。该品种穗半抽出，株型紧凑，株高75～90厘米，属中秆品种，抗倒伏性好，成穗率高，产量潜力大。

（三）栽培技术要点

4月上旬播种，采用条播，播种量20千克/亩，行距15厘米，播种深度3～4厘米，用尿素5千克/亩、磷酸二铵10～15千克/亩作底肥。

（四）生产能力及适宜地区

一般肥力条件下，平均亩产350千克，适宜在青海省年均温0.5℃以上的高位水地生态区、柴达木盆地绿洲灌溉农业区及相识生态区种植。

五、北青9号

（一）品种来源

海北州农业科学研究所、海北州种子管理站于1991年通过有性杂交选育而成。

（二）特征特性

株高94.7厘米，穗全抽出，穗脖半弯，穗长方形，千粒重45.9克，容重779克/升。春性，中熟，生育期128天，全生育期152天。

（三）栽培技术要点

3月下旬至4月上旬播种，条播，播深3.5～5厘米，亩播量20～21.5千克，保苗25万～27万株，并用1%～3%石灰水浸种或药剂拌种以防治病害。

（四）生产能力及适宜地区

一般水肥条件下，平均亩产250～290千克/亩，高水肥条件下300～340千克/亩，旱作条件下210～250千克/亩。适宜在青海省年均温0.5℃以上的中、高位山旱地和高位水地种植。

第五节　青稞栽培技术

青稞栽培技术主要包括播前准备、播种、田间管理、收获与贮藏等方面。同时要要开不同生态区和不同的栽培模式。

一、播前准备

（一）深耕整地

青稞种植前茬以绿肥、油菜为宜。在前茬作物收割后，深耕晒垡，熟化土壤，耕深20~25厘米，冬前耙磨保墒。播种前5~7天，浅耕翻或耙一次，深度12~15厘米，并及时镇压、耱平。用40%野麦畏乳油每亩0.2~0.25千克兑水20~30千克喷雾，防除野燕麦等禾本科杂草。

（二）选用良种、药剂拌种

青稞栽培应选用大粒种子，适当降低播种量，以培育壮苗和节省种子。目前，青海省青稞主栽品种有昆仑14、昆仑15号；北青号系列、柴青1号等。

青稞在播前应使用1%石灰水进行浸种或用25%多菌灵或15%粉秀宁（三唑酮）可湿性粉剂拌种，以防治青稞条纹病、黑穗病等。

（三）合理施肥

田间施肥以促进壮苗早发为原则，一般亩施有机肥2~3立方米，尿素8~10千克，磷酸二铵10~15千克或青稞专用肥40~50千克。中等田种肥、基肥一次重施，施肥量应占总施肥量的80%以上。三叶期结合松土、除草追施尿素2~2.5千克；孕穗至抽穗期亩用磷酸二氰钾0.3千克兑水25~30千克叶面喷施1~2

次促生长；针对早衰地块每亩加施尿素 1 千克混喷，促灌浆防青干。

二、适时播种

青海东部农业区以 3 月下旬至 4 月初为宜，环青海湖地区和海西、黄南等州播期在 4 月上旬至 5 月上旬为宜。播种方式条播，行距 15～25 厘米，种子覆土深度 2～3 厘米，最深不超过 5 厘米。播种量按以产定穗，以穗定苗，以苗定种的原则，并根据不同品种特性、分蘖力强弱、播种先后、千粒重大小及整地质量而定。一般亩播量应控制在 20～25 千克。

三、田间管理

青稞出苗后要一定及时查苗补苗，疏密补缺，破除板结，达到匀苗、全苗，为壮苗奠定基础。人工和化学除草是保证青稞正常生长发育的重要田间管理措施，除草除人工除草外，多用化学除草方法，其中 2，4－D 丁酯应用最广。一般在青稞 3～4 叶期结合中耕除草，化学防除田间阔叶杂草，青稞拔节期以前亩喷洒 2，4－D 丁酯 60～80 毫升。同时，注意防病治虫，灌水和追肥是保证青稞生长代谢的营养及水分的需求。苗期适时灌水可促进青稞的穗分化，形成大穗，在抽穗开花及灌浆期灌水，可促进青稞籽粒饱满和营养物质的积累。视其苗情酌情追施化肥，追肥以氮肥（尿素）为主，最好结合灌水进行。在青稞 2 叶 1 心时亩追施尿素 4～5 千克，抽穗前期亩施尿素 3～4 千克。

四、适时收获

青稞作为食用和酿造用，以蜡熟末至完熟期收获为宜。对部分地块留做种子的青稞应单收、单打、去杂精选，防止混杂。当种子含水率低于 12%～14% 时入库贮藏。

第二章 蚕豆栽培技术

第一节 概 述

蚕豆，因其豆荚形似成熟的老蚕而得名。我国江南一带立夏前后，几乎家家户户都吃蚕豆，因此称作立夏豆，宁波人则习惯叫倭豆，如今四川人仍称其为胡豆，青海人因其籽粒大又称大豆。

在世界蚕豆生产中，我国是蚕豆播种面积最大的国家，始终保持着在世界上栽培生产规模最大的地位。青海地处丝绸之路南侧，蚕豆自古代传入西域，青海就成为种植蚕豆最早的地区之一。

蚕豆集蔬菜、饲料及工业原料于一身，属粮食、经济兼用型作物，在农业耕作体系、种植业结构调整及特色产业发展中具有不可忽视的地位。蚕豆作为富含高蛋白质的作物，不仅具有较高的营养价值，而且还有独特的药用价值，如民间则用它来治疗高血压和浮肿。现代人还认为蚕豆是抗癌食品之一。蚕豆从资源利用、种质创新，到新品种选育和配套栽培技术研究、生产基地建设及产后加工利用等技术体系中，凸显了蚕豆生产的重要性。

蚕豆营养价值很高，含有蛋白质、碳水化合物、粗纤维、磷脂、胆碱、维生素 B_1、维生素 B_2、烟酸和钙、铁、磷、钾等多种矿物质，尤其是磷和钾含量较高。碳水化合物含量 47% ~ 60%，营养价值丰富，可食用，可制作酱油、粉丝、粉皮等。（见表 2－1）

表 2－1　每 100 克蚕豆所含营养素

成分	剂量	成分	剂量
热量	335.00 千卡	蛋白质	21.60 克
脂肪	1.00 克	泛酸	0.48 毫克
碳水化合物	59.80 克	叶酸	260.00 微克
膳食纤维	3.10 克	维生素 A	52.00 微克
维生素 K	13.00 微克	胡萝卜素	310.00 微克
硫胺素	0.37 毫克	核黄素	0.10 毫克
尼克酸	1.50 毫克	维生素 C	16.00 毫克
维生素 E	0.83 毫克	钙	16.00 毫克
磷	200.00 毫克	钾	391.00 毫克
钠	4.00 毫克	镁	46.00 毫克
铁	3.50 毫克	锌	1.37 毫克
硒	2.02 微克	铜	0.39 毫克
锰	0.55 毫克		

第二节　蚕豆产业发展现状

一、生产现状

蚕豆是人类最早栽培的豆类作物之一，世界上种植蚕豆的有 50 多个国家，集中分布于黑海和地中海沿岸，我国有 40 多个栽培品种，栽培历史悠久，自热带至北纬 63°地区均有种植。蚕豆是我国的主要优质农产品之一，品质优、营养价值高，在国内外市场上享有很高的声誉。

青海省是我国春蚕豆主产区之一，种植面积基本稳定在40万亩左右，产量7万~8万吨，平均亩产在200千克左右。由于海拔高、气温低，大陆性高原气候使得产区内阳光充裕、昼夜温差大，是世界上唯一没有豆类虫蛀的生产区，生产出的蚕豆籽粒饱满、色泽鲜艳，是优质的绿色农产品。青海省培育的青海3号、青海9号、青海10号蚕豆品种，百粒重150~190克，蛋白质含量22%~29%，淀粉含量43%~51%，脂肪含量0.76%~1.79%，其营养品质和商品品质均优于全国其他春蚕豆产区。同时，蚕豆还是青海省的优势粮经兼作作物和主要的出口农产品，其中以湟中县为主产区生产的湟中蚕豆，是青海省对外贸易的主要特色产品；以湟源县为主产区生产的马牙蚕豆，绿色无污染，籽粒商品性好，表现为皮薄、粒大、籽粒饱满均匀、无斑点及破碎、无虫蛀、适口性好，且营养丰富、产量高、无国际检疫对象，达到出口一级和二级标准，初级干籽粒蚕豆远销日本、东南亚等地区，年出口量2万吨以上，形成了“外贸出口企业+农户”的出口创汇产业模式，1997年由青海省商标事务所批准，注册了马牙牌商标。多年来，蚕豆优势主产区在试验、研究的基础上，采取农机农艺相结合，良种良法相配套的技术运作模式，总结制定了以蚕豆新品种、蚕豆机械点播、合理密植、摘心打顶、测土配方施肥等为主推技术的一整套蚕豆综合丰产栽培技术，在生产中得到了大面积推广应用；积极推行绿色食品标准化生产技术，在改善蚕豆品质、提高蚕豆综合生产能力方面提升了青海省蚕豆的市场竞争力。

2001年出口蚕豆2.88万吨，占蚕豆商品总量的51.4%，其中通过本省海关直接出口3376吨，销往外省外贸公司出口2.55万吨。农民通过销售蚕豆创经济收入8 400万元，占全省种植业总收入的4.7%。农民手中的蚕豆成为收益最好的农产品之一，

2012 年全省蚕豆种植面积为 34.2 万亩，总产达到 6.05 万吨。

2013 年青海省农林科学院在互助县蔡家堡、西山等乡镇扩大蚕豆新品种青海 13 号的种植面积，其中地膜蚕豆种植 3 000 多亩，平均亩产 314.2 千克，最高亩产 401.9 千克。全膜蚕豆亩产值达 1 256.8 元，总产值达 377 万元，增产效益相当可观。新品种青蚕 14 号，在互助县哈拉直沟乡蔡家、白崖、新庄村和丹麻镇山城、汪家等村建立科技示范基地 1 150 亩，平均亩产 342.8 千克，最高亩产 412.4 千克。比对照产量 299.1 千克，亩增产 43.7 千克，增产率达 14.6%，新增产 5.02 万千克，新增产值 26.1 万元。

二、产品价值

我国蚕豆制品种类繁多，干蚕豆加工成各类副食品已有悠久的历史，以蚕豆为原料制成的三粉（粉丝、粉条、粉皮）、罐头、五香豆、面包、糕点、糖果等。常见的加工产品如下。

（一）蚕豆淀粉

蚕豆淀粉是食用豆中含量最高的物质，淀粉是由直链淀粉和支链淀粉组成，具有抗润性、成膜性、强度好等特点。目前从蚕豆中制备淀粉的主要工艺为湿法制备，产品抗性淀粉又称难消化淀粉，在小肠内不能被酶解，但在结肠中可以与挥发性脂肪酸起发酵反应，这类抗性淀粉在体内消化缓慢、食用后不致使血糖升高而发挥其医疗作用。蚕豆淀粉还可用于粉丝、粉皮的生产加工。

（二）蚕豆蛋白质

蚕豆中蛋白质含量为 25% ~34% ，主要用于生产蚕豆淀粉和蚕豆浓缩蛋白。其生产工艺主要采用气力分选法，将去皮蚕豆磨成粉，在气力分选机上分选成富含蛋白质的蚕豆蛋白粉和蚕豆淀粉。提取蚕豆蛋白的方法有碱溶酸沉法、盐提法、水提法等，以及其他的超声波辅助提取等。此外，制备的蚕豆蛋白还有进行适度水解，用于蚕豆肽或功能蚕豆肽的制备。

（三）其他食品

我国不少地方有把嫩蚕豆作为蔬菜的习惯，鲜嫩蚕豆可烹饪食用，有煮、炒、做汤等多种做法。鲜蚕豆富含膳食纤维、钾和叶酸，是人体所需铁、锌、磷和镁的良好来源。目前，根据蚕豆不同的产区特点，研制开发的鲜籽粒蚕豆系列产品诸多，产品数量、品质、类型可满足市场的不同需求。

干蚕豆加工的食品则种类繁多，在食品中的比例越来越大，如怪味胡豆、五香豆、蚕豆罐头、蚕豆酱、兰花豆、油炸蚕豆、膨化蚕豆、水煮蚕豆等。采用常温、日晒的高盐稀态酿造工艺制作的蚕豆酱油，风味独特，为酱油增添了新的花色品种。如四川资阳豆瓣酱和安徽安庆豆瓣酱，都是驰名国内外的调味品。

三、产业布局

青海蚕豆产区，主要位于东部农业区的大通、湟中、湟源、互助四县及海南州共和县。耕地则分布于海拔 2 200 ~ 2 800 米的湟水及其支流的河谷地带和河谷两岸丘陵山地，种植历史悠久。产区自然气候、环境、土壤等条件特别适宜蚕豆生产，属于蚕豆的适种生态区。从分布区域看，蚕豆生产集中的东部农业区，约占全省蚕豆种植面积的 80% 以上，但海南州的贵德、共和两县蚕豆种植面积占 15% 左右，其他海西、海北、黄南等州均有种植分布。从品种结构看，青海蚕豆品种结构比较合理，如有适宜在海拔 2 300 ~ 2 600 米川水地和海南盆地种植的中晚熟大粒蚕豆品种青海 11 号、青海 12 号等；也有适宜海拔 2 600 ~ 2 700 米高位水地种植的中熟中粒蚕豆品种马牙；也有适宜海拔 2 600 ~ 2 800 米的中高位山旱地和农牧交错区种植的粮饲兼用型早熟小粒蚕豆品种青海 13 号。其中青海 12 号蚕豆曾在农业生产中发挥了重要作用，占全省蚕豆种植面积的 80% 左右，并一度成为基层推广的主导品种（见图2－1）。

图2－1　蚕豆示范田

第三节　蚕豆生物学特性

蚕豆属豆科蝶形亚科蚕豆属为一年生（春播）或越年生（秋播）直立草本植物，高130～150厘米，有冬性和春性两种类型。

一、特征特性

（一）根

蚕豆的根为圆锥根系，种子萌发时，先长出一条胚根，随着胚根尖端生长点的不断分裂生长，形成圆锥形的主根。主根短粗，入土可达100厘米以上，主根上生长着很多侧根，侧根在土壤表层水平伸长至35～60厘米时向下垂直生长，深达60～90厘米。蚕豆的主要根群分布在距地表30厘米以内的耕层内。

蚕豆的主根和侧根上有根瘤菌共生，形成根瘤。根瘤呈长椭圆形，常聚生在一起，呈粉红色、密集。蚕豆的根瘤菌可和豌豆、扁豆互相接种。

（二）茎

蚕豆的茎秆粗壮、直立，直径 0.7 ~ 1 厘米，呈四棱形，表面光滑无毛，中空多汁、维管束大部分集中在四棱角上，使植株坚挺直立，不易倒伏。蚕豆幼茎的颜色是苗期鉴别品种、进行田间去杂提纯的主要标志。一般绿茎开白花，紫花开紫花或淡红色花，蚕豆成熟后茎秆变成黑褐色。

蚕豆茎上有节，节是叶柄，花荚或分枝的着生处，不同品种节数不同，一般 15 ~ 20 个节。

蚕豆分枝习性强，主、侧茎基部易生分枝，植株分枝多少与品种、播种期、密度和土壤肥力等因素有关，一般为 3 ~ 5 个或6 ~ 8 个分枝，但中上部节间出现的分枝一般不能正常发育结实，为无效分枝。主茎基部两个节间生长的两个分枝有明显的生长优势。

（三）叶

蚕豆的叶有子叶和真叶。子叶两片，肥大，富含营养物质，发芽时子叶留在土中。真叶互生，为偶数羽状复叶，叶轴顶端卷须短缩为短尖头；托叶戟头形或近三角状卵形，长 1 ~ 2.5 厘米，宽约 0.5 厘米，略有锯齿，具深紫色密腺点；小叶通常 1 ~ 3 对，互生，上部小叶可达 4 ~ 5 对，基部较少，小叶椭圆形，长圆形或倒卵形，先端圆钝，具短尖头，基部楔形，全缘，两面均无毛，叶面灰绿色，叶背面略带白色。

（四）花

蚕豆的花为总状花序，腋生，花梗近无；花萼钟形，萼齿披针形，下萼齿较长；具花 2 ~ 4（6）朵呈丛状着生于叶腋，花冠白色，具紫色脉纹及黑色斑晕，长 2 ~ 3.5 厘米，旗瓣中部缢缩，基部渐狭，翼瓣短于旗瓣，长于龙骨瓣；雄蕊2体（9+1），子房线形无柄，胚珠2~4（6），花柱密被白柔毛，顶端远轴面有一束髯毛。蚕豆花色可作为鉴定不同品种的特征（见图2-2）。

图2-2　蚕豆花

蚕豆的花器紧密，花药开裂早，花粉撒落在龙骨瓣内，故大部分花为自花授粉；也有一些植株花朵的龙骨瓣对花柱包被不严，或因昆虫采蜜传份，导致有20%~30%的异交率，故蚕豆为常异花授粉作物。

每株蚕豆的开花顺序是自下而上进行的。上午8：00左右开花，下午17：00~18：00时闭合，单朵花开1~2天，全株花期2~3周，开花后胚珠的平均受精率仅为33%左右，落花率较高。

图2-3　蚕豆荚

（五）荚果

蚕豆荚为扁圆筒形，形似老蚕，内有种子坚硬呈绿褐色或淡绿色，荚果肥厚，长 5～10 厘米，宽 2～3 厘米；表皮绿色被绒毛，内有白色海绵状，横隔膜，成熟后表皮变为黑色。单株结荚 10～30 个或更多，每荚有种子 2～4（6）粒，少数 7～8 粒，长方圆形，近长方形，中间内凹，种皮革质，青绿色、灰绿色至棕褐色，稀紫色或黑色；荚果成熟时沿背缝线开裂。千粒重 900～2 500克。种脐线形，黑色，位于种子一端，是种子与荚果皮连接的痕迹，脐的一端是合点，另一端可经透视到幼根。同时，此处有一个小孔叫株孔，发芽时幼根从次孔伸长（见图2－3、图2－4）。

图2－4　蚕豆种子

二、生长习性

（一）需温特性

蚕豆喜欢温凉而湿润的气候，种子发芽所需的最低温度为

1～4℃，最适温度为15℃，幼苗能耐－4～－5℃的低温，但当温度降至－6～－8℃时往往发生冻害。开花结荚期以15～22℃较为适宜，若温度超过26℃以上时对生长不利。

（二）需光特性

蚕豆是长日照作物，光照充足，可提高开花结荚数。一般晚熟品种对光照长短反应敏感，早熟品种反应迟钝。

（三）需水特性

蚕豆属于喜湿作物，一般其需水高峰出现于种子发芽期和开花结荚期。由于种子富含蛋白质和脂肪，在发芽过程中，通过生物酶类的活动，将难溶性物质水解成可溶性物质，需吸收大量的水分。在开花结荚期，正值营养生长和生殖生长的旺盛阶段，并积累大量的干物质，因此需要大量的水分。

（四）需肥特性

蚕豆在前期根瘤菌还未大量繁殖和开始进行固氮时，只需要少量的氮素营养，而迫切需要磷、钾、钙、硼等元素供应，因而有“喜磷作物”之称。

（五）与根瘤菌的共生特性

蚕豆以其光合作用形成的碳水化合物以及其他物质供给根瘤菌的营养，而根瘤菌呆固定空气中的游离氮，并将游离氮转化为可利用的状态供给蚕豆氮素营养；从幼苗开始，至开花结荚期达到高峰，一般蚕豆出苗15天左右，根瘤菌才从根毛侵入根部而迅速繁殖。

三、生长发育

（一）种子萌发与出苗

蚕豆种子由胚和种皮组成。种子播种后，吸收土壤中的水分，在适宜的外界条件下，胚根突破种皮，发育成根，当根生长到与种子长度等长时，即称为发芽。蚕豆发芽时可以吸收本身重量的150%的水分。胚根继续生长，向下形成幼根。接着胚轴伸长，幼芽伸出地面，两片真叶展平，即为“出苗”。当全田有50%真叶展平称为出苗期。蚕豆从播种到出苗需20天以上，出土后的真叶由黄变绿，开始进行光合作用。

（二）幼苗期

从出苗期到分枝出现即为幼苗期。幼苗期的茎逐渐伸长，复叶形成，根迅速生长，而且根的生长速度快于地上部分，叶腋中开始有腋芽分化，并形成枝芽和花芽。腋芽分化能力的强弱和幼苗生育健壮有关。次期的营养中心在于扎根。子叶中的营养物质以及吸收和制造的营养物质主要分配给根的生长，虽然根瘤菌在此时已逐渐形成，但还不能进行有效的固氮作用，根系吸收能力亦不强。因此，苗期应从肥、水、气、温度等方面入手，加强苗期管理，促进蚕豆的正常生长发育，为以后增花保荚打下良好基础。

（三）现蕾开花期

从分枝开始出现至开花即为现蕾开花期。蚕豆以分枝开始出现，即花蕾已形成，次期植株开始旺盛生长，一方面形成分枝，花芽迅速分化和继续扎根；另一方面植株积累养分，为下阶段旺盛生长准备物质条件。此时营养生长和生殖生长同时并进，但仍然以营养生长为主，同时也是营养生长与生殖生长协调与否的关键时期。次期的营养物质主要集中供给主茎生长点和分枝芽。此时，根瘤菌固氮能力较苗期旺盛，一般土壤肥力条件下，氮素的需要已可相当程度地依靠根瘤菌的作用来满足，因此应注意适当施用磷、钾元素来调节生长发育平衡。

四、开花与结荚

蚕豆植株生长发育到一定时候就开始开花，全田开花的株数达10%时为始花期，达50%时为开花期，全部花已开过的株数达

90%时为终花期。蚕豆自出苗到开花需50～60天。开花后子房逐渐膨大形成软而小的绿色豆荚，称为结荚期。

开花结荚期是蚕豆营养生长与生殖生长并进时期，一方面植株进行旺盛的营养生长，植株生长的速度在开花期最快，叶面积系数也升到最高峰；另一方面花芽不断产生与长大，不断地开花受精形成荚粒。到盛花期，根系活动达到高峰，营养生长速度到结荚后期减缓，并逐渐停止。

开花期各层叶片光合产物输送，其具体情况是植株下部叶片的光合产物，绝大部分留在本叶中，一部分输送给本叶腋的花中，很少部分供给根系和根瘤；植株中部叶片的光合产物较多地供给该叶腋的花蕾，部分供给植株下部的一些花；植株上部叶片的光合产物除供给该叶腋的花外，大量的则供给植株的生长点。因此，在盛花后进行打尖，能减少花荚脱落，防止倒伏。

五、鼓粒和成熟

蚕豆在结荚以后，豆粒开始长大，当豆粒达到最大体积与重量时即为鼓粒期。此期营养生长逐渐停止，生殖生长居于首位，光合产物向豆荚和籽粒转移。开花结荚后40～50天，种子具有发芽能力，这时植株本身逐渐衰老，根系死亡，叶片变黄脱落，种子脱水干燥，由绿色变成该品种固有的籽粒颜色和籽粒大小，并与荚皮脱落，摇动植株时荚内有轻微的响声，即为成熟期。

第四节　蚕豆主栽品种

青海省农林科学院是我国长期从事春蚕豆育种改良研究的科研单位，育成的品种在国内春蚕豆区广泛种植，如培育的青海系列蚕豆是青海、宁夏、西藏等省区和甘肃省部分地区的主栽品种。主要推广的品种有青海3号、青海9号、青海10号、青海11号、青海12号、青海13号、青海14号、马牙蚕豆等。其中青海3号在全国农业博览会上获金奖。

一、青海3号

（一）特征特性

植株高145厘米，分枝性强，但株型松散，结荚不太集中。叶大荚大，籽粒较多，单株结荚11~13个，平均每荚2粒，籽粒白色有光泽，中厚型，蛋白质含量24.8%，淀粉含量47.6%，脂肪含量1.25%。百粒重150克，最高可达175克。全生育期150天左右。

（二）生产能力及适宜地区

为中熟品种，较耐水耐肥，在中等肥力以上的土壤栽培产量显著提高。生育前期叶片易感染褐斑病，中后期赤斑病较重，锈病感染较微。该品种抗寒能力较强，适宜在川水和半浅半脑山地区种植。

二、青海9号

（一）特征特性

幼苗直立，植株高140~150厘米，株型紧凑，株高叶茂，单株分枝性强，有效分枝3.5个，单株荚数18个，籽粒白色有光泽。百粒重170.2~176.1克，最高可达230克，粒大质佳。籽粒蛋白质含量25.63%，淀粉含量41.8%，脂肪含量1.4%。生育期130~135天。

（二）栽培技术要点

3月中旬至4月上旬播种，亩播种量19~21千克，等行或宽窄行条播，行距40~45厘米，宽窄行行距30×50厘米，亩保苗1万株左右，当开花至10~12层时摘心打尖。

（三）生产能力及适宜地区

属高产、大粒、中晚熟品种，大面积种植平均亩产 350～400 千克。生育期较耐旱、耐寒、病害感染轻，中抗褐斑病、轮纹病，高抗锈病和赤斑病。适宜年均温 2.7～7.0℃的春蚕豆区种植，在青海省适宜海拔 2 000～2 600 米的川水地种植。

三、青海 10 号

（一）特征特性

春性品种，植株高 140～145 厘米，株型紧凑，单株分枝 3～4 个，单株结荚 10～15 个，每荚 2～3 粒，籽粒白色有光泽。百粒重 168.7～170.1 克，籽粒粗蛋白质含量 27.5%，淀粉含量 49.6%，粗脂肪含量 1.53%，粗纤维含量 6.2%。生育期 120～130 天。

（二）栽培技术要点

3 月下旬至 4 月中旬播种，亩播种量 34～37.5 千克，播深 8～10 厘米，等行距 30 厘米，宽窄行种植，宽行 35～40 厘米，窄行 25～30 厘米，窄行 4～6 行，宽行 1 行，基本保苗 1.7 万～1.9 万株/亩。当开花至 10～12 层时摘心打尖。

（三）生产能力及适宜地区

大面积种植平均亩产 250～350 千克，适宜在青海省海拔 2 400～2 700 米的低、中位山旱地种植。

四、青海 11 号

（一）特征特性

属春性中晚熟品种。植株高 140 厘米，单株有效分枝 3.4 个，单株有效结荚 14.6 个，单株粒数 38.3 个，分枝多，结荚多且集中，株型紧凑，冠层透光性好。籽粒大且均匀，商品性好，百粒重 192.2 克；籽粒乳白色，粒长大于 2.2 厘米，粒宽大于 1.6 厘米。单株三粒荚较多，单荚粒数 2.3 粒，适于青荚保鲜。籽粒蛋白质含量25.66%，淀粉含量45.35%，脂肪含量1.38%。全生育期150天左右。抗旱性中，抗倒伏性中，中抗褐斑病、轮纹病、赤斑病。

（二）生产能力及适宜地区

在一般水肥条件下，产量为350～400千克/亩；在高水肥条件下，产量为400～450千克/亩；适宜在海拔2 000～2 600米的川水地区种植。

四、青海12号

（一）特征特性

株高104.66厘米，籽粒乳白色，百粒重198.2克，籽粒粗蛋白质含量26.5%，淀粉含量47.58%，粗脂肪含量1.47%。生育期113天，全生育期143天。

（二）栽培技术要点

3月中旬至4月上旬播种，亩播种量1.2万～1.3万粒，亩保苗1.1万～1.2万株，生长期灌水2～3次，12层花序出现时摘心打尖。

（三）生产能力及适宜地区

一般水肥条件下平均亩产300～400千克，高水肥条件下400～450千克，旱作条件下250～350千克。适宜在青海省海拔2 000～2 600米的川水地及中位山旱地种植。

五、青海13号

（一）特征特性

株高101.7厘米，种皮有光泽、半透明，白色，百粒重91.21克，籽粒粗蛋白含量30.19%，淀粉含量46.49%，脂肪含量1.01%。春性，早熟，生育期95天，全生育期130天。

（二）栽培技术要点

3月下旬至4月上旬播种，播种深度7～8厘米，亩播种量

15～17.5 千克，亩保苗 1.6 万～1.8 万株。当苗高 10 厘米时及时打顶。

（三能力及适宜地区

一般肥力条件平均亩产 250～300 千克，高肥力条件下 300～400 千克。适宜在青海省海拔 2 800 米以下的中、高位山旱地或农牧交错区种植。

六、青海 14 号

（一）特征特性

株高 137.55 厘米，百粒重 225.5 克，籽粒粗蛋白含量 27.23%，淀粉含量 41.19%，脂肪含量 1.04%。春性，中晚熟，生育期 127 天，全生育期 157 天。

（二）栽培技术要点

3 月中旬至 4 月上旬播种，亩播种量 1.2 万～1.3 万粒，亩保苗 1.1 万～1.2 万株。生长期灌水 2～3 次，初花期灌第一次水，当主茎开花至 12 层时及时打顶。

（三）生产能力及适宜地区

一般水肥条件下平均亩产 300～400 千克，高水肥条件下400～450 千克。适宜在我省海拔 2 000～2 600 米的川水地种植。

七、青海 15 号

（一）特征特性

春性，中晚熟。幼苗直立。株高 130 厘米左右，株型松散，单株分枝数 2～3 个，叶灰绿色，茎紫红色，花瓣紫红色，成熟荚黄色；籽粒百粒重 220 克左右，籽粒粗蛋白质含量 31.19%，淀粉含量 37.26%。出苗至开花期 37 天，开花至成熟 90 天，出苗至成熟 127 天，全生育期 157 天。中抗蚕豆赤斑病和根腐病。

（二）栽培技术要点

播前亩施农家肥 2 000～3 000 千克，纯氮 4.1～5.5 千克，五氧化二磷4.6～6千克。播种期为3月上旬至4月中旬，亩播种量20～25千克，保苗1.10万～1.2万株。花期按要求喷施硼肥、磷酸二氢钾等叶面肥。生育期浇水1～2次，注意开花3层以上时灌第一次水。开花至10层左右时摘心打尖。

（三）生产能力和适宜地区

在高水肥条件下平均亩产400千克以上，一般水肥条件下300～400千克。在2010～2011年省级水地区域试验中，平均亩产296.60千克，比对照青海11号平均增产6.31%，增产幅度0.34～9.67%；在2011～2012年生产试验中，平均亩产326.80千克，比对照青海11号平均增产3.39%。适宜在青海省东部农业区浇水、中位山旱地覆膜种植。

八、马牙蚕豆

（一）特性特征

植株高125厘米，茎秆粗壮，株型较松散，结荚集中于中下部，单株荚数10～15个，每荚1.4～1.8粒；籽粒饱满，呈中厚型，乳白色，形似马牙。百粒重128～138克，籽粒蛋白质含量28.2%，淀粉含量47.3%，脂肪含量1.48%。属中熟品种，耐寒、耐肥、耐旱，适应性强，全生育期145天左右。适宜在海拔1 800～2 900米的水旱地种植。

（二）栽培技术要点

播前施有机肥2 000～3 000千克/亩，纯氮1.1～2.0千克/亩，五氧化二磷3.5～7.9千克/亩，3月下旬至4月中旬播种。播种量21.6～24.3千克/亩，保苗1.5万～1.7万株/亩。宽窄行种植，三窄一宽方式，宽行行距35～40厘米，窄行行距25～30厘米，株距13～14厘米。蚕豆生长至开花8～10层时摘心打尖。

（三）生产能力及适宜地区

在一般水肥条件下，产量为250～300千克/亩，在高水肥条件下，产量为 300 ~ 350 千克/亩。适宜在青海省海拔 2 500 ~ 2 900米的川水、中位山旱地种植。

第五节　蚕豆栽培技术

一、地膜覆盖栽培

地膜覆盖技术具有提高地温，增加有效积温；保持墒情，稳定土壤水分；改善土壤理化性状，促进土壤养分转化；防除杂草，减少草害等特点，适宜在旱作农业区推广应用。

（一）选用优良品种

选用适合该地区种植的青海 9 号、11 号蚕豆、陵西一寸蚕豆。

（二）合理轮作倒茬

蚕豆与小麦、马铃薯垄作倒茬，以减轻病虫草害，提高产量。

（三）覆膜

选用宽 1.20 米，厚 0.08 毫米的标准农用地膜，采用秋季覆膜，膜间距 50.0 厘米，要求膜面平展，膜边压实，每 1.00 米在膜上覆土压膜，防止大风揭膜。两膜间距 50.00 厘米，便于田间管理人员走动（见图 2 –5）。

（四）种植密度和播种方式

大田密度 1. 0 万 ~1. 2 万株/亩。采用人工点播，播深 10. 0 厘米，行间的植株呈三角式排列。膜上种植 4 行，平均行距 35. 0 厘米，株距 15. 0 ~20. 0 厘米（见图 2 –6）。

图 2－5　蚕豆覆膜

图 2－6　蚕豆人工点播

（五）播种时间和播种量

播种时间3月25日至4月15日，亩播量20千克。

（六）田间管理

1. 人工放苗：4月26日至5月10日出苗，出苗后，查看田间出苗情况，及时放苗。

2. 适期摘心打顶：在植株第10～12层花序出现时及时摘心打顶。打顶时要求摘心不摘叶，摘去1心1叶，摘心在晴天露水干后进行。

3. 追肥：追肥根据长势而进行。在现蕾至花荚期用0.5%尿素和0.2%～0.3%磷酸二氢钾及0.1%硼酸混合液15千克叶面喷施，喷施2次。

4. 病虫害防治：提倡“统防统治”，“以防为主，综合防治”的原则。蚜虫发生初期用10%吡虫林30毫升/亩兑水15千克进行喷施。蚕豆褐斑病发生初期用50%多菌灵20克/亩兑水15千克进行防治或其他新型药剂防治，每隔7～10天防治1次。

（七）收获与贮藏

1. 收获：植株下部叶片脱落，主茎基部4～5层荚变黑，上部荚呈黄色时收获。

2. 脱粒和储藏：当豆荚风干后完全变黑时及时脱粒。待籽粒晾晒至含水率13%以下时，储存在通风干燥阴凉处。

二、机械点播栽培

机械点播栽培技术具有节约种子、节省劳动力、提高劳动生产率、增产效果显著等特点，是目前蚕豆生产中主要推广的新技术。

（一）选用优质品种

所选品种必须具备高产、稳产、抗病等特性，以重点推广青海9号、青海10号、青海11号、马牙等品种为宜。

（二）合理轮作倒茬

选择小麦或马铃薯茬口，忌用豆类、油菜作物作前茬。

（三）适时早播

川水地区在3月下旬播种，浅山地区在4月上旬播种。

（四）播种量

要根据当地的种植密度和优良品种的籽粒大小而定。一般亩播量20～25千克，播深6～8厘米。①海拔2 300～2 500米的灌溉农业区，合理密度为1.1万～1.2万株/亩；②海拔2 500～2 600米的灌溉农业区，合理密度为1.4万～1.5万株/亩；③旱作农业区，合理密度为1.5万～1.6万株/亩；④地膜覆盖的旱作农业区，合理密度为1.1万～1.2万株/亩。

（五）利用小四轮拖拉机牵引小型点播机播种

实行机械化蚕豆宽窄行点播技术，种植行距根据具体开沟工具或机械播种机的实际行距而定。株距由种植密度、行距决定。种植4行空1行。

（六）测土配方施肥

根据田间采集土样化验数据，合理确定施肥的品种、数量、施肥时期，以提高产量发挥肥料最佳效益。

（七）摘心打尖和化控技术

当植株第10～12层花序出现时摘心打尖。摘心量1心1叶，摘心在晴天露水干后进行。

（八）病虫害综合防治技术

提倡“统防统治”，选用辛硫磷等高效、低毒、低残留农药进行土壤处理，选用多菌灵等新型药剂防治病害，并要求交替轮换用药，减少抗药性产生。

（九）适时收获

植株大部分叶子转为枯黄，中下部豆荚变为黑褐色时收获。

三、优化平衡施肥

（一）合理轮作倒茬

蚕豆切忌连作，一般最少需要3～4年的轮作倒茬。蚕豆连作时，根群在土壤中分泌一种酸性物质，这样就影响了蚕豆的生长发育和根瘤菌的活动能力，因此在农业生产中应进行合理的轮作倒茬。合理轮作倒茬方式有蚕豆→小麦→马铃薯→蚕豆、蚕豆→小麦→胡麻→蚕豆和蚕豆→小麦→秋杂粮等。

（二）播前精细整地

蚕豆根系在土壤中分布较深且范围广，种子发芽时需要水分较多，深耕整地极为重要。因此，应根据当地不同的自然生态环境条件、耕作制度等进行，一般在前作物收获后深翻晒地，合理深耕，精细整地，能熟化土壤，蓄水保墒，提高地力，减轻病虫，消灭杂草，为蚕豆生长创造良好的耕作层，改善土壤环境条件，促进蚕豆根系发育和根瘤菌分布，可增产15%～20%。耕地深度为20～25厘米为宜，加速土壤的熟化分解，耙耱保墒蓄积雨水，以利于蚕豆的出苗和生长。

（三）选用优良品种

应根据当地自然条件和市场经济的需求以及无霜期长短，选择与生育期相适应的蚕豆种植品种。目前推广种植的蚕豆品种以分枝角度小、株型紧凑、抗旱、抗病、高产优质的青海9号、青海11号、临蚕2号、青海3号为主栽品种。

（四）适期播种合理密植

提高蚕豆产量和品质，必须严格控制蚕豆播种量，建立合理地群体结构。合理密植地原则是肥地宜稀，薄地宜密；蚕豆的播种质量直接影响全苗壮苗。气温稳定通过0～5℃，土壤解冻8～12厘米时播种为宜。一般河谷川道区3月下旬，阴湿山区4月上旬为蚕豆适宜播种期。播前选择粒大、饱满、无虫害、无霉变、有光泽的种子。亩播种量 20 ~ 25 千克，播深 10 厘米左右。采用等行或宽窄行种植，等行种植行距 30 厘米，宽窄行种植宽行距 50 厘米，窄行距 25 厘米，亩保苗 1.1 万 ~1.2 万株 。

（五）田间管理

1. 施肥及追施苗肥：蚕豆根系吸收能力强，应施足肥料。施肥主要以有机肥为主，增施磷肥，配施钾肥。亩施优质农家肥 2 500 ~5 000 千克，过磷酸钙 20 ~ 30 千克，施肥应结合秋季耕地同时进行，种肥每亩可用磷酸二铵 4 ~ 5 千克。盛花期和结荚期植株生长缓慢可用 0.3% 磷酸二氢钾、尿素混合液进行叶面喷施，以补充养分供应。蚕豆幼苗期根部尚未形成根瘤或初期根瘤菌固氮能力弱，土壤缺乏速效养分易出现“氮素饥饿”现象。故在肥力较低，施肥少或苗弱的时，在分枝出现前应及时追施苗肥，以促进根系发育、分枝形成和花芽分化。苗期施肥，一般在第一二次中耕之间，用氮肥加过磷酸钙，起到以磷增氮作用。

2. 灌水：土壤墒情好，蚕豆苗期一般不灌水，进入现蕾期或开花期有条件的地方应根据土壤墒情而定。

3. 中耕锄草培土：为了促进蚕豆根系的健壮生长，一般苗高 10 ~15 厘米时进行第一次中耕，第二次中耕在株高 15 ~20 厘米时进行。蚕豆缺肥可在现蕾期间结合锄草松土，在行间每亩追施三料磷肥 10 ~15 千克，30 天左右待草籽未成熟前拔草 1 次。培土既可防止到伏、压根和促根，又便于灌溉及排水，尤其我县秋季雨多，培土更为重要。

4. 整枝摘心：蚕豆是无限花序，为了抑制植株顶部的伸长，减少养分消耗，促进籽粒早熟饱满。可根据当地季节和蚕豆生长情况，在主茎长到 6 ~7 叶，基部有 1 ~2 个分枝芽时摘心、打去主茎，初花期去分枝，盛花期打顶。打顶时要掌握好以下几点：一是在晴天摘，二是摘蕾不摘花，三是摘实不摘空，四是要轻摘，摘除顶部2～3厘米即可。

（六）病虫害防治

蚕豆的病虫害主要有锈病、蚜虫、潜叶蝇等。蚕豆种植前选用抗病品种，与非豆科作物实行三年以上的轮作，及时拔除病株、病叶，积极保护利用天敌。药剂选用除虫菊素、农抗120、苦生素等。锈病用75%百菌清可湿性粉剂800～1 000倍液防治。蚜虫和潜叶蝇用50%抗蚜威可湿性粉剂2 000～3 000倍液，或用50%杀螟松1 000倍液防治。

（七）收获及贮藏

大豆收获过早或过晚对产量和品质都有一定影响。若收获过早，籽粒尚未成熟，不仅脱粒困难，而且百粒重、脂肪和蛋白质含量较低；收获过晚，损失量大，品质变坏，丰产不丰收。因此，蚕豆适宜的收获时期为当植株叶片枯黄或叶片大部脱落，茎和荚全变成黄色，豆荚变成黑褐色时，籽粒复圆并且荚壳脱离，荚与粒间的白膜消失即可收获。收获时连同茎秆一起收割，收获后严防雨淋，以防霉变或籽粒表皮皱缩，影响蚕豆的品质。在贮藏前，应将蚕豆充分干燥后，用麻袋包装堆放。水分在12%～14%时，堆高不得超过6层麻袋高；当水分在12%以下时，堆高不宜超过8层麻袋高。露天贮藏，要在堆底垫好防潮物，堆顶苫盖，防止雨淋。当贮藏数量大时，可以仓贮，贮藏期间要定期检查水分以及虫食等，确保安全贮藏。

四、精量播种

蚕豆精量播种技术是一种规定播种量、行距和播种深度的规范化种植技术，具有节约成本、降低劳动量、提高经济效益等优点。首先，可节约大量优良种子，利于种子良种化、精准化。精量播种能充分利用土壤营养和水分，提高田间出苗率，植株分布均匀，实现苗匀、苗齐、苗壮。

（一）选种

精量播种对种子的质量要求较高，选择适合当地自然条件的高产、优质品种。要求种子纯度达95%、发芽率在98%以上，种子籽粒要均匀一致，无破损。

（二）合理轮作

与麦类、马铃薯、油菜等作物合理进行轮作，提高土壤肥力，控制杂草，防止病虫害。

（三）施肥水平

每亩施优质、经无害化处理的农家肥3～4立方米，酵素有机肥80千克，尿素5千克，磷酸二铵15千克。

（四）播种量

根据当地土壤、水肥条件和品种而定，水地适定密度为1.0万～1.2万株/亩。旱地种植密度为1.5万～1.6万株/亩。

播种量计算公式：播种量（千克/亩）＝（种植密度×百粒重/100）÷1 000。如青海12号蚕豆平均百粒重以190克计，则播种量（千克/亩）＝（11 000－12 000）×190/100÷1 000＝20.9～22.8千克。

（五）播种深度

要根据土壤类型和温度，以及当年气候条件及播种技术等因素来确定，在一般条件下，蚕豆适宜播种深度为8.0～10.0厘米，且播种深度要一致。

（六）种植方式

1. 人工点播：采取宽窄行种植，窄行行距25厘米，株距15厘米，种植4行；宽行行距50厘米，株距15厘米，种植1行，以此类推，确保1穴1粒。

2. 机械宽窄行种植：采用4行种植机种植4行空1行，种植行距根据播种机的实际行距而定，株距由种植密度、行距决定。

种植密度与行距相对一定时，株距是决定种植密度的重要因素。株距（厘米）＝666.7×10 000÷（种植密度×平均行距（厘米）。如平均行距40厘米，则株距＝666.7×10000÷（11 000×40）＝15.15厘米。

（七）覆土

覆土后及时镇压，给作物生长创造适宜的土壤紧实度，增强土壤保墒能力，有利于种子发芽，是确保苗全、苗齐、苗壮的重要措施之一。

五、标准化栽培

（一）选茬和选地

1. 选茬：选择小麦或马铃薯茬口，忌用豆类、油菜作物作前茬。轮作方式采用小麦→蚕豆、玉米→蚕豆、马铃薯→蚕豆。

2. 选地：选择地势平坦，土层深厚，排灌方便，土壤疏松（土壤空隙度≥50%）肥沃，地力均匀，pH值7.5±0.5，有机质12～24克/千克的田块。

（二）备耕与整地

1. 秋深耕、施有机肥：前作收获后，及时深翻，耕深15～20厘米，要求耕深一致，不重不漏，犁垡齐平。每亩施有机肥：水地3 000千克，旱地2 000千克。禁止使用城市垃圾、污泥、工业废渣和未经无害化处理的有机肥。

2. 蓄水保墒：水浇地在10月下旬至11月上旬，日均温下降至－0.5℃，耕地日消夜冻时，适时冬灌，待地皮泛黄表土干时打土镇压保墒 。蓄墒指标：春播时0～20厘米土壤含水量达18～20%。旱作地在前茬作物收获后，深翻、耱地收墒。三九天打土碾地、镇压保墒。保墒指标：春播时0～20厘米土壤含水量达14～16%。

3. 播前整地：播前结合施化肥再浅耕15厘米，并进行耙耱，使下层土壤紧密，上层土壤疏松。

（三）精选种子

1. 选种：根据不同种植区域，选择粒大、胚部饱满、色泽鲜明，符合品种特性的老熟、无病虫害、适宜当地种植的优良品种。种子分级标准按 GB 4404. 2—1996《粮食作物种子 豆类》执行。

2. 种子处理：播前把精选的种子放在日光下暴晒 1 ~2 天。

（四）播种

1. 播种期：当气温稳定通过 0 ~5℃，土壤解冻 12 ~15 厘米时适时播种。水浇地 3 月中、下旬，山旱地 3 月下旬至 4 月上旬。

2. 播种量：依当地土质、施肥水平、品种特性、气候条件来确定。一般水浇地每亩播种粒数 1. 2 万 ~1. 4 万 粒，保苗 1. 1 万 ~1. 3 万株，山旱地每亩播种粒数 2 万 ~2. 2 万粒，保苗 1. 5 万 ~1. 8 万株。

3. 播种方式：一般采用牲畜开沟和人工手溜播种方式。在有条件的地区可采用机械化点播技术。实行宽窄行播种，宽行 30 ~40 厘米，窄行 20 ~25 厘米，株距 12 ~18 厘米。播深 7 ~10 厘米。

（五）施用化肥

播前结合整地，一次性将化肥施入土壤作底肥。施用量：旱地每亩施化肥纯氮 2. 0 ~3. 0 千克，纯五氧化二磷 4. 5 ~5. 5 千克。水地每亩施化肥纯氮 2. 2 ~3. 2 千克，纯五氧化二磷 5 ~6 千克。

（六）田间管理

1. 中耕除草：当幼苗高达 7 ~10 厘米时，进行第一次中耕除草，行间锄深 8 ~10 厘米，株间锄深 5 厘米。结合第一次灌水，于土壤适耕时及时松土除草。鼓粒期田间拔除高草、大草 1 ~2 次。

2. 浇水：水浇地在蚕豆生长至 4 个叶节时进行第一次浇水。开花至 4 ~5 层时进行第二次浇水。结荚期灌第三次水。

3. 叶面喷肥：在蚕豆初花期和盛花期每亩用磷酸二氢钾 0.1 千克、尿素 0.5 千克兑水 40～50 千克，于清晨或傍晚叶面喷施。

4. 摘心打顶：在全田开花 10 层左右时，选择晴天露水干后适时进行摘心打顶。

（七）病虫防治

1. 地下害虫：播前用辛硫磷等高效、低毒、低残留杀虫剂进行土壤处理。

2. 蚜虫、根瘤蟓：用氯氰菊脂等高效、低毒、低残留杀虫剂，在发生期每隔 7～10 天防 1 次。

3. 叶病防治：主要是赤斑病、轮纹病。在叶片普遍出现小病斑时，每亩用 50% 多菌灵可湿性粉剂 50 克或 70% 甲基托布津可湿性粉剂 50 克，兑水 60～75 千克喷雾防治，每隔 10 天防 1 次。农药使用严格按 GB 4285—89 农药安全使用标准进行。

（八）收获

植株下部叶片脱落、主茎基部 4～5 层荚变黑、上部荚呈黄色时收获。收获时最好人工拔株收获，使豆粒充分后熟。当豆荚风干完全变黑时脱粒。

（九）包装、运输与贮藏

蚕豆的包装、运输与贮藏，必须符合保质、保量、运输安全和分等贮藏的要求，严防污染。

第三章 豌豆栽培技术

第一节 概 述

豌豆又名寒豆、麦豆、荷兰豆，是一种古老的世界性栽培作物，许多国家均有种植，分布地域非常广泛。豌豆在我国的栽培历史约有 2 000 年，并早已遍及全国各地。2005 年，我国青豌豆收获面积 321 万亩，占世界青豌豆收获面积的 19%。从生产总量看，中国是世界第二大豌豆生产国，在世界豌豆生产中占有举足轻重的地位。青海省豌豆生产历史悠久，由于独特的自然条件，生产的豌豆品质优、产量高，是我国春豌豆生产区之一。

豌豆的营养价值和生产价值都很高，豌豆籽粒的蛋白质、淀粉含量均高，是重要的热量来源，同时还含有丰富的维生素及钙、铁、磷等多种无机盐。每 100 克豌豆所含营养素：热量 439.48 千焦，蛋白质 7.40 克，脂肪 0.30 克，碳水化合物 21.20 克，膳食纤维 3.00 克，维生素 A 37.00 微克，胡萝卜素 220.00 微克，硫胺素 0.43 毫克，核黄素 0.09 毫克，尼克酸 2.30 毫克，维生素 C 14.00 毫克，维生素 E 1.21 毫克，钙 21.00 毫克，磷 127.00 毫克，钾 332.00 毫克，钠 1.20 毫克，碘 0.90 微克，镁 43.00 毫克，铁 1.70 毫克，锌 1.29 毫克，硒 1.74 微克，铜

0.22 毫克，锰 0.65 毫克。在豌豆荚和豆苗的嫩叶中富含维生素 C 和能分解体内亚硝胺的酶，具有抗癌防癌的作用。鲜豌豆的营养亦很丰富，每 100 克含蛋白质 7.2 克，热量 334.84 千焦，相当于同量豆腐的营养价值，特别是 B 族维生素含量很高，如维生素 B_1（0.54 毫克/100 克）是豆腐的 18 倍，维生素 B_2 和维生素 PP 分别是豆腐的 2.5 倍和 14 倍，还有较多的胡萝卜素、维生素 C 及无机盐等营养成分。

豌豆与一般蔬菜有所不同，所含的赤霉素和植物凝素等物质，具有抗菌消炎、增强新陈代谢的功能。在荷兰豆和豆苗中含有较为丰富的膳食纤维，可以防止便秘，有清肠作用。豌豆籽粒也是畜禽的优良饲料。

豌豆是良好的固氮作物，在保持和提高土壤肥力，促进非豆科作物产量上有重大作用。栽培豌豆在种植业结构中具有独特的调整作用，如早熟豌豆适于复种和填闲，矮秆豌豆适于间套作，食荚和食苗豌豆能在短时间内获得较大收益，绿肥豌豆能利用主要作物收获后的光、温、水等资源生产肥料（见图 3－1）。

图 3－1　大田豌豆

第二节 豌豆产业发展现状

一、生产现状

豌豆是青海省的主要豆类作物之一。特别是20世纪70年代中后期，省域内高位、中位、低位山旱地普遍选用成熟早、抗病性强、丰产性好的大壳豌豆和草原号豌豆等新品种来逐步取代退化严重的农家旧品种，产量提高了50%～100%，大大促进了豌豆的生产发展。到90年代，全省豌豆种植面积发展到历史最高的85.95万亩。由于受产量、经济效益及旱作区蚕豆生产发展的影响，2000年后播种面积呈逐年下降趋势，2014年全省播种面积不足10万亩，其中化隆县是豌豆生产主产区，常年种植面积在6万亩左右，平均单产175千克/亩，高于全省豌豆单产128.65千克/亩的平均水平。良种繁育基地平均亩产150千克，年繁殖豌豆良种75万千克；干籽粒豌豆种植区平均亩产可达200千克，鲜粒豌豆基地可年生产鲜粒豆200万千克，鲜荚生产基地可年生产鲜荚400万千克。

目前，青海省豌豆生产中推广应用的主导品种主要是有省农业科学院自行研制的草原号系列豌豆、西藏白豌豆、新引进的菜用型豌豆甜脆761、阿极克斯等。与之相配套的一系列高产栽培技术在生产中不断完善，为全省豌豆生产向优质化、标准化发展提供了良好的技术支撑。

二、产品加工

豌豆按用途和荚的软硬，可分为粮用豌豆、菜用豌豆和软荚豌豆三个变种；依种子的形状可分为光粒种和皱粒种；依植株的高矮可分为蔓性种、半蔓性种和矮性种。目前，作为菜用的品种有硬荚种和软荚种。硬荚种的内果皮呈一层似羊皮纸状的透明革质膜，必须撕除后才可食用，故以食青豆粒或制罐；软荚种内果皮无革质膜、柔嫩，豌豆粒及嫩荚、嫩苗均可食用。种子含淀粉、油脂，成熟后又可磨成豌豆面粉食用。茎叶能清凉解暑，并作绿肥和饲料。豌豆粒圆润鲜绿，十分好看，也常被用来作为配菜，以增加菜肴的色彩，促进食欲。荷兰豆是豆荚用豌豆，炒食后颜色翠绿，清脆利口。豆苗是豌豆萌发出2~4个子叶的幼苗，鲜嫩清香，最适宜做汤。五花八门的豌豆膳食，深受广大群众青睐。

近几年，随着国内豆类加工业的兴起和发展，豌豆市场需求呈现出旺盛趋势，青海省生产的豌豆由于优良的种性品质和商品属性，越来越受到国内外市场的欢迎。

三、产区分布

我国豌豆的生产区可划分为春豌豆区和秋豌豆区，春豌豆区面积占我国豌豆总面积的30%左右，产量占全国总产（74.18万吨）的35%左右，主要分布于内蒙古、新疆、青海、宁夏等省区；秋豌豆区以四川省种植面积最大，占全国豌豆总面积的30%左右。

青海省深居内陆，地处青藏高原腹地，气候属高寒干旱型，农作物种植区在海拔1 700~4 000米，年均温2~8℃，年降水量350~650毫米，全省除部分河湟谷地可复种外，大部分地区比较冷凉，属一年一作春作区，也是冷季豌豆生产区。豌豆栽培区域主要集中在海东地区、西宁地区的山旱地，海南州、黄南州、海西州、海北州等地也有种植，多以干籽粒品种为主，菜用豌豆面积较小（见图3-2）。

图 3－2　豌豆示范田

第三节　豌豆生物学特性

一、形态特征

（一）根

为主轴根系，主根发达，侧根细长，分枝极多。主根可深入土中 1～1.5 米，侧根可以长到主根那样长。如果土壤中有根瘤菌则根上着生大小不一的乳头状根瘤。

（二）茎

茎矮性或蔓性，矮性高仅 30 厘米左右，蔓性种株高 1～2 米，茎圆而中空易折断。茎由节和节间组成，节间长 4～6.5 厘米，茎下部和上部节节间较短，中部节间较长，豌豆的总节数由结实节和不结实节构成。茎的长度由总节数和节间长所决定，变动在25~300厘米之间。

（三）叶

豌豆的叶属互生偶数羽状复叶，具有1~3对小叶，出苗时子叶不出土，小叶4~6枚。叶的上部着生变态叶—卷须，

卷须3~5个，能攀缠它物，从而改善叶的光合效能。小叶为长椭圆形，卵形，近凌形，近圆形等。小叶的大小视品种而定，也和栽培条件有关。小叶的颜色也因品种而异，可分为黄绿色、淡蓝色、绿色、暗绿色和蓝绿色等。

（四）花

豌豆的花序是总状花序，单生或对生于腋处。每花序1~2朵花，少数2~3朵花，花柄长短不一，末端有短刚毛。色白（白花豌豆）或紫（紫花豌豆），自花授粉（见图3-3）。

图3-3 豌豆盛花期

（五）荚

荚是豌豆的果实，由一个心皮发育而成的两个果瓣组成，荚果扁而长，有硬荚和软荚之分。荚的大小一般根据荚的长度来划分，小荚长 3～4.5 厘米；中荚长 4.5～6 厘米；大荚长 6～10 厘米。未成熟荚通常为绿色，成熟荚多为黄色或褐色。种子在荚里交错排列，一般为 3～12 粒，颜色有黄、白、紫、黄绿、灰褐色等。种脐是株柄的痕迹，也是区分品种的一个特征。

（六）籽粒

籽粒外部形状多种多样，有圆粒（光滑）、皱粒、椭圆、不规则压挤等多种粒型，直径 3.5～10.5 毫米不等。

二、生长习性

豌豆喜冷冻湿润气候，耐寒，不耐热，幼苗能耐 5℃低温，生长期适温 12～16℃，结荚期适温 15～20℃，超过 25℃受精率低、结荚少、产量低。豌豆是长日照植物。多数品种的生育期在北方表现比南方短。南方品种北移可提早开花结荚，北方春播缩短了在南方越冬的幼苗期，豌豆的生育期，早熟种 65～75 天，中熟种 75～100 天，晚熟种 100～185 天。

三、生长要求

豌豆对土壤要求虽不严，在排水良好的沙壤上或新垦地均可栽植，但以疏松含有机质较高的中性（pH6.0～7.0）土壤为宜，有利出苗和根瘤菌的发育，土壤酸度低于 pH5.5 时易发生病害和降低结荚率，应加施石灰改良。豌豆根系深，稍耐旱而不耐湿，播种或幼苗排水不良易烂根，花期干旱授精不良，容易形成空荚或秕荚。和其他作物一样，豌豆从土壤中吸取最多的营养元素是氮磷钾钙，另外微量元素的缺乏，也会影响豌豆的生长发育。

第四节　豌豆主栽品种

一、草原 23

（一）特征特性

春性品种。幼苗直立、绿色，矮茎、淡绿色；主茎粗 0.65～0.70 厘米，主茎节数 17.00～18.00 节，节间长 5.40～6.50 厘米，茎上覆盖蜡被，株高 79.02～82.40 厘米，有效分枝数 1.30～1.61个；小叶卷须，卷须发达，托叶绿色，剥蚀斑少，托叶腋无花青斑。总状花序，花白色；去壳荚，刀形，有硬皮层，嫩荚绿色，成熟荚黄色，荚长 6.50～7.00 厘米，荚宽 1.40～1.60 厘米，荚内籽粒自由式排列，田间不裂荚。籽粒皱，皮绿色、近圆形，粒形 0.75～0.80 厘米；单株荚数 18.05～21.10 个，单株粒数 80.46～85.80 粒，单荚粒数 4.06～4.48 粒，干籽粒千粒重 320.10～325.30 克。生育期 115～119 天。抗倒伏性较强，轻感根腐病。中等水肥条件下产量 245～265 千克/亩，高水肥条件下 350～420 千克/亩。

（二）栽培技术要点

选用中等肥力以上，且排灌方便的地块种植，播前施有机肥 1 500～3 000 千克/亩，纯氮 3～4 千克/亩，五氧化二磷 10～15 千克/亩作底肥。3 月中旬至 4 月上旬播种，播深 5～6 厘米，播种量 15～17.5 千克，行距 20～25 厘米，株距 2～4 厘米，亩保苗 5.5 万～6 万株。生长期除草松土 2～3 次，始花期、结荚期浇水 1～2 次；地下害虫严重的地块用辛硫磷进行土壤处理，幼苗受潜叶蝇危害时用乐果乳剂喷洒 1～2 次。

（三）种植地区

适宜在青海省东、西部农业区有灌溉条件的地区种植。

二、草原25

（一）特征特性

春性品种，茎绿色、直立，生育期93天，株高113厘米左右，有效分枝2个，主茎节数24节，第一果节数12节，托叶绿色，无花青斑，有缺刻，剥蚀斑明显。荚直形，有硬皮层，成熟荚黄白色，荚长7厘米，荚宽1.2厘米，田间不裂荚，籽粒圆形，白色，子叶橙黄色，种脐淡黄色。单荚粒数4粒，百粒重23.8克。田间自然鉴定无豌豆根腐病、褐斑病、白粉病和小卷叶蛾幼虫危害。平均产量128.9千克/亩。

（二）栽培技术要点

选中等肥力以上的地块种植，与麦类作物实行3～4年轮作。播前施有机肥1 533～3 000千克/亩，磷肥5～6千克/亩，氮肥2～3千克/亩作种肥。亩保苗2万～2.5万株，行距30～40厘米，为便于采摘每隔4～5行种1行50厘米的宽行。温室种植密度为1.6万～1.7万株/亩。开花结荚期灌水1～2次。在豆粒灌浆中期采摘，地下害虫严重的地块用药剂在播种前进行土壤处理，生长前期幼苗受潜叶蝇危害时用乐果药剂兑水喷洒1～2次。

（三）推广区域

在青海省西宁市、宁夏回族自治区固原市、陕西省靖边县和内蒙古自治区赤峰市等地推广种植。

三、草原224

（一）特征特性

幼苗半直立生长，紫绿色。高茎，淡绿色，茎粗0.5～0.7厘米，主茎19.4～21.2节，高145.2～160.6厘米，节间长1.3～2.3厘米，茎上有盖蜡被，分枝0.3个，羽状复叶，顶端有卷须；托叶绿色，具缺刻。其上剥蚀斑较少，托叶腋花青斑明显。总状花序，花深紫红色；去壳荚，马刀形，嫩荚绿色，成熟荚淡白黄色，荚长7.1~7.7厘米，荚宽14.4~15.6厘米，荚内籽粒自由式排列，双荚很少，田间不易裂荚。籽粒圆形；单株平均6.50~8.50荚，每株38.60~40.70粒，单荚粒数6.39~7.19粒，千粒重222.80~233.20克。全生育期137~141天。耐寒，耐旱性较强，度根腐病轻微，高水肥条件下单产250千克/亩，一般水肥条件下200~250千克/亩。旱作条件下159~200千克/亩。

（二）栽培技术要点

亩施有机肥1~2立方米，磷肥7~8千克，纯氮1~2千克作底肥。3月底至4月初播种，亩保苗5.5万~7万株，手溜或机条播，垄距20~25厘米，行距20厘米，播种深度7~9厘米。生长期进行2次除草松土，有灌溉条件的地区在始花期，籽粒膨大期灌溉1~2次；地下害虫严重地块用辛硫磷防治，幼苗受潜叶蝇危害时用乐果乳剂喷洒1~2次防治。

（三）种植地区

适宜在青海省中高位山旱地、沟岔水地和柴达木灌区推广种植。

四、青荷1号

（一）特征特性

大荚型菜用豌豆。幼苗直立生长、绿色，矮茎；株高78~89厘米，主茎粗0.7~0.8厘米，茎节数16~18节，分枝2~3个。全生育期100~115天，出苗至采荚55~60天。花白色、剑形，无硬皮层，长12~14厘米，宽3~4厘米；青荚绿色、甜脆，食味好。托叶绿色，具缺刻，剥蚀斑明显，托叶无腋花青斑。荚内籽粒自由式排列，田间不裂荚，单株平均15~18荚，株粒数76~

100 粒，荚粒数 5 ~ 6 粒，千粒重 239 ~ 268 克。

（二）栽培技术要点

选中等以上肥力排灌方便的地块种植，与麦类作物实行 3 ~ 4 年轮作。播前施有机肥 1 500 ~ 3 000 千克/亩，磷肥 5 ~ 6 千克/亩，氮肥 2 ~ 3 千克/亩作低肥。适时播种，春播区 3 月下旬至 4 月上旬播种，一般播种量为 15 千克/亩，行距 30 ~ 40 厘米，亩保苗 5 万 ~ 6 万株。为便于采摘每隔 4 ~ 5 行种 1 行 50 厘米的宽行。温室种植密度为 1.6 万 ~ 1.7 万株/亩，开花结荚期浇水 1 ~ 2 次。在豆粒灌浆中期采摘，勿在地湿时采摘，以免烂根早枯。注意豌豆白粉病防治。一般栽培条件下可亩产青荚 1 000 ~ 1 400 千克；干籽粒亩产 130 ~ 170 千克。

（三）种植地区

适宜在西宁地区、海东农业区露地、保护地种植。

五、甜脆 761

（一）特征特性

小荚型厚果皮菜用豌豆。幼苗直立生长、绿色，高茎。嫩荚甜度高、脆。株高 170.8 ~ 184.6 厘米，主茎粗 0.7 ~ 0.8 厘米，茎节数 20 ~ 23 节，分枝 2 ~ 3 个。全生育期 120 ~ 133 天，花白色、念珠形，长 11.1 ~ 12.2 厘米，宽 2.1 ~ 2.4 厘米，无硬皮层，青荚甜脆，绿色，品质品味佳。小叶和托叶绿色、剥蚀斑明显，托叶无腋花青斑。荚内籽粒自由式排列，田间不裂荚，单株平均 15 ~ 19荚，株粒数 73 ~ 82 粒，荚粒数 5 ~ 6 粒，千粒重 224.9 ~ 233.3克。抗倒伏，根腐病轻微。

（二）栽培技术要点

选中等以上肥力排灌方便的地块种植，每亩施有机肥1 500 ~ 3 000 千克/亩，磷肥 2.3 ~ 2.9 千克/亩，氮肥 1.8 ~ 2.4 千克/亩作低肥。每亩保苗 2 万 ~ 2.2 万株，行距 30 ~ 60 厘米，为便于采摘每隔 2 ~ 3 行种 1 行 60 厘米的宽行。温室种植密度为 1.8 万 ~2.0万株/亩，在始花期、结荚期和终花前浇水 1 ~ 3 次。开花后 20 天左右开始采摘，每 3 ~ 4 天摘 1 次，勿在地湿时采摘，以免烂根早枯。注意豌豆白粉病防治。中等水肥条件下亩产青荚 900 ~ 1 100 千克，籽粒亩产 130 ~ 170 千克。

（三）种植地区

适宜在西宁地区、海东农业区露地、保护地种植。

六、阿极克斯

（一）特征特性

制罐、速冻型豌豆。幼苗直立生长、深绿色，半矮茎。主茎粗 0.6 ~ 0.7 厘米，茎节数 18 ~ 21 节，分枝 2 ~ 3 个，茎上覆盖蜡被，株高 81.3 ~ 90 厘米。全生育期 127 ~ 130 天。花白色，念珠形，长 11.1 ~ 12.2 厘米，宽 2.1 ~ 2.4 厘米，无硬皮层，青荚甜脆、绿色，品质品味佳。小叶剥蚀斑少，托叶明显，托叶无腋花青斑。单株平均 15 ~ 18 荚，单株粒数 57 ~ 70 粒，荚粒数 5 ~ 6 粒，田间不裂荚，青豆粒烹饪鲜绿，千粒重 202 ~ 230 克。一般水肥栽培条件下亩产 180 ~ 200 千克。

（二）栽培技术要点

适宜中等或中等以上肥力的地块种植，每亩施有机肥1 500 ~ 3 000 千克/亩，磷肥 2.3 ~ 2.8 千克/亩，纯氮 0.92 ~ 1.38 千克/亩作低肥。每亩用 0.15 ~ 0.18 克氟乐灵播前进行土壤处理。亩保苗 5 万 ~ 6.5 万株，行距 20 ~ 30 厘米，在始花期、籽粒灌浆期浇水 1 ~ 2 次。结合灌水追施纯氮 1.38 ~ 1.84 千克/亩，纯钾 2.2 ~ 2.75 千克/亩。为便于采摘每隔 2 ~ 3 行种 1 行 60 厘米的宽行。豌豆虫害用 50% 锌硫磷乳剂 500 倍液喷洒 1 ~ 2 次，每亩喷药 40 千克。籽粒鲜嫩阶段采摘时，勿在地湿时采摘，以免烂根早枯。

（三）种植地区

适宜青海省水地及湿度较好的农业区中、高位山旱地种植（图3－4）。

图3－4　阿极克斯豌豆搭架栽培

第五节　豌豆栽培技术

一、浅山豌豆高产栽培技术

（一）轮作

豌豆最忌连作，连作可使病虫害加剧，产量降低，品质下降。因此，前茬作物以中耕作物为宜。

（二）整地

土层疏松、深厚、湿润、保水保肥，有利于豌豆根系生长发育，豌豆产区整地措施以秋耙和播种时的春翻及播后的耙耱收墒为主。前茬作物收后立即深耕，以熟化土壤接纳雨水。

（三）土壤处理

播前用氟乐灵100～150克或燕麦畏200克，兑水30千克，进行土壤处理，防治燕麦草。

（四）施肥

合理施用农家肥和化肥，是提高豌豆产量的重要措施。

1. 农家肥：春豌豆区亩产450千克以上的高产田，一般亩施羊杂肥或土杂肥3 000～4 000千克。

2. 氮肥：由于根瘤菌的固氮作用，少施或不施氮肥，其固定的氮素能满足豌豆生长期需氮总量的60%～70%，其余30%～40%氮素可从土壤中吸收。但山旱地土壤有机质较少，土壤肥力低，易受干旱威胁，因此在中等以下肥力水平的地块可亩施纯氮1.25～2千克，中等或中等以上肥力水平的地块一般不施氮肥，否则会影响根瘤菌固氮能力，引起贪青晚熟。

3. 磷肥：一般磷肥和有机肥混合施用作底肥，以亩施4～6千克为准，能有效增加豌豆的生物产量和干籽粒产量。

4. 钾肥：用作基肥，亩施1.5～2千克，有壮秆抗倒伏和增强植株耐旱力的作用。

（五）选用良种播种

1. 备种：包括晒种、选种和药剂拌种。晒种可以提高发芽力和发芽势；选种有利于齐苗，培育壮苗；拌种包括杀菌剂、根瘤菌剂等。

2. 播种期：豌豆的适宜播种期由当地自然气候条件及所采用的品种确定。青海省各地区气温从播种以后回升比较快，而且各地在豌豆开花、结荚期都会遇到25℃以上的高温。同时豌豆还能耐－5～－3℃的低温。因此，适宜播种期应以早播为宜，使豌豆能在高温来临前多结荚；早播有利于抗旱保苗，培育壮苗，延长花芽分化期，增加开花和结荚数。低中位山旱地在 3 月底至 4 月上旬播种，中高位山旱地 4 月在中下旬播种。

3. 播种方式和种植密度：豌豆播种方式有撒播、条播、穴播、手溜等多种方式，但撒播、条播较多。撒播较粗放，种子覆土深度不一，浮籽多，出苗不齐，且为中耕松土带来不便。条播种子覆土深度一致，行距均匀，易中耕松土，是最理想的播种方式。播种密度与品种、气候条件、土壤肥力有密切关系。青海山旱地的最适种植密度为 5 万～6 万株/亩，如果是矮秆品种，可在各地区适种密度范围内增加 0.5 万～0.7 万株。

4. 播种深度：豌豆播种深度要依据土壤质地、土壤湿度和降水量确定。沙性土壤适当种深些，黏重土壤要种浅些，土壤湿度大或降水多的地区可种浅些。青海省平均播深 8～13 厘米。

（六）田间管理

豌豆出苗以后的田间管理主要包括中耕除草、追肥和病虫害防治等。

1. 中耕培土：豌豆在幼苗期容易发生草荒，故需要中耕除草多次。中耕培土有利于铲除田间杂草和松土保墒。

2. 追肥：对于幼苗长势差的地块，结合中耕培土可追施氮肥，亩施尿素 2.5～5.0 千克。在花荚期叶面喷施适量 1%～2% 磷酸二氢钾。

3. 病虫害防治：病虫害是豌豆产量的重要限制因子之一。豌豆病害主要有锈病、根腐病、白粉病等，虫害以蚜虫和潜叶蝇为主。防治措施：一是采用轮作和选用感病经的品种。二是采用药剂防治，如每亩用 50% 多菌灵可湿性粉剂 0.12 千克，兑水 20～30 千克进行田间喷雾防治 2～3 次，可控制锈病的蔓延；用 90% 敌百虫 0.5 千克，兑水 50 千克，进行喷雾防治，对潜叶蝇幼虫和蛹具有明显的防治效果。

（七）采收和储藏

适时采收是豌豆高产的关键，6 月中上旬左右，在绝大多数豆荚变黄，但没有开裂时进行采收。采收工作应在早上进行，收获后，将整株豌豆捆成捆，放置在平整干燥的地上进行平铺晾晒。晾晒 1 ~ 2 天，等到豌豆荚大部分裂荚以后，用脱粒机进行脱粒，脱粒后用簸箕把豌豆籽粒中的杂质筛选出去。然后再用筛子进行一次细选装入袋子，放在干燥通风的库房中贮藏。

二、菜用豌豆高产栽培技术

菜用豌豆主要有粒用、苗用和荚用三种，其高产栽培技术与浅山豌豆高产栽培技术基本相同。不同之处是：苗用和荚用豌豆的栽培特点是分期采收，必须要求宽窄行种植，而且荚用豌豆要进行搭架，最好采用垄作沟灌，这种做法不仅采撷方便，而且可显著增产，并保持青荚的外观商品性。具体栽培要点如下：

（一）播种时间

3 月底至 4 月上中旬播种。

（二）施肥与整地

采用豌豆对前茬作物要求不严，但忌连作。播前每亩撒施农家肥 3 ~ 4 立方米，过磷酸钙 30 ~ 40 千克，尿素 10 千克，深翻 30 厘米以上，耙平后作畦。然后浇透底水，畦面稍干，耙平后待播。

（三）播种方法

采用开沟点播法，亩用种量 3 ~ 4 千克，播种深度 3 ~ 4 厘米，大行距 60 厘米，小行距 40 厘米，穴距 20 厘米，每穴 2 ~ 3 粒种子。

（四）密度要求

荚用露地保苗 2 万 ~ 2.2 万株，保护地 1.8 万 ~ 2.0 万株，宽: 窄 =60: 30 厘米；苗用露地保苗 5 万 ~6 万株，保护地4 万 ~5 万株，宽: 窄 =40: 20 厘米 。

（五）田间管理

1. 搭架追肥：幼苗出齐后，应及时中耕松土 1 ~2 次。株高 15 ~20 厘米时及时搭架引蔓，使其通风，防止倒伏；同时还要摘心，促生侧枝，增加开花数和结荚率。一般主蔓 4 ~5 节位时摘去顶心，侧蔓长出 2 ~3 节位时再摘去侧蔓顶心，促分二次侧蔓。抽蔓期、结荚期结合浇水，每亩施尿素 10 千克；结荚盛期用 0.4% 磷酸二氢钾或化肥精、施丰乐等微肥进行叶面喷洒，每亩用量 50 千克，共喷施 2 ~3 次，以促进嫩荚生长。在生长后期应及时摘除残叶。

2. 病虫害防治：首先要加强田间管理，合理施肥，保持田间通风透光，提高植株抗病力。当田间发生病害时，用 50% 多菌灵 1 000 倍液，70% 甲基托布津 1 000 倍液或 75% 百菌清 600 倍液喷雾，每隔 10 天左右喷 1 次，连喷 2 ~3 次进行防治。苗期叶片出现潜叶蝇虫时，每亩用 5% 拟除虫菊素 30 毫升兑水喷雾防治；开花期防治蓟马用 40% 乐果乳油 1 000 倍液喷雾，防效较高。

（六）采收

一般在开花后 14 ~18 天，豆荚仍为深绿色或开始变浅绿色、豆粒开始饱满时及时采收上市。留种时应选择无病虫危害的健壮植株，当荚果达到老熟呈黄色或干荚时采收，采收后晒干、脱粒，贮藏于干燥阴暗处。

ལེའུ་དང་པོ། ནས་འདེབས་གསོ་བྱེད་པའི་ལག་རྩལ།

ས་བཅད་དང་པོ། རགས་བཤད།

གཅིག ཁྱབ་པའི་ས་ཁོངས།

ནས་ནི་སྐྱེ་མ་ཅན་གྱི་ཚན་སོ་བའི་ཁོངས་ཀྱི་སྐྱེ་མ་ཅན་གྱི་ལོ་ཏོག་གི་རིགས (*Hordeumvulgare Linn.var.nudum*) ཞིག་ཡིན་ཞིང་། དེའི་ཕྱི་ནང་གི་ཤུན་པ་སོ་སོར་བྲལ་ནས་འབྲུ་རྡོག་གསལ་རྗེན་དུ་མངོན་པས་སོན་རྗེན་སོ་བ་དང་རྗེ······དཀར། འབྲས་སོ་བ་བཅས་སུ་འབོད་པ་ཡིན། གཙོ་བོར་མཚོ་སྔོན་དང་བོད་ལྗོངས། ཀན་སུའུ་ཡི་ལྷོ་ནུབ། སི་ཁྲོན་གྱི་ནུབ་བྱང་། ཡུན་ནན་གྱི་ནུབ་བྱང་···སོགས་ས་ཁུལ་དུ་ཁྱབ་ཅིང་བོད་རིགས་མི་དམངས་ཀྱི་འབྲུ་རིགས་གཙོ་བོ་ཡིན། ནས་ནི་མདོ་དབུས་མཐོ་སྒང་དུ་འདེབས་འཛུགས་བྱས་པར་ཐལ་ཆེར་ལོ 3500ཡི་ལོ་རྒྱུས་ལྡན་ཞིང་འཚོ་བཅུད་རིན་ཐང་ཤིན་ཏུ་མཐོ་བ་དང་། དེའི་མཚུངས་སུ། ནས་ནི་མཚོ་སྔོན་དང་བོད་ལྗོངས་ཀྱི་རིན་ཆེན་རྣམ་བཞིའི་དང་པོ་སྟེ་རྩམ་པ་ཡི་རྒྱུ་ཆ་གཙོ་བོའང་ཡིན།

གཉིས། ནས་ཀྱི་འབྱུང་ཁུངས།

རྒྱལ་ཁབ་ཕྱི་ནང་གི་ཚད་ལྡན་ཡིག་ཆའི་དཔྱད་གཞིར་བཀོད་པ་ལྟར་ན། སོ་བའི་འབྱུང་ཁུངས་སྐོར་གྱི་གནད་དོན་ལ་ཐོག་མཐའ་བར་གསུམ་དུ་བཤད་········ཚུལ་སྣ་མང་མཆིས་པ་རེད། ཡིན་ནའང་མདོར་བསྡུས་ན་ལྟ་ཚུལ་རིགས་གཉིས···

ལ་སྙིང་བསྐུས་བྱས་ཚོག ལྷ་ཚུལ་རིགས་གཅིག་གིས་སོ་བ་ནི་ཡ་གླིང་ནུབ་མ་ནས་བྱུང་བ་མ་ཟད། ཨ་སི་ཨ་ཆུང་བ་ནས་མེ་སུའོ་པུའུ་ཏ་སྨི་ཡ་བརྒྱུད་དེ་དབྱི་རན་མཐོ་སྒང་གི་དབུས་ཤར་ས་ཁུལ་དུ་སླེབས་ཤིང་། ཡང་ཨེ་ཅིབ་དང་རྩེ་གླིང་བྱང་མ་ནས་སུའུ་ལན་གྱི་ཀའོ་ཅ་སུའོ་བྱང་མ་སོགས་ས་ཁུལ་དུ་བསླེབས་ཏེ་རང་རྒྱལ་དུ་སྤེལ་བར་འདོད་པ་རེད། དེའི་གཞི་འཛིན་ས་གཙོ་བོ་ནི་གནས་དེ་ཙ་གླིང་ཟུར་གཉིས་ཅན་དང་གླིང་ཟུར་དྲུག་ཅན་གྱི་རི་སྐྱེས་སོ་བ་རྒྱ་ཁྱབ་ཏུ་གནས་ཤིང་། ཐེངས་གང་མང་ལ་སྤྱི་ལོ་སྔོན་གྱི་ལོ 6000ཡས་མས་ཀྱི་སོ་བའི་ཤུལ་དངོས་རྙེད་པ་རེད། ལྷ་ཚུལ་གཞན་གཅིག་གིས་ནི་སོ་བའི་འབྱུང་ཡུལ་ནི་རང་རྒྱལ་གྱི་མཚོ་སྔོན་དང་བོད་ལྗོངས། སི་ཁྲོན་གྱི་ནུབ་རྒྱུད་དང་ཡུན་ནན་གྱི་བྱང་རྒྱུད་ཡིན་པར་འདོད། འདི་ཙ་གླིང་ཟུར་གཉིས་ཅན་དང་གླིང་ཟུར་དྲུག་ཅན། བར་གནས་དབྱིབས་ཀྱི་རི་སྐྱེས་སོ་བ་རྒྱ་ཁྱབ་ཏུ་གནས་པ་མ་ཟད། ད་དུང་ཤུལ་དངོས་གནའ་རྫས་རྗོག་ཞིབ་མང་པོའི་ཁྲོད་ནས་ནས་ཀྱི་ཕྲན་འགྱུར་དངོས་རྫས་མང་པོ་རྙེད་པ་རེད།

སོ་བ་ནི་རི་སྐྱེས་ས་བོན་ནས་འདེབས་གསོ་བྱེད་པའི་ས་བོན་ལ་རིམ་འགྱུར་བྱུང་བའང་རྩོད་གཞི་ཤིན་ཏུ་ཆེ་བའི་གནད་དོན་ཞིག་ཡིན། ཕྱུགས་བསྐུས་བྱས་ན་རིགས་བཞི་ཡོད་དེ། གླིང་ཟུར་གཉིས་ཅན་གྱི་འབྱུང་ཁུངས་སླབ་དང་གླིང་ཟུར་གཉིས་དང་དྲུག་གི་འབྱུང་ཁུངས་ཟུང་ཅན་སླབ། གླིང་ཟུར་དྲུག་ཅན་གྱི་འབྱུང་ཁུངས་སླབ། དུས་རིམ་མང་པོའི་འཕེལ་འགྱུར་གྱི་གོ་རིམ་སླབ་བཅས་ཡིན།

(གཅིག)གླིང་ཟུར་གཉིས་ཅན་གྱི་འབྱུང་ཁུངས་སླབ།

དབྱི་རན་དང་ཨ་སི་ཨ་ཆུང་བ་ནས་རྙེད་པའི་སྤྱི་ལོ་སྔོན་གྱི་ལོ 6000གི་གླིང་ཟུར་དྲུག་ཅན་གྱི་སོ་བ་ཕུད། དེ་ལས་སྔ་བའི་སོ་བའི་ཤུལ་དངོས་ཡོངས་རྫོགས

གླིང་ཟུར་གཉིས་ཅན་གྱི་དབྱིབས་ཡིན་པར་འདོད་པ་དང་། གླིང་ཟུར་གཉིས་ཅན་གྱིས་གླིང་ཟུར་དྲུག་ཅན་མངོན་གྱུར་བྱས་ཤིང་། རི་སྐྱེས་གླིང་ཟུར་གཉིས་ཅན་དང་འདེབས་གསོ་བྱས་པའི་གླིང་ཟུར་དྲུག་ཅན་རྒྱུད་འདྲེས་བྱས་རྗེས་རི་སྐྱེས་གླིང་ཟུར་དྲུག་ཅན་གྱི་སོ་བ་དང་ཆ་འདྲ་བའི་རྗེས་རབས་ཐོན་ཐུབ། དེ་བས་འདེབས་གསོ་བྱེད་པའི་སོ་བ་ནི་རི་སྐྱེས་གླིང་ཟུར་གཉིས་ཅན་གྱི་སོ་བ་ལས་བྱུང་བར་འདོད་པ་རེད།

(གཉིས)གླིང་ཟུར་གཉིས་དང་དྲུག་གི་འབྱུང་ཁུངས་ཟུང་ཅན་སྨྲ་བ།

གླིང་ཟུར་གཉིས་ཅན་གྱི་སོ་བའི་རྒྱུད་འདྲེས་ཁྲོད་ནས་གླིང་ཟུར་མང་པོའི་དབྱིབས་ཀྱི་སོ་བ་ཞིག་ནམ་ཡང་དཀར་དབྱེ་བྱུང་མེད་ལ། གླིང་ཟུར་གཉིས་ཅན་དེ་གླིང་ཟུར་དྲུག་ཅན་གྱི་རྣམ་པར་བར་བརྒྱལ་བྱས་པའི་བདེན་དཔང་ཡང་མེད་པར་འདོད། དེ་བས་གླིང་ཟུར་གཉིས་ཅན་དང་གླིང་ཟུར་དྲུག་ཅན་གྱི་དབྱིབས་སོ་སོར་དེའི་རང་ཉིད་ཀྱི་འབྱུང་ཁུངས་ཡོད་པར་འདོད་པ་རེད།

(གསུམ)གླིང་ཟུར་དྲུག་ཅན་གྱི་འབྱུང་ཁུངས་སྨྲ་བ།

W.ལི་མེང་ཕེང(Rimpao)ཚབ་བྱེད་ཡིན། བསྡུར་དཔྱད་གཟུགས་གཞིའི་རིག་པའི་ངོས་ཐད་ནས་འདེབས་གསོ་བྱེད་པའི་སོ་བའི་མེས་པོའི་ས་བོན་ནི་གླིང་ཟུར་དྲུག་ཅན་གྱི་དབྱིབས་ཡིན་ཞིང་། གླིང་ཟུར་གཉིས་ཅན་གྱི་དབྱིབས་ནི་གླིང་ཟུར་དྲུག་ཅན་དབྱིབས་ཀྱི་སྙེ་མའི་སྙེའུ་འབྲུ་ཞན་འགྱུར་བྱུང་བ་ལས་བཟོས་པར་འདོད། 1938ལོར་སུའེ་ཏེན་གྱི་མཁས་པ E.ཨོའུ་པའེ་ཀོ(Aberg)ཡིས་ཀྲུང་གོའི་སི་ཁྲོན་ནུབ་རྒྱུད་ཀྱི་རི་སྐྱེས་གླིང་ཟུར་དྲུག་ཅན་གྱི་སོ་བ་དེ་ནི་འདེབས་གསོ་བྱེད་པའི་སོ་བའི་མེས་པོའི་ས་བོན་འཕྲུལ་མེད་དེ་ཡིན་པར་འདོད་ཅིང་། མིང་དུ H.agriocrithonགཏན་ཁེལ་མཛད་པ་མ་ཟད། བོད་ལྗོངས་མཐོ་སྒང་ནི་སོ་བ་འདེབས་གསོ་བྱེད་པའི་འབྱུང་གནས་ཡིན་པར་འདོད་པ་རེད།

(བཞི)དུས་རིམ་མང་པོའི་འཕེལ་འགྱུར་གྱི་གོ་རིམ་སླ་བ།

དུས་རབས 20པའི་ལོ་རབས 70པར། རང་རྒྱལ་གྱི་མཁས་པས་བོད་ལྗོངས་དང་མཚོ་སྔོན། སི་ཁྲིན་ནུབ་རྒྱུད་སོགས་ས་ཆར་རྟོག་ཞིབ་མཛད་དེ་གླིང་བུར་གཉིས་ཅན་དང་གླིང་བུར་དྲུག་ཅན། བར་གནས་དབྱིབས་ཀྱི་རི་སྐྱེས་སོ་བ་འབོར་ཆེན་རྙེད་པ་རེད། དེར་ངོ་བོ་དང་གཟུགས་དབྱིབས་ཀྱི་རྒྱུད་འདེད་དང་ཕྲ་ཕུང་རིག་པའི་ཉིང་དབྱིབས། རྩབས་ཀྱི་མ་ལག་མཚོན་རིས་སོགས་ཀྱི་ཞིབ་འཇུག་བྱས་པ་བརྒྱུད་དེ་དུས་རིམ་མང་པོའི་འཕེལ་འགྱུར་གྱི་གོ་རིམ་སླ་བ་བཏོན་པ་རེད། གཞུང་ལུགས་དེས་སོ་བ་འདེབས་གསོ་བྱས་པའི་འཕེལ་འགྱུར་ནི་གླིང་བུར་གཉིས་ཅན་ནས་གླིང་བུར་དྲུག་ཅན་དང་། སྐེའུ་འབྲུ་ལ་ཡུ་བ་ཡོད་པ་ནས་ཡུ་བ་མེད་པ། འབྲུ་རྡོག་ལ་ཕྱི་ཐུམ་ཡོད་པ་ནས་འབྲུ་རྡོག་གཅེར་བུ། སྐེ་མའི་རྟེན་རྐང་ནི་ཧྲུག་ཧྲུག་ནས་སྲ་མཁྲེགས་སུ་བརྒྱུད་པའི་གོ་རིམ་ཞིག་ཡིན་སྲིད་པར་སྙམ། དུས་རིམ་དང་པོའི་གདོད་མའི་ས་བོན་ནི་རི་སྐྱེས་གླིང་བུར་གཉིས་ཅན་གྱི་སོ་བ་ཡིན་ཞིང་། དུས་ཡུན་རིང་པའི་ལོ་རྒྱུས་ཀྱི་ཆུ་རྒྱུན་རིང་མོ་ཁྲོད་མིའི་རིགས་ཀྱིས་འདུལ་གསོ་བྱས་པ་ལ་བརྟེན་ནས་ད་གཟོད་དུས་རིམ་གཉིས་པ་མགོ་བརྩམས་པ་དང་། དུས་རིམ་འདིར་སྤྱི་ཕྱིར་གླིང་བུར་དྲུག་ཅན་གྱི་བུམ་དབྱིབས་དང་གླིང་བུར་དྲུག་ཅན་གྱི་ཡུ་བ་མེད་པའི་དབྱིབས། གླིང་བུར་དྲུག་ཅན་གྱི་འབྲུ་རྡོག་གཅེར་བུའི་དབྱིབས་སོགས་རི་སྐྱེས་སོ་བ་བྱུང་པ་རེད། དུས་རིམ་གསུམ་པར་བསླེབས་རྗེས་ད་གཟོད་འདེབས་གསོ་བྱེད་པའི་གླིང་བུར་དྲུག་ཅན་གྱི་སོ་བར་འཕེལ་འགྱུར་བྱུང་ཞིང་། འདེབས་གསོ་བྱེད་པའི་གླིང་བུར་གཉིས་ཅན་གྱི་སོ་བ་ནི་སྐེ་མ་ཆེ་བ་དང་འབྲུ་རྡོག་ཆེ་བ་བདམས་གསོ་བྱས་པའི་མཇུག་འབྲས་ཡིན་པ་རེད། གཞུང་ལུགས་འདི་ཡིས་གླིང་བུར་དྲུག་ཅན་གྱི་སོ་བའི་འཕེལ་འགྱུར་ཁྲོད་ཀྱི་བྱེད་ནུས་ནན་བཤད་བྱས་པ་མ་ཟད། ད་དུང་མདོ་དབུས་མཐོ་སྒང་ནི

རི་སྐྱེས་སོ་བའི་འབྱུང་ཁུངས་ཀྱི་གྲུབ་ཡིན་པ་རིགས་པས་བསྒྲུབས་པ་རེད།

སྤྱིར་བཏང་དུ་ནས་ནི་མདོ་དབུས་མཐོ་སྒང་གི་གདོད་མའི་ལོ་ཏོག་ཡིན་པར་ངོས་འཛིན་བྱེད་ཅིང་། མཁས་པ་མང་པོས་འདེབས་གསོ་བྱེད་པའི་སོ་བའི་འབྱུང་ཁུངས་ཀྱི་ས་ཁམས་ལྟེ་བ་སྒྲུབ་རྒྱུན་འཛིན་པ་བེད་སྤྱོད་བྱས་ཏེ་མདོ་དབུས་མཐོ་སྒང་ནི་འདེབས་གསོ་བྱེད་པའི་གླིང་ཟུར་དྲུག་ཅན་གྱི་སོ་བའི་འབྱུང་ཁུངས་ཡིན་པར་འདོད་པ་དང་། གནའ་རྫས་རྟོག་ཞིབ་ཀྱི་གསར་རྙེད་མང་པོ་ལས་རང་རྒྱལ་ལ་རྒྱུན་རིང་བའི་ནས་འདེབས་གསོ་བྱེད་པའི་ལོ་རྒྱུས་ཡོད་པ་ར་སྤྲོད་བྱས། གནས་ཚུལ་སྒྲིལ་བར་གཞིགས་ན། ཀྲུང་གོ་ཚན་རིག་གླིང་རྒྱུད་འདེད་ཞིབ་འཇུག་ཁང་གིས་ཀན་སུའུ་ཧྲུང་ཧྲུའེ་རི་བོའི་རྗེས་ཤུལ་ནས་གྲོ་དང་སོ་བ་སོགས་ལོ་ཏོག་གི་སོལ་འགྱུར་འབྲུ་རྡོག་རྙེད་པ་དང་། ཐན་^{14}བརྐོལ་ཏེ་ཚད་འཇལ་གཏན་འཁེལ་བྱས་པ་བརྒྱུད། རྗེས་ཤུལ་འདི་ད་ལྟའི་བར་ལོ་5000±159འགོར་ཡོད་པར་ངོས་འཛིན་གཏན་འཁེལ་མཛད་ཅིང་། སོལ་འགྱུར་གྱི་སོ་བའི་འབྲུ་རྡོག་དང་ད་ལྟ་འདེབས་གསོ་བྱེད་པའི་ནས་ཀྱི་གཟུགས་དབྱིབས་ཤིན་ཏུ་འདྲ་བ་རེད། འདི་ནི་རང་རྒྱལ་གྱི་ནས་ཀྱི་འབྱུང་ཁུངས་ཕྱོགས་ཀྱི་ད་ལྟའི་བར་ཆེས་སྔ་བའི་གནའ་རྫས་རྟོག་ཞིབ་ཀྱི་བདེན་དཔང་ཡིན་པ་རེད།

ནས་དང་སོ་བ་ནི་ཁོངས་དང་རིགས་གཅིག་ཅིང་གཉེན་བཤེས་ཉེ་འབྲེལ་ཡིན་པ་རེད། རང་རྒྱལ་གྱི་སོ་བ་རིག་པ་གསར་འབྱེད་མཁན་སློབ་དཔོན་ཆེན་མོ་ཞུས་ལུན་ཐིང་གིས་རང་རྒྱལ་བོད་ཁུལ་གྱི་ནས་ཀྱི་འབྱུང་ཁུངས་དང་རིམ་འགྱུར་ཞིབ་འཇུག་ཕྱོགས་ལ་གལ་འགངས་ཆེ་བའི་མཛད་རྗེས་བཞག་པ་རེད། ཁོང་གིས་ཀྲུང་གོའི་འདེབས་གསོ་བྱེད་པའི་སོ་བར་རིགས་གཅིག་རིམ་གསུམ་གྱི་རིགས་དབྱེ་མ་ལག་སྒྲིལ་བ་སྟེ། སྤྱིར་བཏང་གི་སོ་བ་རིགས་གཅིག་གི་འོག་ཏུ་ཉེ་རྒྱུད་ཀྱི་རི་སྐྱེས་སོ་བ་ནང་དུ་འདུ་བའི་རིགས་ཕལ་བ་ལྔ་དང་རྒྱུད་མཆེད་དུ་མར་དགར་བ་རེད།

དེའི་བྱེ་བྲག་གི་མིང་ནི་གཤམ་ལྟར། སྤྱིར་བཏང་གི་སོ་བའི་རིགས(*sp. Hordeum vulgare*)ལ་རིགས་ཕལ་བ་ལྔ་འདུ་བ་སྟེ། དེ་ནི་རི་སྐྱེས་གླིང་ཟུར་གཉིས་ཅན་གྱི་སོ་བ(*ssp.H.spontaneum*)དང་རི་སྐྱེས་གླིང་ཟུར་དྲུག་ཅན་གྱི་སོ་བ། (*ssp. H. agriocrithon*) གླིང་ཟུར་གཉིས་ཅན་གྱི་སོ་བའི་རིགས་ཕལ་བ། (*ssp.H.distichon*) གླིང་ཟུར་མང་པོ་ཅན་གྱི་སོ་བའི་རིགས་ཕལ་བ། (*ssp.H.vulgare*) བར་གནས་དབྱིབས་ཀྱི་སོ་བའི་རིགས་ཕལ་བ(*ssp. H. intermedium*)བཅས་ཡིན། ཁོས་ད་དུང་གོམ་གང་མདུན་སྤོས་སྙོམས་ཞིབ་འཇུག་བྱས་ཏེ་འདེབས་གསོ་བྱེད་པའི་སོ་བར་ཉེ་ཚན་གྱི་འབྲེལ་བ་ཅུང་རིང་བའི་གྲངས་ཉུང་གི་རི་སྐྱེས་སོ་བ་ནི་ལྡབ་བཞི་འགྱུར་གཟུགས(4x =28)སམ་ལྡབ་དྲུག་འགྱུར་གཟུགས(6x =42)ཡིན་པ་ཕུད་པ་ལས་གཞན། མང་ཆེར་གྱིས་འདེབས་གསོ་བྱེད་པའི་སོ་བ་དང་རི་སྐྱེས་སོ་བ་ཚང་མ་ནི་ལྡབ་གཉིས་འགྱུར་གཟུགས(2x=14)ཡིན་ཏེ། གཟུགས་པོའི་ཕྲ་ཕུང་ལ་ཆོས་གཟུགས 14མ་གཏོགས་མེད་པ་དང་། ཚན་སྐོར་གཅིག་ལ་ཆོས་གཟུགས་བདུན་ཅན་གྱི་ཆོས་གཟུགས་ཀྱི་ཚན་པ་ཞིག་འདུ་བར་འདོད།

རང་རྒྱལ་གྱི་ཉེ་རྒྱུད་རི་སྐྱེས་སོ་བ་དང་འདེབས་གསོ་བྱེད་པའི་སོ་བ་ནི་རང་བཞིན་གྱིས་གཟུགས་གཅིག་ཏུ་གྲུབ་ཡོད། རི་སྐྱེས་གླིང་ཟུར་གཉིས་ཅན་གྱི་སོ་བ་འགོ་ཚུགས་ས་བྱེད་པའི་འཕེལ་འགྱུར་མ་ལག་གིས་རི་སྐྱེས་གླིང་ཟུར་གཉིས་ཅན་གྱི་སོ་བ་ལས་འདེབས་གསོ་བྱེད་པའི་སོ་བ་འཕེལ་འགྱུར་བྱུང་ཞིང་། ཡན་ལག་ཆེན་པོ་གཉིས་སུ་བགོས་པ་སྟེ། གཅིག་ནི་རི་སྐྱེས་གླིང་ཟུར་གཉིས་ཅན་གྱི་སོ་བའི་ཕུབ་མ་རྩེ་རྒྱལ་སོ་བ་དེ་དེང་རབས་ཀྱི་འདེབས་གསོ་བྱེད་པའི་གླིང་ཟུར་གཉིས་ཅན་གྱི་སོ་བར(*Hordeum distichum*)འཕེལ་འགྱུར་བྱུང་བ་དང་། གཉིས་པ་ནི་རི་སྐྱེས་གླིང་ཟུར་གཉིས་ཅན་གྱི་སོ་བ་དེ་བར་བརྒལ་གྱི་རྣམ་པ་དུ་མ་བརྒྱུད་པ་དཔེར་ན་གོང་དུ་བརྗོད་པའི་རི་སྐྱེས་གླིང་ཟུར་གཉིས་ཅན་གྱི་སོ་བ་གསུམ་པོ་དང་།

སྣར་ཡང་རི་སྐྱེས་སྒྲིང་ཟུར་དྲུག་ཅན་གྱི་སོ་བ་ནས་དེང་རབས་ཀྱི་འདེབས་གསོ་བྱེད་པའི་སྒྲིང་ཟུར་དྲུག་ཅན་གྱི་སོ་བར(*Hordeum vulgarel*)འཕེལ་འགྱུར་བྱུང་བར་འདོད་པ་རེད། གནའ་རྫས་རྟོག་ཞིབ་ཀྱི་ཞིབ་འཇུག་ལས་ར་སྤྲོད་བྱུང་བ་ལྟར་ན། སྒྲིང་ཟུར་དྲུག་ཅན་གྱི་སོ་བ་འདེབས་གསོ་བྱས་པ་ཙུང་སྔ་ཞིང་སྒྲིང་ཟུར་གཉིས་ཅན་གྱི་སོ་བ་འདེབས་གསོ་བྱས་པ་ཙུང་འཕྱི། ད་ལྟ་འཛམ་གླིང་གི་རྒྱལ་ཁབ་སོ་སོས་སྒྲིང་ཟུར་དྲུག་ཅན་གྱི་སོ་བ་བེད་སྤྱོད་ནས་ཁ་ཟས་བྱེད་པ་དང་སྒྲིང་ཟུར་གཉིས་ཅན་གྱི་སོ་བ་ནི་ཆང་བསྐོལ་བཟོ་ལས་ལ་བཀོལ་བཞིན་ཡོད། ཀྲུང་གོ་ཚན་རིག་སྒྲིང་ཞུབ་བྱང་མཐོ་སྒང་སྐྱེ་དངོས་ཞིབ་འཇུག་ཁང་གི་བརྟག་དཔྱད་ལྟར་ན་སོ་བའི་རིགས་ནི་བོད་རང་སྐྱོང་ལྗོངས་ཀྱི་ཁྱབ་པའི་སྟུག་ཚད་ཆེ་བ་སྟེ། བསྡོམས་པས་རིགས་དང་རྒྱུད་མཆེད 10ཡོད་པ་རེད། ནས་ནི་མདོ་དབུས་མཐོ་སྒང་དུ་ཁྱབ་པ་ལ་རིགས་དབྱེ 60ལྷག་ཡོད་ཅིང་། རི་སྐྱེས་སོ་བ་ལ་རིགས་དབྱེ 20 ལྷག་ཡོད། ཡུན་ཀུའི་མཐོ་སྒང་གི་ནས་ཀྱི་ས་བོན་ཁྲོད་རྒྱུད་འདེད་མངོན་གཤིས་ཅན་གྱི་རྒྱུད་རྒྱུ་འཕོར་ཆེན་གནས་པ་སྟེ། དཔེར་ན་དཔྱིད་གཤིས་ཅན(Sh2, Sh3)དང་། སྙེའུ་འབྲུའི་རྟེན་རྐང་ཐུ་ཅན(S) སྙེ་མ་ཐར་ཐོར་ཅན(L) གྲ་མ་རྩེ་རིང་ཅན(R) གྲ་མ་རྒྱུན་ལྡན་ཅན(Lk2) ལོ་མའི་རྣ་གཉོག་སྨུག་པོ་མེད་པ་ཅན(Pau) བག་ཕྱེ་སྔོན་པོ་ཅན(GL) གྲིན་རིས་ནད་འགོག་པ་ཅན(Rh) སོགས། དེ་དག་རྣམས་ནི་འབྱུང་ཁུངས་ལྟེ་བའི་མཚོན་རྟགས་ཡིན། (རི་མོ 1–1 ལ་གསལ)

གསུམ། ནས་ཀྱི་འཚོ་བཅུད་རིན་ཐང་།

ནས་ལ་ཕུན་སུམ་ཚོགས་པའི་འཚོ་བཅུད་ཀྱི་རིན་ཐང(རེའུ་མིག 1–1ལ་གསལ)དང་ཁྱད་དུ་འཕགས་པའི་སྨན་རྫས་ཀྱི་ལུས་ཁམས་བདེ་སྲུང་གི་བྱེད་ནུས་ལྡན་པ་ཡིན། 《སྟོ་སྨན་སྣར་བཏུས》ནང་། ནས་ནི། རླུང་དབུགས་རྒྱུ་ཞིང་དབང་

རི་མོ 1–1 སྨིན་དུས་ཀྱི་ནས།

པོ་སྐོམས་པ་དང་། །དྭངས་མ་འཕེལ་ཞིང་ལུས་སྟོབས་གསོ་བ་དང་། །རྩལ་ཆུ་
འབྱིན་ཅིང་དྲིག་གྲུམ་ཀླན་སེལ་བ། །བཤལ་གཅོད་པ། ཞེས་བཀོད་ཡོད། བོད་
སྨན་གྱི་བསྟན་བཅོས《དྲི་མེད་ཤེལ་གོང》གིས་ལྷག་ཏུ་ནས་ནི་སྨན་རྫས་གལ་ཆེན་
ཞིག་ཏུ་ངོས་འཛིན་མཛད་དེ་ནད་རིགས་སྣ་མང་གསོ་བཅོས་བྱེད་པར་བཀོལ་བ་
རེད། ནས་ནི་གྲུང་པོའི་ཞུབ་བྱང་དང་རྣ་བྱང་། ནང་སོག བོད་ལྗོངས་སོགས་
ས་ཆར་འདེབས་གསོ་བྱེད་ཅིང་ས་དེ་གའི་མང་ཚོགས་ཀྱིས་དེ་འབྲུ་རིགས་བྱེད་པ་
ཡིན། 《སྨན་གྱི་ངོ་བོར་དཔྱད་པ》ནང་། “ནས་ནི་དབྱིབས་སོ་བ་དང་མཚུངས་
ཤིང་། ཤུན་ལྤགས་སྲབ་ལ་བྱེ་སྙི་བ། སྙོ་ཞུབ་པ་ཡིས་ཁ་ཟས་གཙོ་བོར་བསྟེན”
ཞེས་བཀོད་ཡོད།

རེའུ་མིག 1–1 ནས་ཁེ 100རེར་འདུས་པའི་འཚོ་བཅུད་རྒྱུ།

གྲུབ་ཆ	མང་ཉུང་	གྲུབ་ཆ	མང་ཉུང་	གྲུབ་ཆ	མང་ཉུང་
ཚ་ཚད	སྟོང་ཁེ 339	ཞིའུ་ཨན་སུའུ	ཧའོ་ཁེ 0.34	ཀལ	ཧའོ་ཁེ 113
སྤྲི་དཀར་རྫས	ཁེ 8.1	རྡོ་རྡོང་སུའུ	ཧའོ་ཁེ 0.11	རྨེ	ཧའོ་ཁེ 65
སྣུམ་ཚིལ	ཁེ 1.5	ཡན་སོན	ཧའོ་ཁེ 6.7	ལྕགས	ཧའོ་ཁེ 40.7
བྱན་ཆུ་འདྲེས་སྦྱོར་རྫས	ཁེ 73.2	འཚོ་རྒྱུ C	ཧའོ་ཁེ 0	ལྣན	ཧའོ་ཁེ 2.08
བཟའ་བཅའི་ཚི་སྣ	ཁེ 1.8	འཚོ་རྒྱུ E	ཧའོ་ཁེ 0.96	ཏི	ཧའོ་ཁེ 2.38
འཚོ་རྒྱུ A	ཕའེ་ཁེ 0	མཁྲིས་རྒྱུ་གསེར་རྩེ	ཧའོ་ཁེ 0	ཟངས	ཧའོ་ཁེ 5.13
ལ་སེར་གྱི་རྒྱུ	ཕའེ་ཁེ 3	ཙྭ	ཧའོ་ཁེ 644	ལིན	ཧའོ་ཁེ 405
ཧི་རྡོང་ཁྲུན་གྱི་འདུ་ཚད	ཕའེ་ཁེ 12.4	ནྭ	ཧའོ་ཁེ 77	སེ	ཕའེ་ཁེ 4.0

(གཅིག)β–རྒྱུན་འདུས་རྟགས།

ནས་ནི་འཛམ་གླིང་སྟེང་གི་གྲོའི་རིགས་ཀྱི་ལོ་ཏོག་ཁྲོད β –རྒྱུན་འདུས་རྟགས་ཆེས་མཐོ་བའི་ལོ་ཏོག་ཡིན་ཏེ། ནས་ཀྱི β –རྒྱུན་འདུས་རྟགས་ཆ་སྙོམས་འདུས་ཚད 6.57%དང་། སོན་བཟང་ནས 25ཡི་འདུས་ཚད 8.6%ལ་བསླེབས་ཤིང་། གྲོའི β –རྒྱུན་འདུས་རྟགས་ཆ་སྙོམས་འདུས་ཚད་ཀྱི་ལྡབ 50ཡིན། β –རྒྱུན་འདུས་རྟགས་ཀྱིས་རྒྱུ་ལམ་གྱི་རྩི་སྐྱི་དེ་སྨན་སྣོང་དངོས་རྫས་དང་འབྲེལ་ཐུག་བྱེད་པ་ཇེ་ཉུང་དུ་གཏོང་པ་དང་བར་བརྒྱུད་ཀྱིས་སྨན་སྣོང་སྐྱེ་དངོས་ཕྲ་རབ་ཀྱི་བྱེད་ནུས་ལ་འགོག་གནོན་བྱེད་པ་བརྒྱུད་དེ་རྩམ་ལོང་གི་འབྲས་སྨན་སྐྱོན་འགོག་བྱེད་པ་དང་། ཁྲག་གི་མངར་ཆར་ཚོད་འཛིན་བྱེད་པ་བརྒྱུད་ནས་གཅིན་སྙི་ཟ་ཁུའི་ནད་འགོག་བཅོས་བྱེད་ཐུབ། དེ་དང་ཆབས་ཅིག་ནས་ལ་གཟུགས་པོའི་འགོག་སྲུང་ནུས་པ་མཐོར་འདེགས་དང་ལུས་ཁམས་སྙོམས་སྒྲིག་གི་བྱེད་ནུས་ལྡན་

པ་ཡིན། གཞན་ཨ་རིའི་ཚན་རིག་གི་ཞིབ་འཇུག་ལས་མཚོན་པ་ལྟར་ན་ནས་ལ β–གྲུན་འདུས་རྟགས་ལས་གཞན། ད་དུང་ཆེད་དམིགས་ཀྱིས་མཁྲིས་རྒྱུ་གཞེར་རྩི་འགོག་གནོན་བྱེད་པའི་རྐྱེན་གྲངས་རིགས་ཤིག་འདུས་ཤིང་། དེའི་འདུས་ཚད་ནི་སྟོང་ཁེ་རེར་ཧྥའོ་ཁེ 100~150ཡིན།

(གཉིས)བཟའ་བཅའི་ཚི་སྣ།

ནས་ཀྱི་སྨན་བཅོས་ནུས་པའི་ཚི་སྣ་སྤྱིའི་འདུས་ཚད་ནི 16%ཡིན་ཞིང་། དེའི་ནང་ཞུ་རུང་མིན་པའི་སྨན་བཅོས་ནུས་པའི་ཚི་སྣ 9.68%དང་ཞུ་རུང་རང་བཞིན་གྱི་སྨན་བཅོས་ནུས་པའི་ཚི་སྣ 6.37%ཡིན་ལ། སྔོན་མ་ནི་གྲོའི་ཞུ་རུང་མིན་པའི་སྨན་བཅོས་ནུས་པའི་ཚི་སྣ་ཡི་ལྡབ 8དང་། རྗེས་མ་ནི་གྲོའི་ཞུ་རུང་རང་བཞིན་གྱི་སྨན་བཅོས་ནུས་པའི་ཚི་སྣ་ཡི་ལྡབ 15ཡིན་པ་རེད། བཟའ་བཅའི་ཚི་སྣ་ལ་རྒྱུ་མ་དག་ཅིང་དྲི་ཆེན་བཤངས་པ་དང་ལུས་ནང་གི་དུག་རྫས་གཙང་སེལ་བྱེད་པའི་ཕན་ནུས་བཟང་པོ་ལྡན་པས་མི་ལུས་ཀྱི་འཇུ་བྱེད་མ་ལག་གི་གད་བདར་པ་ཡིན་པ་རེད།

(གསུམ)རིམ་འབྲེལ་སིང་ཕྱེ།

ནས་ཀྱི་སིང་ཕྱེའི་གྲུབ་ཆ་ནི་ཁྱད་པར་བ་ཞིག་ཡིན་ཏེ་ཡོངས་ཁྱབ་ཏུ 74%~78%ཀྱི་རིམ་འབྲེལ་སིང་ཕྱེ་འདུས་པ་ཡིན། རིམ་འབྲེལ་སིང་ཕྱེ་ནང་འདུས་པའི་རྦྱིངས་སྦྱིན་འགྱུར་ཁུ་འཐོར་ཆེན་དེ་ཚ་པོར་བཟོས་རྗེས་བུལ་ཞན་རང་བཞིན་ཅན་དུ་ཆགས་ཤིང་། དེས་ཕོ་བའི་ཆུ་སྐྱུར་མང་དྲགས་པ་ལ་ཚོད་འཛིན་གྱི་བྱེད་ནུས་ལྡན་པ་དང་། ནད་གཞིའི་ན་སར་ཞི་འཇགས་དང་འགོག་སྐྲིབ་སྲུང་སྐྱོབ་ཀྱི་བྱེད་ནུས་ཐོན་པ་ཡིན།

(བཞི)དཀོན་པའི་འཚོ་བཅུད་གྲུབ་ཆ།

ཁེ 100རེའི་ནས་ཕྱེ་ནང་ཝེའུ་ཨན་སུའུ(འཚོ་རྒྱུ B_1)ཧྥའོ་ཁེ 0.32དང

ནྟ་ནྟོང་སྤུའུ(འཚོ་རྒྱ B_2)ཏའོ་ཁེ 0.21 ཉི་ཁོ་སོན་ཏའོ་ཁེ 3.6 འཚོ་རྒྱ Eཏའོ་ཁེ 0.25འདུས་པ་ཡིན། དངོས་རྫས་འདི་དག་གིས་མིའི་ལུས་ཕུང་གི་བདེ་ཐང་འཚར་ལོངས་ལ་སྐུལ་འདེད་བྱེད་པར་དགེ་མཚན་ལྡན་པའི་བྱེད་ནུས་ལྡན་པ་ཡིན།

(ལྔ)ཚད་ཐྲན་གཞི་རྒྱུ།

ནས་ལ་ད་དུང་མི་ལུས་བདེ་ཐང་ལ་ཕན་པའི་སྐྱེ་མེད་གཞི་རྒྱུ་རིགས་མང་པོ་འདུས་པ་ཡིན། དཔེར་ན་ཀལ་དང་ལིན། ལྕགས། ཟངས། ཏི་བཙས་དང་ཚད་ཐྲན་གཞི་རྒྱུ་སེ་སོགས་ལྟ་བུ། སེ་ནི་མཉམ་འབྲེལ་རྒྱལ་ཚོགས་འགྲོད་བསྟེན་ཟ་འཛུགས་ཀྱིས་གཏན་འབེབས་བྱས་པའི་མིའི་ལུས་པོར་ངེས་པར་མཁོ་བའི་ཚད་ཐྲན་གཞི་རྒྱུ་ཡིན་ཞིང་། ཟ་འཛུགས་དེས་ངེས་གཏན་བྱས་པའི་སྐྲན་འགོག་སྨན་གྲོལ་གྱི་གཞི་རྒྱུ་ཞིག་གཅིག་ཡིན།

དེ་ལས་གཞན། ནས་བཙོས་རྫས་འཐག་པའི་ཕྱེ་དེ་བསྲུབས་ཇ་ཡིས་བཟོས་པའི་རྩམ་པ་ནི་བོད་རིགས་མི་དམངས་ཀྱི་ཁ་ཟས་གཙོ་བོ་ཡིན་ཞིང་། དེ་ཉིད་ཀྱི་འཚོ་བཅུད་རིན་ཐང་ནི་འབྲུ་རིགས་གཞན་དག་གི་འཚོ་བཅུད་ལས་མི་དམའ་བ་ཡིན། རྩམ་པ་ནི་བོད་རིགས་མི་དམངས་ཀྱི་སྲོལ་རྒྱུན་ཟས་རིགས་ཡིན་པ་མ་ཟད། ཕྱིའི་མགྲོན་པོར་སྣེ་ལེན་བྱེད་པའི་ཟས་རིགས་གལ་ཆེན་དུ་གྱུར་ཡོད། ཆོས་ལུགས་ཀྱི་དུས་ཆེན་སྐབས་བོད་རིགས་མི་དམངས་ཀྱིས་ད་དུང་རྩམ་པ་གཏོར་ནས་སྨོན་འདུན་མཆོད་པར་བྱེད་པ་དང་། བསང་ཕུད་པའི་སྐབས་སུའང་རྩམ་པ་གཏོར་བ་ཡིན།

ས་བཅད་གཉིས་པ། ནས་ཀྱི་ཐོན་ལས་འཕེལ་རྒྱས་ཀྱི་ད་ལྟའི་གནས་ཚུལ།

གཅིག ཐོན་ལས་འཕེལ་རྒྱས་ཀྱི་དོན་སྙིང་གལ་ཆེན།

ནས་འདེབས་གསོ་བྱེད་པའི་ལོ་རྒྱུས་རྒྱུན་རིང་ཞིང་ཁྱབ་པའི་ས་ཁུལ་རྒྱ་ཆེ་བ་ཡིན། རང་རྒྱལ་གྱི་མངའ་ཁོངས་ལ་མཚོན་ནས་བཤད་ན་ནས་ཀྱི་འདེབས་འཛུགས་བྱེད་ས་ནི་གཅིག་བསྡུས་ཀྱིས་མདོ་དབུས་མཐོ་སྒང་གི་མཚོ་སྔོན་དང་བོད་ལྗོངས་ཞིང་ལྗོངས་གཉིས་དང་། ཀན་སུའུ་དང་སི་ཁྲོན་གྱི་མདོ་དབུས་མཐོ་སྒང་དང་ཉེ་བར་གནས་པའི་རྒྱུད་རིང་གི་མཐའ་ཁུལ་དུ་ཁྱབ་པ་ཡིན། མཚོ་སྔོན་ཞིང་ཆེན་གྱི་མངའ་ཁོངས་ནང་དུ། ལྷོ་ཕྱོགས་སུ་ཡུལ་ཤུལ་བོད་རིགས་རང་སྐྱོང་ཁུལ་གྱི་ནང་ཆེན་རྫོང་(བྱང་གི་འཕྲེད་ཐིག་ཕལ་ཆེར 32″11′)དང་། བྱང་ཕྱོགས་སུ་མཚོ་བྱང་བོད་རིགས་རང་སྐྱོང་ཁུལ་གྱི་མདོ་ལ་རྫོང་(བྱང་གི་འཕྲེད་ཐིག་ཕལ་ཆེར 38″11′)བར། ནུབ་མཚོ་ནུབ་སོག་རིགས་བོད་རིགས་རང་སྐྱོང་ཁུལ་གྱི་ཨ་ལྷར(ཤར་གྱི་གཞུང་ཐིག 90″31′)ནས། ཤར་གཞོང་ཐང་རྫོང་གི་ལྷ་ཁྲིན་ཁོའུ(ཤར་གྱི་གཞུང་ཐིག 102″56′)ལ་གཏུགས་པ་སྟེ། ས་ཁོངས་འཕྲེད་ཐིག 6དང་གཞུང་ཐིག 12བརྒལ་ཞིང་། མཚོ་ངོས་ལས་མཐོ་ཚད་སྨིད 1650~3900ཡི་ཁྱབ་ཁོངས་ནང་ཚང་མར་ནས་འདེབས་འཛུགས་བྱེད་ཆོག་པ་ཡིན། ཉེ་བའི་ལོ་ཤས་ནང་། མཚོ་སྔོན་ཞིང་ཆེན་གྱི་ནས་འདེབས་འཛུགས་བྱེད་པའི་རྒྱ་ཁྱོན་དུས་ཡུན་རིང་པོར་མུའུ་ཁྲི 80~100ལ་རྒྱུན་འཁྱོངས་བྱས་ཏེ། གྲོ་དང་པད་ཁའི་འཕྲོར་གནས་པ་སྟེ་ཨང་གསུམ་པ་ཡིན་ལ། མཚོ་སྔོན་ཞིང་ཆེན་གྱི་ལོ་ཏོག་ཆེན་པོ་དྲུག་གི་ཡ་གྱལ་ཡིན།

མིག་སྔར། དཔལ་འབྱོར་གཞི་གཅིག་ཅན་གྱི་འཕེལ་རྒྱུན་དང་བསྟུན་

ཆེད། ས་ཁྲེལ་སོ་སོས་གནས་བབ་ལེགས་པོ་གསབ་རེས་དང་ཐོན་ཁུངས་བརྗེ་སྤྲིག་བྱེད་པ་རྒྱང་གཞིར་བཟུང་ནས་ཁྱད་ལྡན་དཔལ་འབྱོར་གོང་འཕེལ་བཏང་སྟེ། ས་ཁོངས་ཀྱི་ཞིང་ལས་དཔལ་འབྱོར་རྒྱུན་བསྲིངས་བརྟན་བརླིང་ངང་འཕེལ་རྒྱས་འབྱུང་བའི་བྱེད་ཐབས་གཙོ་བོར་བྱེད་པ་རེད། ནས་ནི་མཚོ་སྔོན་ཞིང་ཆེན་གྱི་གཞན་ན་མེད་པའི་རིགས་ཞུང་ཞུང་འགའ་ཡི་གྲས་ཡིན་པ་དང་མདོ་དབུས་མཐོ་སྒང་གི་སྐྱེ་ཁམས་ཆ་རྐྱེན་ངན་པ་ལ་ལྷག་ཏུ་འཚམ་པ། རྒྱ་ཆེ་བའི་མཛད་སྤྱོད་པའི་ཁྲུ་ཚོགས་མངའ་བའི་ལོ་ཏོག་ཅིག་ཡིན་པའི་ཆ་ནས། ཚབ་བྱེད་མི་བཏུབ་པའི་སྐྱེ་ཁམས་དང་འདེབས་གསོའི་གོ་གནས་ལྡན་ཞིང་། སྐྱེ་ཁམས་དང་ཐོན་སྐྱེད། སྤྱི་ཚོགས། ཚོང་ར་བཅས་ཕྱོགས་ཀྱི་གཞི་རྩའི་དམིགས་བསལ་ཁྱད་ཆོས་ཡོངས་སུ་ལྡན་པ་ལ་བརྟེན་ནས་མདོ་དབུས་མཐོ་སྒང་གི་ཁྱད་ལྡན་ཞིང་ལས་ལོ་ཏོག་ཆེན་པོ་ཞིག་ཏུ་གྱུར་པས། འདེབས་འཛུགས་བྱེད་པའི་ཤུགས་ཆེ་རུ་བཏང་སྟེ་མྱུར་མགྱོགས་ཀྱིས་འཕེལ་རྒྱས་གཏོང་རིན་ཡོད་པ་ཞིག་རེད། ལྷག་པར་དུ་དཔལ་འབྱོར་འཕེལ་རྒྱས་ཕྱིན་པ་དང་། ཟས་རིགས་དང་གཟན་ཆག་སོགས་འབྲེལ་ཡོད་ལས་སྣོན་ལས་རིགས་ཀྱི་འཕེལ་རྒྱས། མང་ཚོགས་ཀྱི་འཚོ་བའི་ཆུ་ཚད་མཐོར་འདེགས་བྱུང་བ་བཅས་དང་བསྟུན་ནས་ནས་ཀྱི་འཛད་སྤྱོད་པ་འཕར་བའི་འཕེལ་ཕྱོགས་ད་དུང་ཉིན་རེ་བཞིན་ཆེ་ཆེར་འགྲོ་ངེས་པ་དང་། ནས་ནི་སྔར་བཞིན་མཚོ་སྔོན་ཞིང་ཆེན་གྱི་མི་ཕྱུགས་ཀྱི་གཟན་ཕྲེང་སྟེང་གལ་ཆེ་བའི་དངོས་ནུས་ཀྱི་འབྱུང་ཁུངས་ཡིན་ལ། སྔར་བཞིན་ལོ་ཏོག་ཐོན་སྐྱེད་མ་ལག་གི་གལ་ཆེ་བའི་ཁ་གསབ་ལོ་ཏོག་ཡིན་པ་རེད། རང་འགྲིག་པའི་ཡོང་སྣ་ཇེ་མང་དུ་གཏོང་བ་དར་སྤེལ་བྱེད་པ་དམིགས་འབེན་དུ་འཛིན་པའི་འདེབས་འཛུགས་ཀྱི་སྒྲིག་གཞི་ལེགས་སྒྲིག་ཁྲོད་སྐྱེ་ཁམས་འཛུགས་སྐྲུན་ལ་ཤུགས་བསྣན་ཏེ་ཚོ་བསྐྱུར་ནགས་སྐྱོང་ལག་ལེན་དུ་བསྟར་བའི་གཞི་རྩའི་རྒྱལ་ཧྲུས་ཀྱི་མཛུབ་སྟོན་འོག་ཏུ། ནས་འདེབས་

གསོ་བྱེད་པའི་རྒྱུ་རྐྱེན་ཇེ་ཆུང་དུ་སོང་ཡོད་ནའང་དེའི་གཞི་རྩའི་གོ་གནས་ལ་གཡོ་འགུལ་ཐེབས་མི་སྲིད་པ་རེད། དེ་ལས་ལྡོག་སྟེ་རྩིས་གཞི་རེའི་རྒྱུ་རྐྱེན་གྱི་ཐོན་སྐྱེད་ཆུ་ཚད་དང་ཚོང་ལས་ཐད་ཀྱི་ནུས་མཁོ་སྤྲོད་བྱེད་པའི་ནུས་པ་མཐོར་འདེགས་བྱུང་པ་བརྒྱུད་དེ་རོང་འབྲོག་པའི་ཡོང་སྒོ་འཕར་བར་ཕན་ཐོགས་པ་དང་། ལྷག་ཏུ་རྩོ་བསྐྱུར་ནགས་སྐྱོང་རྩྭ་སྐྱོང་གི་བྱ་བ་མགོ་མཇུག་ལྡན་པའི་ངང་སྤེལ་བར་ཕན་ཐོགས་ལྡན་པ་རེད། ཡིན་ནའང་དུས་ཡུན་རིང་པོའི་ནང་ནས་ཀྱི་ཐོན་སྐྱེད་ནི་སྔར་བཞིན་ཤུགས་ཞན་གྱི་གོ་གནས་སུ་གནས་ཤིང་ཡོད་འོས་ཀྱི་མཐོང་ཆེན་དང་འཕེལ་རྒྱས་མ་བྱུང་བ། ཐོན་སྐྱེད་ལག་རྩལ་རྗེས་ལུས་ཡིན་པ། རྨང་གཞིའི་སྒྲིག་ཆས་མི་ལེགས་པ་དང་། གཏོང་སྒོ་ཉུང་ཞིང་གནོད་འཚེ་མང་བ། གནོད་འགོག་གནོད་སེལ་གྱི་ནུས་པ་ཞན་པ། ཐོན་སྐྱེད་ཆུ་ཚད་དམའ་ཞིང་གཏན་འཇགས་མེད་པ། ཁྱོན་ཡོངས་ཀྱི་འཕེལ་རྒྱས་ཆུ་ཚད་ཀྱིས་མུ་མཐུད་འཕར་བའི་འཛད་སྤྱོད་པའི་དགོས་མཁོ་སྐོང་དཀའ་བ་རེད། དེའི་རྐྱེན་གྱིས་རོང་འབྲོག་པའི་འཚོ་བ་དང་ནས་ཀྱི་ལས་སྣོན་ཐོན་ལས་ལ་ཤུགས་རྐྱེན་མི་ལེགས་པ་མང་པོ་ཐེབས་བཞིན་ཡོད། ཡང་སྲོལ་རྒྱུན་གྱི་བཟའ་བཏུང་གི་གོམས་སྲོལ་དང་ཐོན་སྐྱེད་ས་ཁོངས་ཀྱི་ཚད་བཀག་གི་རྐྱེན། ནས་མི་འདང་པའི་གནད་དོན་ཐག་གཅོད་པར་འབྲས་དང་གྲོ་སོགས་སྤྱིར་འདྲེན་བྱས་ནས་ཐག་གཅོད་པ་ལ་བརྟེན་མི་རུང་པར་ཞིང་ལས་ཚན་རྩལ་ཆུ་ཚད་ཀྱི་མཐོར་འདེགས་དང་རྣམ་པ་གསར་པའི་ཉེར་སྤྱོད་ལག་རྩལ་གྱི་ཁྱབ་སྤེལ་བེད་སྤྱོད་ལ་བརྟེན་པ་བོ་ནས་མཆོ་སྔོན་ནས་ཀྱི་ཁྱད་ལྡན་འདེབས་འཛུགས་ཀྱི་བརྟན་བརླིང་དང་འཕེལ་རྒྱས་ལ་སྐུལ་འདེད་བྱས་ཏེ་ནས་ཀྱི་ཉིན་རེ་བཞིན་འཕར་བའི་དགོས་མཁོ་སྐོང་དགོས་པ་ཡིན།

གཉིས། ཐོན་ལས་འཕེལ་རྒྱས་ཀྱི་ད་ལྟའི་གནས་ཚུལ།

དུས་རབས་20པའི་ལོ་རབས་70པར། ནས་ཀྱི་མཚོ་སྔོན་ཞིང་ཆེན་གྱི་འདེབས་འཛུགས་རྒྱ་ཁྱོན་ལ་བརྟན་བརྟིང་དང་འཕེལ་རྒྱས་བྱུང་ཞིང་། 1976ལོར་ཁུ་ནུ་ཨང་1པ་ནས་ཀྱིས་སྟོང་ཁེ་637.5ཡི་ཐོན་ཚད་མཐོ་བའི་ཞིན་ཐོ་བསྐྲུན་སྐྱོང་། དུས་རབས་20པའི་ལོ་རབས་80པར་བསླེབས་རྗེས་ཞིང་ཆེན་ཡོངས་ཀྱི་ནས་འདེབས་འཛུགས་རྒྱ་ཁྱོན་ལོ་རེ་བཞིན་མར་ཆག་པ་རེད། 1980ལོའི་མུའུ་ཁྲི་160.23ནས་2006ལོའི་མུའུ་ཁྲི་44ལ་མར་ཆག 2007ལོ་ནས་བཟུང་ནས་འདེབས་འཛུགས་བྱེད་པའི་རྒྱ་ཁྱོན་བསྐྱར་འཕར་ཅུང་ཙམ་བྱུང་ཞིང་། 2015ལོར་བསླེབས་རྗེས་དེའི་འདེབས་འཛུགས་རྒྱ་ཁྱོན་མུའུ་ཁྲི་88ལ་བསླེབས། ཁྲའེ་ཆིང་ཨང་1པ་དང་པེ་ཆིང་རིམ་བརྒྱུད། ཁུ་ནུ་རིམ་བརྒྱུད་སོགས་སོན་བཟང་འདྲེན་གསོ་ལེགས་འགྲུབ་བྱུང་བ་དང་འདེབས་གསོའི་ལག་རྩལ་གྱི་ལེགས་བཅོས། ལྷག་པར་དུ་ཁྲའེ་ཆིང་ཨང་1པ་དང་ཁུ་ནུ་ཨང་14པ། ཁུ་ནུ་ཨང་15པ་སོགས་སོན་བཟང་དང་ལེ་ལག་ཆ་ཚང་གི་ས་དཔྱད་རྨས་སྦྱོར་ལུད་འཇོག་ལག་རྩལ་དང་ཞུར་འདེབས་ལག་རྩལ། ཅུང་ཚད་ཞིབ་ཅན་གྱི་སོན་འདེབས། གནོད་ལྡན་སྐྱེ་དངོས་ཕྱོགས་བསྡུས་འགོག་བཅོས་སོགས་ལག་རྩལ་གྱི་ཁྱབ་སྤེལ་བེད་སྤྱོད་དང་བསྟུན་ནས་ནས་ཀྱི་མུའུ་རེའི་ཐོན་ཚད་མུ་མཐུད་མཐོར་འདེགས་བྱུང་ཞིང་རྒྱུ་སྐྱུས་རིམ་བཞིན་ལེགས་བཅོས་བྱུང་པ་རེད། ཆ་སྙོམས་མུའུ་རེའི་ཐོན་ཚད་1981ལོའི་སྟོང་ཁེ་103.5ནས་2015ལོའི་སྟོང་ཁེ་200ལ་འཕར་ཞིང་། རྒྱ་ཁྱོན་ཆེ་ཞིང་ཐོན་ཚད་མཐོ་བའི་ས་ཞིང་གི་མུའུ་རེའི་ཐོན་ཚད་ཆ་སྙོམས་སྟོང་ཁེ་300ཡན་ཡིན་པ་རེད།

ལེ་བཅད་གསུམ་པ། ནས་ཀྱི་སྐྱེ་དངོས་རིག་པའི་ཁྱད་གཤིས།

གཅིག རྩད་པ།

ནས་ཀྱི་རྩ་ལག་ནི་ཨག་ཚོམ་ལྗ་བུའི་རྩ་ལག་ལ་གཏོགས་ཤིང་གདོད་སྐྱེས་རྩད་པ་དང་སླར་སྐྱེས་རྩད་པ་ལས་གྲུབ་པ་ཡིན། གདོད་སྐྱེས་རྩད་པ་ནི་ས་བོན་གྱི་སྐྱེ་རྩ་ལས་སྐྱེས་ཤིང་སྤྱིར་བཏང་5~6ཡོད་པ་དང་མང་ན་7~8ཡོད། གདོད་སྐྱེས་རྩད་པ་དེས་ལྡང་པའི་དུས་སྐབས་སུ་ས་བོན་ལ་སྨྱུ་གུ་འབུས་པ་ནས་རྩད་ཚོམ་གྲུབ་པའི་སྔོན་དུ་ལྡང་པར་འཚོ་བཅུད་བསྡུ་ལེན་དང་མགོ་སྒྲོད་བྱེད་པའི་གལ་ཆེའི་བྱེད་ནུས་ཐོན་བཞིན་ཡོད། གདོད་སྐྱེས་རྩད་པའི་གྲངས་ཀའི་མང་ཉུང་དེ་ས་བོན་གྱི་ཆེ་ཆུང་དང་ས་བོན་གྱི་གསོན་ནུས་ལ་འབྲེལ་བ་དམ་ཟབ་ཡོད་པ་ཡིན། ས་བོན་ཆེ་ཞིང་རྒྱགས་ལ་ཚེ་སྲོག་གི་སྟོབས་དྲག་པོ་དང་ལྡན་ན་དེའི་གདོད་སྐྱེས་རྩད་པའི་གྲངས་ཀ་ཅུང་མང་ཞིང་སྐྱེས་པའི་ལྡང་པའང་བདེ་ཐང་སྟོབས་དང་ལྡན་པ་ཡིན། དེ་ལས་ལྡོག་སྟེ་འབྲུ་རྡོག་ཆུང་ཞིང་རྙིད་པ་དང་འབྲུ་རྡོག་སྟོང་རེའི་ལྗིད་ཚད་ཆུང་ཞིང་རྒྱགས་པ་མིན་ཚེ། དེར་སྐྱེས་པའི་གདོད་སྐྱེས་རྩད་པའི་གྲངས་ཀ་ཉུང་ཞིང་ལྡང་པ་སྟོབས་ཞན་པ་ཡིན། ས་རྒྱུ་ལེགས་པའི་ཆ་རྐྱེན་འོག་སྔོན་ཀར་བཏབ་པའི་ནས་དགུན་བརྒལ་སྐབས་སུ་གདོད་སྐྱེས་རྩད་པ་ས་འོག་ཏུ་ཟུག་ཚད་ལི་སྨིད60~70ལ་བསླེབ་ཐུབ་ཅིང་། སྐྱེས་ཏེ་དུས་སྨད་དུ་བསླེབས་དུས་ས་བོན་རིགས་ཁ་ཤས་ཀྱི་གདོད་སྐྱེས་རྩད་པ་ལི་སྨིད200ཡས་མས་ལ་བསླེབ་ཐུབ། སླར་སྐྱེས་རྩད་པར་གྲངས་ཀ་ངེས་གཏན་ཞིག་མེད། དེ་བས་ཡས་ཐོན་རྩ་བའང་ཟེར་ཞིང་ས་བོན་གྱི་ཁྱད་གཤིས་དང་ས་རྒྱུའི་ཆུའི་འདུས་ཚད། ས་རྒྱུའི་གསོ་བཅུད་གནས་ཚུལ་བཅས་ལ་འབྲེལ་བ་དམ་ཟབ་ལྡན་པ་ཡིན། སླར་སྐྱེས་རྩད་པ་ནི་ས་ཁ་

ལས་ལི་སྨིད 2 ~3ཙམ་གྱི་ཟབ་སའི་སྡོང་ལག་གི་ཚིགས་ཀྱི་མཐའ་འཁོར་དུ་སྐྱེས་ཤིང་གདོད་སྐྱེས་རྩད་པ་ལས་རིང་བ་མ་ཟད་མང་བ་དང་། གྱ་གྱུ་རྩ་ལག་རྒྱས་ཏེ་རྩད་པ་རིམ་པ་དང་པོའི་སྟེང་ནས་རྩད་པ་རིམ་པ་གཉིས་པ་སྐྱེས་པ་དང་། དེ་ནས་ཡང་རྩད་པ་རིམ་པ་གཉིས་པ་ལས་རྩད་པ་རིམ་པ་གསུམ་པ་སྐྱེས་པ་ཡིན་ལ། རྩ་འཕྲུད་ཡལ་སྤྲེལ་གྱི་གཞོགས་རྩད་ནི་རྒྱུན་པར་ཙུང་ཆེ་བའི་ཨག་ཚོམ་ལྟ་བུའི་རྩ་ལག་ཏུ་གྲུབ་ཅིང་། གཅིག་འདུས་ཀྱིས་ལི་སྨིད 10 ~30ཡི་ཐྱོ་ལས་ས་རིམ་དུ་ཁྱབ་ཡོད། དེས་ནས་ཀྱི་སྐྱེ་འཚར་གྱི་དུས་ཚོད་མང་ཆེ་བའི་ནང་མཁོ་སྤྲོད་ཀྱི་འཚོ་བཅུད་སྣ་ཚོགས་བསྡུ་ལེན་དང་སྡོང་རྐང་འདེགས་སྐྱོར་གཏན་འཛགས་བྱེད་པའི་བྱེད་ནུས་གལ་ཆེན་ལྡན་པ་ཡིན། སླར་སྐྱེས་རྩད་པའི་སྟེང་དུ་རྒྱུན་པར་རྩད་པའི་སྤུ་ཚོམ་མང་པོ་སྐྱེས་ཡོད་ལ། རྩད་པའི་སྤུ་ཚོམ་ནི་ཕྱི་ཤུན་ཕྲ་ཕུང་ལས་བྱུང་བའི་འབུར་ཐོན་དངོས་གཟུགས་ཡིན་ཞིང་། རིང་དུ་ཧའོ་སྨིད 1~3ཡོད་པ་དང་། དེའི་བྱེད་ནུས་ནི་བརྟན་དང་འཚོ་བཅུད་དངོས་རྫས་བསྡུ་ལེན་བྱས་ཏེ་ས་ཁའི་ཁག་གི་དགོས་མཁོར་མཁོ་སྤྲོད་བྱེད་པ་ཡིན།

གཉིས། སྡོང་རྐང་།

ནས་ཀྱི་སྡོང་རྐང་ནི་དྲང་མོར་ལངས་ཤིང་ཁོག་སྟོང་ཅན་གྱི་སྡོང་རྐང་ཡིན། ཚིགས་དང་ཚིགས་བར་དུ་མ་ལས་གྲུབ་ཅིང་ས་ཁའི་ཁག་ལ་ཚིགས་བར 4~8ཡོད། ས་བོན་དཀྱུས་མ་ལ་ཚིགས་བར 5དང་གཟུགས་ཐུང་ས་བོན་ལ་ཚིགས་བར 3ཡོད་ལ། སྡོང་རྩའི་ཁག་གི་ཚིགས་བར་ཐུང་ཞིང་ཇི་ལྟར་སྟེང་ཕྱོགས་ཡིན་ན་དེ་ལྟར་རིང་བ་ཡིན། སྡོང་རྐང་གི་མཐོ་ཚད་ནི་ལི་སྨིད 80~120དང་། གཟུགས་ཐུང་ས་བོན་གྱི་སྡོང་རྐང་མཐོ་ཚད་ལི་སྨིད 60 ~90ཡིན། སྡོང་རྐང་གི་ཚངས་ཐིག་ལ་ཧའོ་སྨིད 2.5 ~4ཡོད་ལ། གཞུང་རྐང་དང་སྡོང་ལག་གི་སྡོང་རྐང་འདུ་ཞིང་ཡོད་ཚད་ཚིགས་དང་ཚིགས་བར་གྱིས་གྲུབ་ཡོད། སྡོང་རྐང་གི་ཚིགས་ནི་ས་ཁའི་

སྡོང་རྐང་གི་ཚིགས་དང་ས་འོག་གི་སྡོང་རྐང་གི་ཚིགས་སུ་དབྱེ་ཆོག་ཅིང་། ས་འོག་གི་སྡོང་རྐང་གི་ཚིགས་ལ་སྐྱེས་རྒྱུ་མེད་པའི་ཚིགས་བར་7~10ཡོད་ལ། ཚགས་དམ་པོས་གཅིག་ཏུ་འདུས་ཏེ་སྡོང་ལག་གི་ཚིགས་སུ་གྲུབ་པ་དང་། ས་ཁའི་སྡོང་རྐང་གི་ཚིགས་ལ་སྤྱིར་བཏང་མངོན་གསལ་དུ་སྐྱེས་པའི་ཚིགས་བར་4~8ཡོད་ཅིང་སྡོང་ཡུ་གྲུབ་པ་ཡིན།

སྨིན་པའི་དུས་སྐོད་ཀྱི་ནས་ཀྱི་སྡོང་ཡུ་ནི་དྲང་མོར་ལངས་པའི་ཀ་ཟླུམ་གཟུགས་ཡིན་ཞིང་། སྡོང་རྐང་གི་ཕྱི་ངོས་འཇམ་ཞིང་ལྗང་མདོག་ཏུ་མངོན། སྨིན་པའི་དུས་སྨད་དུ་སེར་པོར་འགྱུར་ཞིང་ས་བོན་རིགས་ཁུང་ཤས་ཀྱི་སྡོང་ཡུ་ལ་མདོག་སྨུག་པོ་ལྡན་པའང་ཡོད། སྡོང་ཚིགས་ཀྱི་ཕྲ་ཕྲུང་ཆུན་ནར་ཚགས་དམ་པོས་ཕན་ཚུན་བསྒོལ་མར་བྱས་ཏེ་འཕྲེད་བཅད་ངོས་གྲུབ་ཅིང་ཁོག་སྟོང་མེད། སྡོང་རྐང་གི་སྨད་ཆའི་ཚིགས་བར་དང་སྟོད་ཆའི་ཚིགས་བར་མང་ཆེ་ཤོས་ལོ་མའི་འདབ་གཤོག་གིས་བཏུམས་ཡོད།

ནས་ཀྱི་ཚིགས་བར་ནི་གཤམ་ནས་སྟེང་དུ་རིམ་བཞིན་ཇེ་རིང་དུ་ཕྱིན་པ་དང་། སྡོང་རྩའི་ཚིགས་བར་1~2པ་ཐུང་ཞིང་སྦོམ་པོ་ཡིན་མིན་དེ་དེའི་ཉལ་བ་འགོག་པའི་རང་བཞིན་ལ་འབྲེལ་བ་ཟབ་མོ་ལྡན་པ་ཡིན། འདེབས་གསོ་བྱེད་སྐབས་གང་ཐུབ་ཀྱིས་སྡོང་རྩའི་ཚིགས་བར་གྱི་རིང་ཐུང་ཇེ་ཐུང་དུ་བཏང་སྟེ་དེའི་ཚིགས་བར་གྱི་སྐྱེ་འཚར་བདེ་ཐང་སྟོབས་ལྡན་དུ་འགྱུར་བར་བྱེད་ཅིང་། སྙེ་མའི་འོག་ཆའི་ཚིགས་བར་འོས་འཚམ་གྱིས་རིང་དུ་བསྲིང་དགོས། སྡོང་བུའི་ལྷེབས་ཀྱི་མཐུག་ཚད་དེ་ཉལ་བ་འགོག་པ་ལའང་འབྲེལ་བ་ངེས་ཅན་ལྡན། སྡོང་བུའི་ལྷེབས་མཐུག་ན་ལྡེམ་ཤུགས་བཟང་ཞིང་སྡོང་ཡུའི་ལྗིད་གནས་གཤམ་ལ་བསྒྱུར་ཏེ་ཉལ་བ་འགོག་པའི་ནུས་པ་ཇེ་མཐོར་གཏོང་ཐུབ།

གསུམ། སོ་མ།

ནས་ཀྱི་སོ་མ་མཐུག་ཅིང་ཞེང་ཆེ་ལ། སོ་མའི་མདོག་ཅུང་ལྗང་སྐྱ་ཡིན་ཞིང་། དཀྱུས་གཤིས་ཅན་དང་ཐོན་ལེགས་ས་བོན་འགའ་ཤས་ཀྱི་སོ་མ་ཅུང་ལྗང་སྨུག་ཡིན། སོ་མ་ནི་སྡོང་ཚིགས་སྟེང་སྐྱེས་པ་ཡིན། ཆ་ལག་ཚང་བའི་སྡོང་ཡུ་རེ་རེར་སྤྱིར་བཏང་སོ་མ 4~8ཡོད་ཅིང་། ཆེས་སྟེང་ཕྱོགས་ཀྱི་སོ་མ་གཅིག་དེ་ར་དར་ཆའི་སོ་མ་ཟེར། ནས་ཀྱི་སོ་མ་ནི་དེའི་གཟུགས་དབྱིབས་དང་བྱེད་ལས་གཞིར་བཟུང་སྟེ་ཚོད་ལྡན་སོ་མ་དང་ཚོད་ལྡན་མ་ཡིན་པའི་སོ་མ། དབྱིབས་འགྱུར་སོ་མ་བཅས་རིགས་གསུམ་དུ་དབྱེ་བ་ཡིན།

ནས་ཀྱི་སོ་མ་ནི་འོད་སྦྱོར་ནུས་པ་སྤེལ་བྱེད་ཀྱི་དབང་པོ་གཙོ་བོ་ཡིན། སྤྱིར་བཏང་ཅུང་ཞེང་ཆེ་ཞིང་སོ་མའི་ཆུ་འདུས་ཚད་ཡོངས་ཁྱབ་ཏུ་གྲོའི་སོ་མ་ལས་མཐོ་བ་ཡིན། གཞུང་རྐང་གི་སོ་མའི་གྲངས་ཀ་ནི་ས་བོན་གྱི་རྣམ་པ་ལྟར་མི་འདྲ། དཀྱུས་གཤིས་ཅན་དང་དཀྱུས་གཤིས་མེད་ཅན་ས་བོན་གྱི་སོ་མའི་གྲངས་ཀ་ཅུང་མང་ལ། དཔྱིད་གཤིས་ཅན་གྱི་ས་བོན་གྱི་སོ་མ་ནི་ཅུང་ཉུང་བ་ཡིན། ས་བོན་མང་ཆེ་བའི་སོ་མ་ནི 11~16བར་ཡིན། གཞུང་རྐང་གི་སོ་མའི་གྲངས་ཀ་དེ་དེའི་འཚར་སྐྱེ་འཚར་ལོངས་ཀྱི་ཁོར་ཡུག་གི་ཆ་རྐྱེན་དང་འབྲེལ་བ་ཅུང་ཆེ་སྟེ། ལུད་ཆུ་འཛོམས་པོ་ཡིན་ན་གཞུང་རྐང་གི་སོ་མའི་གྲངས་ཀ་ཇེ་མང་དུ་འགྲོ་བ་ཡིན། ཞིང་བཙོས་རགས་ལས་དང་ས་བོན་བཏབ་པ་ཟབ་དྲགས་ན་སྨྱུ་གུ་ཐོན་པ་དལ་ཞིང་སོ་མའི་གྲངས་ཀ་ཇེ་ཉུང་དུ་འགྲོ་བ་ཡིན།

བཞི། མེ་ཏོག

ནས་ཀྱི་མེ་ཏོག་གི་བང་རིམ་ནི་སྙེ་དབྱིབས་ཅན་གྱི་མེ་ཏོག་བང་རིམ་ཡིན་ལ། སྦུ་གུའི་གཟུགས་ཡིན། སྙེའུ་འབྲུ་ནི་ལེབ་ནར་གྱི“Z”ཡིག་དབྱིབས་ཀྱི་སྙེ་མའི་རྟེན་རྐང་སྟེང་སྐྱེས་ཡོད། སྙེ་མའི་རྟེན་རྐང་ནི་སྤྱིར་བཏང་དུ་ཚིགས་ལེབ

15~20འབྲེལ་ནས་གྲུབ་ཅིང་། ཚིགས་ལེབ་རེ་རེའི་གུག་འཁྱོག་མཚམས་ཀྱི་འབུར་པོའི་ཁག་ཏུ་སྙེའུ་འབྲུ 3འདྲ་གཤིབ་ཏུ་སྐྱེས་ཏེ་སུམ་འབྲེལ་སྙེའུ་འབྲུ་རུ་གྲུབ་ཡོད། སྙེའུ་འབྲུ་རེ་རེའི་རྩ་བའི་ཕྱི་ཕྱོགས་སུ་འདབ་སྐོགས 2ཡོད་པ་ནི་རིགས་དབྱེ་བྱེད་ཀྱི་ངོ་བོ་དང་གཟུགས་དབྱིབས་གལ་ཆེན་ཡིན། ནས་ཀྱི་འདབ་སྐོགས་ནི་ཕྲ་ཞིང་རིང་བ་དང་། ས་བོན་མི་འདྲ་བའི་འདབ་སྐོགས་ཀྱི་ཞིང་ཚད་དང་བ་སྤུ། སོག་ཁ་ཚང་མ་མི་འདྲ་བ་ཡིན།

མེ་ཏོག་ཆུང་བ་རེར་ནང་ཐུམ་དང་ཕྱི་ཐུམ་རེ་ཡོད། ཕྱི་ཐུམ་ནི་འབུར་གཟུགས་སུ་མངོན་ཞིང་ཞིང་ཙུང་ཆེ་ལ་སྒོར་བ་དང་། ཟུར་གཞོགས་ནས་འཕྲས་རྙོག་བཏུམས་ཡོད་པ་མ་ཟད་ཕྱི་ཐུམ་གྱི་རྩེ་མོར་གྲ་མ་ཡོད། ནང་ཐུམ་ནི་ལེབ་འབུར་དུ་མངོན་ཞིང་སྒྲིར་བཏང་ཙུང་སྲབ་པ་ཡིན། མེ་ཏོག་ཆུང་བའི་ནང་ན་ཟེའུ་འབྲུ་ཕོ 3དང་ཟེའུ་འབྲུ་མོ 1སྐྱེས་ཤིང་། ཟེའུ་འབྲུ་མོ་ལ་ཉིས་ཆེབ་དབྱིབས་སྒྲོ་དབྱིབས་ཀྱི་ཟེ་འབྲུའི་ཀ་མགོ་དང་སྨུམ་སྟོད་གཅིག་ཡོད། སྨུམ་སྟོད་དང་ཕྱི་ཐུམ་བར་གྱི་རྩ་བར་སྐྱུ་འདབ 2ཡོད། ནས་ལ་མེ་ཏོག་བཞད་པ་ནི་སྐྱུ་འདབ་ཕྲ་ཐུང་གིས་ཆུ་འཛིབས་ནས་ཆེར་སྦོས་ཏེ་ཕྱི་ཐུམ་ཟུར་དུ་དེད་དེ་མངོན་འགྱུར་བྱུང་བ་རེད། (རི་མོ 1–2)

༢། འབྲས་བུ།

རྩི་ཤིང་རིག་པའི་སྟེང་ནས། ནས་ཀྱི་ས་བོན་ནི་འབྲས་བུ་རྫོག་གཅིག་ཅན་ཡིན་ལ། འབྲུ་རྫོག་ནི་གཅེར་བུ་ཡིན་པ་སྟེ། འབྲུ་ཤུན་དང་ཡོངས་སུ་ཁ་གྱིས་ཡོད། འབྲུ་རྫོག་གི་རིང་ཚད་ལ་ཧའོ་མིད 6~9དང་ཞིང་ཚད་ཧའོ་མིད 2~3ཡིན། གཟུགས་དབྱིབས་ནི་སྒྲུད་འཕང་གི་དབྱིབས་དང་འཛོང་དབྱིབས། གཟེ་དབྱིབས། སྒོང་དབྱིབས་སོགས་ཡོད་ལ། ནས་ཀྱི་འབྲུ་རྫོག་གི་སྐྱེ་པགས་ནི་སོ་བའི་ཕྱི་ངོས་ལས་ལྷག་ཏུ་འཇམ་པ་དང་། ཁ་དོག་སྣ་མ་སྣ་ཚོགས་མཆིས་པ་སྟེ། སེར་

རི་མོ 1–2 སྙེ་ཚོགས་ཐོན་པ—སྙེ་མ་གཏོང་བའི་སྐབས་ཀྱི་ནས།

པོ་དང་ལྗང་སྐྱ། ལྗང་ཁུ སྔོན་པོ། དམར་པོ། དཀར་པོ། ཁམ་མདོག་སྨུག་པོ། ནག་པོ་སོགས་ཡོད་པ་ཡིན། ནས་ཀྱི་འབྲུ་དོག་ནི་ཟེའུ་རྟུལ་ཞུགས་རྗེས་ཀྱི་སྦྲུམ་སྣོད་ཧྲིལ་པོ་སྐྱེ་འཚར་བྱུང་བ་ལས་གྲུབ་ཅིང་། ཐོན་སྐྱེད་སྟེང་དུ་ནས་ཀྱི་འབྲས་བུ་ནི་ས་བོན(འབྲུ་དོག)ཡིན་པ་རེད། ས་བོན་ནི་སྐྱེ་རྩ་དང་སྐྱེ་རྩའི་གསོ་བཅུད། སྐྱེ་རིམ་བཅས་ཁག་གསུམ་གྱིས་གྲུབ་པ་ཡིན། སྐྱེ་རྩར་ཕྱིའི་སྐྱེ་ཧེན་ཆགས་རིམ་མེད་ཅིང་སྐྱེ་རྩའི་ནང་ཁ་གྱེས་ཟིན་པའི་ལོ་མའི་གདོད་རྨང 4ཡོད། སྐྱེ་རྩའི་གསོ་བཅུད་ཁྲོད་སིང་ཕྱེ་འདུས་ཚད་མང་ལ་ཕྱེ་བཀྲུས་མའི་གྲུབ་ཆ་ཤུང་། འབྲུ་དོག་ལ་སིང་ཕྱེ 45%~70%དང་སྤྲི་དཀར་རྫས 8%~14%འདུས་པ་ཡིན། (རི་མོ 1–3)

རི་མོ 1–3 འབྲུ་ཤ་རྒྱས་སྐབས་ཀྱི་ནས།

ས་བཅད་བཞི་པ། ནས་ཀྱི་འདེབས་གསོ་བྱེད་པའི་ས་བོན་གཙོ་བོ།

གཅིག ཁྲའེ་ཆིང་ཡང 1 པ།

(གཅིག) ས་བོན་གྱི་ཡོང་ཁུངས།

མཚོ་ནུབ་ཁུལ་ས་བོན་དོ་དམ་ས་ཚིགས་དང་མཚོ་སྔོན་ཞིང་ཆེན་ཞིང ……… ཐན་སོན་ལས་ཚད་ཡོད་ཀུང་ཟེ། མཚོ་སྔོན་ཞིང་ཆེན་ས་བོན་དོ་དམ་ས་ཚིགས…… བཅས་ཀྱིས 1995ལོ་ནས་བཟུང“ཏུའུ་ལི་ཧྲོང”ས་བོན་ཁྲིད་ནས་བརྒྱུད་རིམ་ལྡན་པའི་འདེམ་གསོ་བྱས་པ་ལ་བརྟེན་ནས་གྲུབ་པ་ཡིན།

(གཉིས)ཁྱད་རྟགས་ཁྱད་གཤིས།

སྡོང་བུའི་མཐོ་ཚད་ལི་སྨིད 80.12ཡིན། སྐྱེ་མ་ཡོངས་སུ་འཛིན་པ། སྐྱེ་མ་གྲུ་བཞི་ནར་དབྱིབས། སྐྱེ་མའི་ཁག་ནི་རྩུང་གུག་པ། འབྲུ་རྡོག་སྟོང་རེའི་ལྗིད་ཚད་ཁེ 49.26དང་། ཞིང་ཚད་ཀྱི་ལྗིད(ཁེ 810/ཧེན)ཡིན། དབྱིད་གཤིས་ཅན་དང་བར་སྨིན་ཅན་ཡིན་ལ། སྐྱེ་འཚར་དུས་ཡུན་ཉིན 113དང་། ཡོངས་སུ་སྐྱེ་འཚར་བྱུང་བའི་དུས་ཡུན་ཉིན 133ཡིན།

(གསུམ)འདེབས་གསོའི་ལག་རྩལ་གནད་འགག

ཟླ 4པའི་སྟོད་དང་དཀྱིལ་དུ་འདེབས་དགོས། ཟབ་ཚད་ལི་སྨིད 4~5ཡིན་ལ། མུའུ་རེའི་འདེབས་ཚད་སྟོང་ཁེ 18~20དང་། མུའུ་རེའི་ལྡུང་པ་ཁག་ཐེག་ཚད་ཁང་ཁྲི 22~26དང་སྐྱེ་མ་ཁག་ཐེག་ཚད་སྐྱེ་མ་ཁྲི 30~32ཡིན།

(བཞི)ཐོན་སྐྱེད་ནུས་པ་དང་འཚམ་པའི་ས་ཁུལ།

སྤྱིར་བཏང་གི་ས་རྒྱུའི་གཤིན་ཚད་ཀྱི་ཆ་རྐྱེན་འོག་ཆ་སྙོམས་མུའུ་རེའི་ཐོན་ཚད་སྟོང་ཁེ 380~450དང་། ས་རྒྱུའི་གཤིན་ཚད་མཐོ་བའི་ཆ་རྐྱེན་འོག་མུའུ་རེའི་ཐོན་ཚད་སྟོང་ཁེ 450 ~650ཡིན། མཚོ་སྔོན་ཞིང་ཆེན་གྱི་ལོའི་ཆ་སྙོམས་དྲོད་ཚད 0.5℃ཡན་གྱི་འབྲིང་དང་མཐོ་སའི་རི་མ་དང་ཆུ་འདམ་གཤོང་སར་འདེབས་འཛུགས་བྱེད་པར་འཚམ།

གཉིས། ཁྲ་རྒྱ་ཡང 13པ།

(གཅིག)ས་བོན་གྱི་ཡོང་ཁུངས།

མཚོ་སྔོན་ཞིང་ཆེན་ཞིང་ནགས་ཚན་རིག་གླིང་ལོ་ཏོག་སའི་ཡིས 1989 ལོར་མཚན་ལྡན་འདྲེས་སྦེབ་འདེམ་གསོ་བྱས་པ་བརྒྱུད་ནས་བྱུང་བ་ཡིན།

(གཉིས)ཁྱད་རྟགས་ཁྱད་གཤིས།

སྡོང་བུའི་མཐོ་ཚད་ལི་སྨིད 114.53ཡིན། སྐྱེ་མ་ཡོངས་སུ་འཛིན་པ།

སྙེ་སྙེ་གུག་ཅིང་འཕྱང་བ། སྙེ་མ་གྲུ་བཞི་ནར་དབྱིབས། འབྲུ་རྡོག་སྟོང་རེའི་ལྗིད་ཚད་ཁེ 42.8དང་། ཤོང་ཚད་ཀྱི་ལྗིད(ཁེ 708/ཧིན)ཡིན། དཔྱིད་གཤིས་ཅན་དང་འབྲིང་དང་སྔ་སྨིན་ཅན་ཡིན་ལ། སྐྱེ་འཚར་དུས་ཡུན་ཉིན 102དང་། ཡོངས་སུ་སྐྱེ་འཚར་ཐུབ་པའི་དུས་ཡུན་ཉིན 123ཡིན།

(གསུམ)འདེབས་གསོའི་ལག་རྩལ་གནད་འགག

ཟླ 3པའི་དཀྱིལ་དང་སྨད་ནས་ཟླ 4པའི་ཟླ་སྟོད་ལ་འདེབས་ཤིང་། རོལ་འདེབས་བྱེད་དགོས། འདེབས་ཚད་ཟབ་ཏུ་ལི་སྨིད 4~6.5དང་། མུའུ་རེར་འདེབས་ཚད་སྟོང་ཁེ 17.5 ~21.25 ལྗང་པ་ཁག་ཐེག་ཚད་ཁང་ཁྲི 22 ~24 དང་། སྙེ་མ་ཁག་ཐེག་ཚད་སྙེ་མ་ཁྲི 24~28ཡིན།

(བཞི)ཐོན་སྐྱེད་ནུས་པ་དང་འཚམ་པའི་ས་ཁུལ།

སྤྱིར་བཏང་གི་ས་རྒྱུའི་གཤིན་ཚད་ཀྱི་ཆ་རྐྱེན་འོག་ཆ་སྙོམས་མུའུ་རེའི་ཐོན་ཚད(སྟོང་ཁེ 200~240/མུའུ)དང་ས་རྒྱུའི་གཤིན་ཚད་འབྲིང་ཙམ་གྱི་ཆ་རྐྱེན་འོག(སྟོང་ཁེ 240~275/མུའུ)ཡིན། ས་རྒྱུའི་གཤིན་ཚད་མཐོ་བའི་ཆ་རྐྱེན་འོག(སྟོང་ཁེ 275~300/མུའུ)ཡིན། མཚོ་སྔོན་ཞིང་ཆེན་གྱི་ཤར་རྒྱུད་ཞིང་ལས་ཁུལ་གྱི་འབྲིང་དང་མཐོ་སའི་རི་མ་དང་མཐོ་སའི་ཞིང་ཆུ་མར་འདེབས་འཛུགས་བྱེད་པར་འཚམ།

གསུམ། ཁྲ་རྒུ་ཨང 14པ།

(གཅིག)ས་བོན་གྱི་ཡོང་ཁུངས།

མཚོ་སྔོན་ཞིང་ཆེན་ཞིང་ནགས་ཚན་རིག་གླིང་གིས“དཀར་པོ 91－97－3”མ་སྟོང་དང“ཁྲ་ནུ་ཨང 12པ”ཕ་སྟོང་བྱས་ཏེ་འདྲེས་སྦེབ་སོན་གསོ་སྤྱད་པ་མ་ཟད། ལྷ་སྤྲེལ་རབས་སྔོན་དང་སྐྱེ་ཁམས་ཁུལ་མང་པོའི་གསལ་འབྱེད་སོགས་ལག་རྩལ་གྱི་བྱེད་ཐབས་དང་ཟུང་འབྲེལ་བྱས་པའི་འབྲུ་རྩྭ་ཟུང་མཐོའི་ནས་ཀྱི་ས་བོན་

གསར་པ་ཞིག་ཡིན།

(གཉིས)ཁྱད་རྟགས་ཁྱད་གཤིས།

དཔྱིད་གཤིས་ཅན་གྱི་གླིང་ཐུར་མང་པོའི་ནས་ཀྱི་ས་བོན་གྱི་སྐྱེ་འཚར་དུས་ཡུན་ནི་ཉིན 105 ~110ཡིན་ཞིང་། འབྲིང་དང་ཕྱི་སྨིན་གྱི་ས་བོན་ལ་གཏོགས། ལྗང་པ་སྨུར་པ་ཁྱེད་ཙམ། ལོ་མ་ལྗང་ཁུ། སྡོང་ཡུ་སྦོམ་ཞིང་ལྗེམ་ཤུགས་བཟང་བ་དང་རྩ་བའི་ཚིགས་བར་ཐུང་ཐུང་། སྙེ་མ་ཐོན་སྐབས་སྡོང་གཟུགས་ཀྱི་དམ་སྙོད་འབྲིང་ཙམ། འདབ་མ་ཐུམ་ནས་ཟེའུ་འབྲུ་ཕོ་མོ་སྦེབ་སྦྱོར་བྱེད་པ་ཡིན། སྙེ་མ་ཐོར་བཀྲམ་རྣམ་པ། སྙེ་མ་གྲུ་བཞི་ནར་དབྱིབས་དང་སྙེ་མའི་རྟེན་རྐང་ཀུག་པ། སྙེ་མའི་ཆགས་རིམ་གྲལ་འགྲིག་པོ་ཡིན། སྙེ་མའི་རིང་ཚད་ལི་སྨིད 6.8 ~ 8.7དང་། སྙེ་མའི་འབྲུ་རྡོག་གི་གྲངས་ཀ 38.7~43.2ཡིན། འབྲུ་རྡོག་སྟོང་རེའི་ལྗིད་ཚད་ཁེ 44.5 ~51.7ཡིན། སོ་ཁ་ཅན་གྱི་གྲ་མ་རིང་པོ། འབྲུ་རྡོག་འཇོང་དབྱིབས་དང་འབྲུའི་ཁ་དོག་སེར་སྐྱ། རྒྱགས་པ། སྐོགས་རྒྱུ་ཁྱེད་ཅན་ཡིན། ཉལ་བ་འགོག་པ་དང་། ཁྲ་ཐིག་གི་ནད་དང་སྨིན་རིས་ནད་སོགས་ནད་ཀྱི་གནོད་པ་གཙོ་བོ་དག་འགོག་པ་ཅན་ཡིན། ས་བོན་འདིའི་སྟོང་བུའི་མཐོ་ཚད་ལི་སྨིད 100~110དང་། སྙེ་མ་ཡོངས་སུ་འཐེན་པ། རྒྱས་ཚད་བཟང་བ། སྐྱེ་དངོས་རིག་པའི་ཐོན་ཚད་མཐོ་ཞིང་རྩྭ་འབྲུ་ཐུང་མཐོ་རྣམ་པའི་ས་བོན་གྱི་གྲས་སུ་གཏོགས། (འབྲུ:རྩྭ 1:1.55)

(གསུམ)འདེབས་གསོའི་ལག་རྩལ་གནད་འགག

ཟླ 4བའི་ཟླ་སྟོད་དུ་འདེབས་པ་དང་རོལ་འདེབས་སྤྱོད་དགོས། འདེབས་ཚད(སྟོང་ཁེ 20~22/མུའུ)དང་། ཕྲེང་སྐར་རེའི་བར་ཐག་ལི་སྨིད 15 ཡིན། འདེབས་པའི་ཟབ་ཚད་ལི་སྨིད 3~4ཡིན། གཅིན་རྒྱུ(སྟོང་ཁེ 5~10/མུའུ) དང་ལིན་སླུར་ཨན་གཉིས(སྟོང་ཁེ 10 ~15/མུའུ)བཀོལ་ནས་གཏིང་ལུད་བྱེད་

དགོས།

(བཞི)ཐོན་སྐྱེད་ནུས་པ་དང་འཚམ་པའི་ས་ཁུལ།

སྒྱིར་བཏང་གི་ས་རྒྱུའི་གཤིན་ཚད་ཀྱི་ཆ་རྐྱེན་འོག ཆ་སྙོམས་མུའུ་རེའི་ཐོན་ཚད་སྟོང་ཁ 400~450ཡིན། མཚོ་སྔོན་ཞིང་ཆེན་གྱི་ལོའི་ཆ་སྙོམས་དྲོད་ཚད 0.5℃ཡན་གྱི་མཐོ་གནས་ཀྱི་ཞིང་ཆུ་མའི་སྐྱེ་ཁམས་ཁུལ་དང་རྔ་འདམ་གཞོང་གཤོང་སའི་ལྷང་གླིང་ཆུ་འདྲེན་ཞིང་ལས་ཁུལ། ཞང་ཧྲི་སྐྱེ་ཁམས་ཁུལ་བཅས་སུ་འདེབས་འཛུགས་བྱེད་པར་འཚམ།

བཞི། ཁྲ་ནུ་ཨང 15པ།

(གཅིག)ས་བོན་གྱི་ཡོང་ཁུངས།

མཚོ་སྔོན་ཞིང་ཆེན་ཞིང་ནགས་ཚན་རིག་གླིང་ལོ་ཏོག་སའོ་ཡིས"ཁྲའེ་ཆིང་ཨང 1པ"མ་སྟོང་དང་། "ཁྲ་ནུ་ཨང 12པ"ཕ་སྟོང་བྱས་ཏེ་མཚན་ལྡན་འདྲེས་སྦྱོར་འདེམ་གསོ་བྱས་པ་བརྒྱུད་དེ་བྱུང་བ་ཡིན།

(གཉིས)ཁྱད་རྟགས་ཁྱད་གཤིས།

དཔྱིད་གཤིས་ཅན་གླིང་ཟླུར་མང་པོའི་ནས་ཀྱི་ས་བོན་ཡིན། སྐྱེ་འཚར་དུས་ཡུན་ཉིན 101~107ཡིན་ལ། ཐ་སྨིན་གྱི་ས་བོན་ལ་གཏོགས། ལྡང་པ་དྲང་མོར་ལངས་ཤིང་ལོ་མའི་མདོག་ལྗང་ཁུ། སྡོང་ཡུ་སྲོམ་ཞིང་ལྗིམ་ཤུགས་བཟང་བ། རྩ་བའི་ཚིགས་བར་ཐུང་ཐུང་བ། འདབ་མ་ཟུམ་ནས་ཟེའུ་འབྲུ་ཕོ་མོ་སྦེབ་སྦྱོར་བྱེད་པ་ཡིན། སྙེ་མ་བཀྲམ་ཐོར་རྣམ་པ། སྙེ་མ་གྲུ་བཞི་ནར་དབྱིབས་དང་། སྙེ་མའི་རྟེན་རྐང་གུག་པ། སྙེ་མའི་ཚགས་རིམ་གྲལ་འགྲིག་པོ་ཡིན། སྙེ་མའི་རིང་ཚད་ལ་ལི་སྨིད 6.2~7.9ཡོད། སྙེ་མའི་འབྲུ་རྡོག་གི་གྲངས་ཀ 38.1~41.9དང་འབྲུ་རྡོག་སྟོང་རེའི་ལྗིད་ཚད་ཁ 42.3~45.7ཡིན། ས་ཁ་ཅན་གྱི་གྲ་མ་རིང་པོ། འབྲུ་རྡོག་འཛོང་དབྱིབས་དང་འབྲུའི་ཁ་དོག་ཁམ་མདོག རྒྱུགས་པ། ཕྱི་རྒྱུ་ཅན་

ཡིན། ཁྲ་ཐིག་གི་ནད་དང་སྦྲིན་རིམས་ནད་སོགས་ནད་ཀྱི་གནོད་པ་འགོག་པ་འབྲིང་ཙམ་ཡིན། ས་བོན་འདིའི་སྙེ་མ་ཐོན་ཚད་ཕྱེད་ཀ་ཡིན། སྡོང་རྐང་གི་རྣམ་པ་ཚགས་དམ་པ། སྡོང་བུའི་མཐོ་ཚད་ལི་སྨིད 75 ~90ཡིན། སྡོང་བུ་འབྲིང་ལ་གཏོགས་ཤིང་ཉལ་བ་འགོག་པའི་རང་བཞིན་བཟང་། སྙེ་མ་གསོན་ཚད་མཐོ་ཞིང་ཐོན་ཚད་ཀྱི་སྟབས་ཤུགས་ཆེ་བ་ཡིན།

(གསུམ)འདེབས་གསོའི་ལག་རྩལ་གནད་འགག

ཟླ 4པའི་ཟླ་སྨད་དུ་འདེབས་ཤིང་རོལ་འདེབས་སྤྱོད་པ་ཡིན། འདེབས་ཚད(སྟོང་ཁེ 20/མུའུ)ཡིན། ཕྲེང་སྟར་རེའི་བར་ཐག་ལི་སྨིད 15དང་འདེབས་པའི་ཟབ་ཚད་ལི་སྨིད 3~4ཡིན། གཅིན་རྒྱུ(སྟོང་ཁེ 5/མུའུ)དང་ལིན་སྦྱར་ཨན་གཉིས(སྟོང་ཁེ 10~15/མུའུ)བཀོལ་ཏེ་གཏིང་ལུད་བྱེད་དགོས།

(བཞི)ཐོན་སྐྱེད་ནུས་པ་དང་འཚམ་པའི་ས་ཁུལ།

སྲིར་བཏང་གི་ས་རྒྱུའི་གཤིན་ཚད་ཀྱི་ཆ་རྐྱེན་འོག ཆ་སྙོམས་མུའུ་རེའི་ཐོན་ཚད་སྟོང་ཁེ 350ཡིན། མཚོ་སྔོན་ཞིང་ཆེན་གྱི་ལོའི་ཆ་སྙོམས་དྲོད་ཚད 0.5℃ཡན་གྱི་མཐོ་གནས་ཀྱི་ཞིང་ཆུ་མའི་སྐྱེ་ཁམས་ཁུལ་དང་ཚྭ་འདམ་གཞོང་གཤོངས་པའི་ལྷུང་གླིང་ཆུ་འདྲེན་ཞིང་ལས་ཁུལ། ཞང་ཧྲེ་སྐྱེ་ཁམས་ཁུལ་བཅས་སུ་འདེབས་འཛུགས་བྱེད་པར་འཚམ།

༧། ཕེ་ཆིང་ཨང 9པ།

(གཅིག)ས་བོན་གྱི་ཡོང་ཁུངས།

མཚོ་བྱང་ཁུལ་ཞིང་ལས་ཚན་རིག་ཞིབ་འཇུག་སའོ་དང་མཚོ་བྱང་ཁུལ་ས་བོན་དོ་དམ་ས་ཚོགས་ཀྱིས 1991ལོར་མཚན་ལྡན་འདྲེས་སྦེབ་འདེམ་གསོ་བརྒྱུད་དེ་གྲུབ་པ་ཡིན།

(གཉིས)ཁྱད་རྟགས་ཁྱད་གཤིས།

སྟོང་བུའི་མཐོ་ཚད་ལ་ལི་སྨིད 94.7ཡོད། སྙེ་མ་ཡོངས་སུ་འཐེན་ཐུབ་པ་དང་སྙེ་སྐེ་ཕྲེད་གུག་པ། སྙེ་མ་གྲུ་བཞི་ནར་དབྱིབས་ཡིན། འབྲུ་རྡོག་སྟོང་རེའི་ལྗིད་ཚད་ལ་ཁེ 45.9ཡོད་པ་དང་ཉོང་ཚད་ཀྱི་ལྗིད(ཁེ 779/ཧྲེན)ཡིན། དཔྱིད་གཤིས་ཅན། བར་སྨིན་ཡིན། སྐྱེ་འཚར་དུས་ཡུན་ཉིན 128ཡིན་ལ། ཡོངས་སུ་སྐྱེ་འཚར་བྱུང་བའི་དུས་ཡུན་ནི་ཉིན 152ཡིན།

(གསུམ)འདེབས་གསོའི་ལག་རྩལ་གནད་འགག

ཟླ 3པའི་ཟླ་སྨད་ནས་ཟླ 4བའི་ཟླ་སྟོད་དུ་འདེབས་ཤིང་རོལ་འདེབས······བྱེད་དགོས། འདེབས་པའི་ཟབ་ཏུ་ལི་སྨིད 3.5 ~5ཡིན། མུའུ་རེའི་འདེབས་ཚད་སྟོང་ཁེ 20 ~21.5ཡིན་ལ། ལྗང་པ་ཁྲང་ཁྲི 25 ~27ལ་ཁག་ཐེག་བྱེད་པ་མ་ཟད། 1% ~3%ཅན་གྱི་རྡོ་ཐལ་ཆུ་བཀོལ་ཏེ་ས་བོན་སྦྱང་བའམ་སྨན་ཁུ་ཡིས་ས་བོན་མཉམ་སྦྲོལ་བྱས་ཏེ་ནད་ཀྱི་གནོད་འཚེ་འགོག་བཅོས་བྱེད་དགོས།

(བཞི)ཐོན་སྐྱེད་ནུས་པ་དང་འཚམ་པའི་ས་ཁུལ།

སྤྱིར་བཏང་གི་ས་རྒྱུའི་གཤིན་ཚད་ཀྱི་ཆ་རྐྱེན་འོག ཆ་སྙོམས་མུའུ་རེའི་ཐོན་ཚད(སྟོང་ཁེ 250 ~290/མུའུ)ཡིན། ཆུ་ལུད་བཟང་བའི་ཆ་རྐྱེན་འོག་ཏུ(སྟོང་ཁེ 300 ~340/མུའུ)དང་། སྐམ་འདེབས་ཀྱི་ཆ་རྐྱེན་འོག(སྟོང་ཁེ 210 ~250/མུའུ)ཡིན། མཚོ་སྔོན་ཞིང་ཆེན་གྱི་ལོའི་ཆ་སྙོམས་དྲོད་ཚད 0.5℃ཡན་གྱི་འབྲིང་དང་མཐོ་གནས་ཀྱི་རི་མ་དང་མཐོ་གནས་ཀྱི་ཞིང་ཆུ་མར་འདེབས་འཛུགས་བྱེད་པར་འཚམ།

ས་བཅད་ལྔ་པ། ནས་འདེབས་གསོ་བྱེད་པའི་ལག་རྩལ།

ནས་འདེབས་གསོ་བྱེད་པའི་ལག་རྩལ་ལ་གཙོ་བོར་མ་བཏབ་སྔོན་གྱི་གྲ་སྒྲིག་དང་འདེབས་པ། ཞིང་ཁའི་དོ་དམ། སྲུད་པ། གསོག་ཉར་སོགས་ཀྱི་ཕྱོགས་འདུ་བ་ཡིན། དེའི་མཚུངས་སུ་སྐྱེ་ཁམས་ཁུལ་མི་འདྲ་བ་དང་འདེབས་གསོའི་མ་དཔེ་མི་འདྲ་བ་འབྱེད་དགོས་པ་ཡིན།

གཅིག མ་བཏབ་སྔོན་གྱི་གྲ་སྒྲིག

(གཅིག)གཏིང་རྐོ་ཞིང་བཅོས།

ནས་འདེབས་པའི་སྔོན་གྱི་སོག་ཞུལ་ནི་སྔོ་ལུད་དང་པད་ཁའི་ཞུལ་བཟང་བ་ཡིན། སྔོན་མའི་ལོ་ཏོག་བསྡུས་རྗེས་ཡོག་གཏིང་དུ་བརྒྱབ་ནས་ས་རྒྱུ་འདུལ་དགོས། ཡོག་རྒྱག་པའི་ཟབ་ཚད་ལི་སྨིད 20~25ཡིན། དགུན་མ་བསླེབ་སྔོན་ལ་ཤལ་བརྒྱབ་ནས་སེར་སྲུང་དགོས། མ་བཏབ་སྔོན་གྱི་ཉིན 5 ~7ལ། ཡོག་ཁ་ནས་རྒྱག་པའམ་ཤལ་ཐེངས་གཅིག་རྒྱག་དགོས། ཟབ་ཚད་ལི་སྨིད 12 ~15བྱེད་པ་མ་ཟད། དུས་ཐོག་ཏུ་བཅག་རྒྱག་ཤལ་རྒྱག་བྱེད་དགོས། 40%ཅན་གྱི་ཡན་མའི་ལྷེ་འོ་སྨུམ་མུའུ་རེར་སྟོང་ཁེ 0.2~0.25ཆུ་སྟོང་ཁེ 20~30ལ་བསྲེས་ནས་གཏོར་ཏེ་ཡུག་པོ་སོགས་སྐྱེ་མ་ཅན་གྱི་རྩྭ་ཡན་འགོག་སེལ་བྱེད་དགོས།

(གཉིས)སོན་བཟང་བདམས་སྦྱོད་དང་ས་བོན་སྨན་གྱིས་བསྒོག་པ།

ནས་འདེབས་པར་སོན་རྫོག་ཆེ་བ་བདམས་བཀོལ་བྱས་ནས་འོས་འཚམ་གྱིས་འདེབས་ཚད་རྗེ་ཉུང་དུ་བཏང་སྟེ། སྐྱེ་འཚར་བཟང་བའི་སྨྱུ་གུ་འདེབས་གསོ་དང་ས་བོན་གྱོན་ཆུང་བྱེད་དགོས། མིག་སྔར། མཚོ་སྔོན་ཞིང་ཆེན་གྱི་ནས་འདེབས་གསོ་བྱེད་པའི་ས་བོན་གཙོ་བོར་ཁུ་ནུ་ཨང 14པ་དང་ཁུ་ནུ་ཨང 15པ།

པེ་ཚིང་མ་ལག་དང་ཁྲའི་ཚིང་ཨང་ 1པ་སོགས་ཡོད།

ནས་མ་བཏབ་སྔོན་ལ་ 1%ཅན་གྱི་རྡོ་ཐལ་ཆུ་བཀོལ་ནས་ས་བོན་སྦང་བའམ་ 25%ཅན་གྱི་ཏོ་རུན་ལིན་ནམ་ཡང་ན་ 15%ཅན་གྱི་རྫུན་ཞིའུ་ཉིང་(སན་ཙུའོ་ཐུང་)གི་གཤེར་རྡུང་རང་བཞིན་གྱི་ཕྱེ་སྨན་བཀོལ་ནས་ས་བོན་བསྡོག་སྟེ་ནས་ཀྱི་སྲིན་ནད་ཁྲ་ཐིག་ཅན་དང་སྙེ་ནག་ནད་སོགས་འགོག་བཅོས་བྱེད་དགོས།

(གསུམ)ལུགས་མཐུན་གྱིས་ལུད་འཇོག་པ།

ཞིང་ཁར་ལུད་བཞག་སྟེ་སྔུ་གུ་སྲོམ་ཞིང་ཐུ་མོ་ནས་འབུས་པར་སྐུལ་འདེད་བྱེད་པ་རྩ་དོན་དུ་བཟུང་ནས། སྤྱིར་བཏང་མུའུ་རེར་སྐྱེ་ལྡན་ལུད་རྫིད་ལྷམ་པ་ 2~3དང་གཅིན་རྒྱ་སྟོང་ཁེ་ 8~10 ལིན་སྤྱུར་ཨན་གཉིས་སྟོང་ཁེ་ 10~15 འཇོག་པའམ་ཡང་ན་ནས་ཀྱི་ཆེད་སྦྱོད་ལུད་སྟོང་ཁེ་ 40~50འཇོག་དགོས། ཞིང་ས་འཕྲིང་ལ་འདེབས་ལུད་དང་རྩང་ལུད་ཐེངས་གཅིག་གིས་མང་དུ་འཇོག་པ་སྟེ། འཇོག་ཚད་ནི་ལུད་འཇོག་ཚད་སྤྱིའི་ 80%ཡན་ཟིན་དགོས། ལོ་མ་གསུམ་འབུས་པའི་དུས་སུ་ས་སོབ་སོབ་བཟོ་བ་དང་ཡུར་མ་ཡུར་བ་དང་འབྲེལ་ནས་སྟེང་ལུད་གཅིན་རྒྱ་སྟོང་ཁེ་ 2 ~2.5འཇོག་དགོས། སྙེ་མ་གཏོང་གྲབས་ཡོད་པ་ནས་སྙེ་མ་གཏོང་བའི་དུས་ལ་མུའུ་རེར་ལིན་སྤྱུར་ཚིང་གཉིས་ཙ་སྟོང་ཁེ་ 0.3ཆུ་སྟོང་ཁེ་ 25 ~30ནང་བསྲེས་ཏེ་ལོ་མའི་ཐོག་ཏུ་ཐེངས་ 1~2ལ་གཏོར་ནས་སྐྱེ་འཚར་ལ་སྐུལ་འདེད་བྱེད་དགོས། ཐུ་སྐམ་གྱི་ཞིང་ས་ལ་དམིགས་ཏེ་གཅིན་རྒྱ་སྟོང་ཁེ་ 1བསྲེས་གཏོར་བྱས་ནས་སྙེ་མ་མིག་གླུག་པར་བྱས་ཏེ་ཐོ་སྐམ་བྱེད་པ་འགོག་དགོས།

གཉིས། དུས་དང་མཐུན་པར་འདེབས་པ།

མཚོ་སྔོན་གྱི་ཤར་རྒྱུད་ཞིང་ལས་ཁུལ་དུ་ཟླ་ 3པའི་ཟླ་སྨད་ནས་ཟླ་ 4བའི་ཟླ་འགོ་ལ་འཚམ་ཞིང་། མཚོ་སྔོན་པོའི་མཐའ་འཁོར་ས་ཁུལ་དང་མཚོ་ནུབ། རྩ་ལྷོ་སོགས་ཁུལ་གྱི་འདེབས་དུས་ནི་ཟླ་ 4བའི་ཟླ་སྟོད་ནས་ཟླ་ 5བའི་ཟླ་སྟོད་དུ

འཚམ་པ་ཡིན། འདེབས་ཐབས་ནི་རོལ་འདེབས་བྱས་ཏེ་ཕྱིང་སྣར་རེའི་བར་ཐག་ལ་ལི་སྨིད 15~25དང་། ས་བོན་ས་འོག་ཏུ་འཛུག་ཚད་ལི་སྨིད 2~3ཡིན་དགོས་ཤིང་ཆེས་ཟབ་ནའང་ལི་སྨིད 5ལས་མི་བརྒལ་བ་བྱེད་དགོས། ས་བོན་འདེབས་ཚད་ནི་ཐོན་ཚད་ཀྱིས་སྐྱེ་མ་ཐག་གཅོད་པ་དང་སྐྱེ་མ་ཡིས་ལྷང་པ་ཐག་གཅོད་པ། ལྷང་པས་ས་བོན་ཐག་གཅོད་པའི་རྩ་དོན་ལྟར་བྱེད་པ་མ་ཟད། ས་བོན་མི་འདྲ་བའི་ཁྱད་གཤིས་དང་སྟོང་ལག་རྒྱུས་ཚད། འདེབས་པའི་སྟ་འཕྱི། འབྲུ་རིག……སྟོང་རེའི་ལྗིད་ཚད། ཞིང་བཅོས་ཀྱི་སྐྱུས་ཀ་བཅས་གཞིར་བཟུང་ནས་གཏན……འཁེལ་བྱེད་དགོས་ཤིང་། སྤྱིར་བཏང་མུའུ་རེའི་འདེབས་ཚད་ནི་སྟོང་ཁ 20~25ལ་ཚོད་འཛིན་བྱེད་དགོས།

གསུམ། ཞིང་ཁའི་དོ་དམ།

ནས་ཀྱི་མྱུ་གུ་འབུས་རྗེས་ངེས་པར་དུ་ལྷང་པར་ལྟ་ཞིབ་བྱས་ནས་ལྷང་པ་གསབ་འཛུགས་དང་སྲབ་མཐུག་ཆད་གསབ། ས་མྱུག་རྡོག་པོར་ཆགས་པ་གཏོར་སེལ་བྱེད་པ་བཅས་བྱས་ནས་ལྷང་པ་ཆ་སྙོམས་པ་དང་ལྷང་པ་ཡོངས་སུ་ཁེངས་པ་ཡོང་བ་བྱས་ཏེ་མྱུ་གུ་སྦོམ་ཞིང་སྐྱེ་འཚར་བཟང་བ་ལ་རྨང་གཞི་བསྐྲུན་དགོས། མིའི་རྩོལ་བ་དང་རྫས་འགྱུར་གྱིས་ཡུར་མ་ཡུར་བ་ནི་ནས་རྒྱུན་ལྡན་དང་སྐྱེ་འཚར་འཚར་ཡོངས་འབྱུང་བའི་ཞིང་ཁའི་དོ་དམ་གྱི་བྱེད་ཐབས་གལ་ཆེན་ཡིན། ཡུར་མ་ཡུར་བར་མིའི་རྩོལ་བས་ཡུར་བ་ལས་གཞན། མང་ཆེར་རྫས་འགྱུར་གྱིས་ཡུར་མ་ཡུར་ཐབས་སྤྱོད་པ་ཡིན་ཞིང་། དེའི་ནང་ཏིང་གི 2,4~Dབཀོལ་བ་ཆེས་ཁྱབ་ཆེ་བ་ཡིན། སྤྱིར་བཏང་ནས་ཀྱི་ལོ་མ 3 –4ཡི་དུས་སྐབས་སུ་ས་སོབ་སོབ་བཟོ་བ་དང་བསྟུན་ནས་ཡུར་མ་ཡུར་བ་དང་། རྫས་འགྱུར་གྱིས་ཞིང་བར་གྱི་ལོ་མ་ཆེ་བའི་རྩྭ་ཡན་འགོག་སེལ་བྱེད་པ་ཡིན་ལ། ནས་ཀྱི་སྐྱེ་ཚོགས་ཐོན་པའི་དུས་བསླེབ་པའི་སྔོན་དུ་མུའུ་རེར་ཏིང་གི 2,4 –Dཏའོ་ཧྲིན 60 ~80གཏོར་དགོས། དེའི་

མཚུངས་སུ། ནད་འགོག་འབུ་བཅོས་ལ་དོ་སྣང་བྱེད་དགོས་ལ། ཆུ་གཏོང་བ་དང་སྙིང་ལུད་འཇོག་པ་ནི་ནས་ཀྱི་སྐྱེ་འཚར་རྙིང་ཚབ་གསར་བརྗེར་གྱི་འཚོ་བཅུད་དང་བརྟན་གྱི་དགོས་མཁོར་ཁག་ཐེག་བྱེད་པ་ཡིན། སྨུ་གུའི་དུས་སུ་དུས་དང་མཐུན་པར་ཆུ་གཏོང་བ་ཡིས་ནས་ཀྱི་སྙེ་མ་ཁ་གྱེས་ཏེ་སྙེ་མ་ཆེན་པོ་འགྲུབ་པར་སྐུལ་འདེད་བྱེད་ཅིང་། སྙེ་མ་བཏང་ནས་མེ་ཏོག་བཞད་པ་དང་སྙེ་མ་མིག་བླུག་པའི་དུས་སུ་ཆུ་བཏང་ན་ནས་ཀྱི་འབྲུ་ཇོག་རྒྱགས་པ་དང་འཚོ་བཅུད་དངོས་རྫས་གསོག་པར་སྐུལ་འདེད་བྱེད་ཐུབ་པ་ཡིན། དེའི་སྨུ་གུའི་གནས་ཚུལ་ལ་གཞིགས་ཏེ་རྫས་ལུད་སྙིང་ལུད་དུ་བྱེད་ཅིང་། སྙིང་ལུད་ལ་ཏན་ལུད(གཅིན་རྫུ)གཙོར་བྱས་ཏེ་རབ་ཡིན་ན་ཆུ་གཏོང་བ་དང་ཟུང་འབྲེལ་གྱིས་སྤེལ་དགོས། ནས་ཀྱི་ལོ་མ 2དང་ལྟེ་སྙིང 1གི་དུས་སུ་མུའུ་རེར་སྙིང་ལུད་གཅིན་རྫུ་སྟོང་ཁ 4~5དང་སྙེ་མ་གཏོང་བའི་དུས་སྟོད་དུ་མུའུ་རེར་གཅིན་རྫུ་སྟོང་ཁ 3~4རྒྱག་དགོས།

བཞི། དུས་དང་མཐུན་པར་རྔ་བ།

ནས་ནི་བཟའ་བྱ་དང་ཆང་བསླལ་བར་བཀོལ་ན་སྨིན་དུས་ཀྱི་མཇུག་ནས་ཡོངས་སུ་སྨིན་པའི་དུས་ལ་བསྔུས་ན་འཚམ་པ་ཡིན། ཞིང་ས་དུམ་བུ་ཁག་ཅིག་ས་བོན་ལ་བསྒྱུར་ན་ངེས་པར་དུ་ཁེར་རྐྱང་དུ་བསྡུ་བ་དང་ཁེར་རྐྱང་དུ་གཙག་པ། ལྷད་འདོར་ཧྲག་སྒྲུག་བྱས་ཏེ་ལྷད་འདྲེས་པ་འགོག་དགོས། ས་བོན་གྱི་བརྟན་གཤེར་འདུས་ཚད 12% ~14%ལས་དམའ་བའི་སྐབས་མཛོད་དུ་བཙུག་ནས་བདག་ཉར་བྱེད་དགོས།

ལེའུ་གཉིས་པ། རྒྱ་སྲན་འདེབས་གསོ་བྱེད་པའི་ལག་རྩལ།

ས་བཅད་དང་པོ། རགས་བཤད།

རྒྱ་སྲན་ནི་དེའི་གང་བུའི་དབྱིབས་སྨིན་པའི་སྲིན་གོང་ཞིག་དང་འདྲ་བས་མིང་དེ་ལྟར་བཏགས་པ་ཡིན། རང་རྒྱལ་གྱི་འབྲི་སྐོར་ས་རྒྱུད་དུ་དབྱར་ཚུགས་པའི་སྟ་གཞུག་ཏུ་ཕལ་ཆེར་ཁྱིམ་ཚང་རེ་རེ་ཚང་མས་རྒྱ་སྲན་ཟ་བ་ཡིན། དེའི་ཕྱིར་དབྱར་ཚུགས་སྲན་མ་རུ་འབོད་ཅིང་། ཉིང་པའོ་མི་ཡིས་གོམས་སྲོལ་གྱིས་འཛའ་སྲན་དུ་འབོད་པ་ཡིན་ལ། ད་ལྟའི་སི་ཁྲིན་མི་ཡིས་སྟར་བཞིན་ཧུའུ་ཏིག་ཟེར་ཞིང་། མཚོ་སྔོན་གྱི་མི་ཡིས་དེའི་འབྲུ་རྡོག་ཆེ་བ་ལ་ལྟོས་ནས་སྲན་ཆེན་ཟེར་བ་ཡིན།

འཛམ་གླིང་གི་རྒྱ་སྲན་ཐོན་སྐྱེད་ཁྲོད་དུ། རང་རྒྱལ་ནི་རྒྱ་སྲན་འདེབས་འཛུགས་རྒྱ་ཁྱོན་ཆེས་ཆེ་བའི་རྒྱལ་ཁབ་ཡིན་ཞིང་། ཐོག་མཐའ་བར་གསུམ་དུ་འཛམ་གླིང་སྟེང་གི་འདེབས་གསོ་ཐོན་སྐྱེད་ཀྱི་རྒྱ་ཁྱོན་ཆེས་ཆེ་བའི་གོ་གནས་རྒྱུན་འཛིན་བྱས་ཡོད། མཚོ་སྔོན་ནི་དར་གོས་ཚོང་ལམ་གྱི་སྔོ་ངོས་སུ་གནས་ཤིང་། རྒྱ་སྲན་ནི་གནའ་རབས་སུ་ཝུ་བ་ཡུལ་ལ་སྤེལ་བས་མཚོ་སྔོན་རྒྱ་སྲན་འདེབས་འཛུགས་བྱེད་པ་ཆེས་སྔ་བའི་ས་ཁུལ་ནང་གི་གཅིག་ཏུ་གྱུར་པ་རེད།

རྒྱ་སྲན་ནི་སྔོ་ཚོད་དང་གཟན་ཆག བཟོ་ལས་རྒྱུ་ཆ་བཅས་གཞི་གཅིག་ཏུ་འདུས་ཤིང་། འབྲུ་རིགས་དང་དཔལ་འབྱོར་གཉིས་སྐྱོད་ཅན་གྱི་ལོ་ཏོག་ལ་

གཏོགས་པ་དང་། ཞིང་ལས་སྐྱོ་འདེབས་མ་ལག་དང་འདེབས་འཛུགས་ལས་རིགས་ཀྱི་གྲུབ་ཚུལ་ལེགས་སྒྲིག ཁྱད་ལྡན་ཐོན་ལས་འཕེལ་རྒྱས་བཅས་ཀྱི་ཕྱོགས་ནས་སྣང་ཆུང་བྱེད་མི་རུང་བའི་གོ་གནས་ལྡན་པ་ཡིན། རྒྱ་སྲན་ནི་སྤྲི་དཀར་རྫས་ཕུན་སུམ་ཚོགས་པར་འདུས་པའི་ལོ་ཏོག་ཡིན་པའི་ཆ་ནས་ཅུང་མཐོ་བའི་འཚོ་བཅུད་རིན་ཐང་ལྡན་པ་མ་ཟད། ད་དུང་ཐུན་མོང་མ་ཡིན་པའི་སྨན་བཀོལ་རིན་ཐང་ལྡན་པ་སྟེ། དཔེར་ན་དམངས་ཁྲོད་དུ་དེ་བཀོལ་ནས་ཁྲག་ཤེད་མཐོ་བ་དང་སྐྲ་ཐབ་གསོ་བཅོས་བྱེད་པ་ཡིན། དེང་རབས་མིས་རྒྱ་སྲན་ནི་སྨན་འགོག་ཟས་རིགས་ཀྱི་གྲས་ཡིན་པར་ངོས་འཛིན་བྱེད་པ་རེད། རྒྱ་སྲན་ནི་ཐོན་ཁུངས་པེད་སྤྱོད་དང་ས་བོན་གྱི་རྒྱུ་ཕྱུས་གསར་གཏོད་ནས་ས་བོན་གསར་པ་བདམས་གསོ་དང་ལེ་ལག་ཆ་ཚང་གི་ལག་རྩལ་ཞིབ་འཇུག ཐོན་སྐྱེད་རྟེན་གཞིའི་འཛུགས་སྐྲུན། ཐོན་སྐྱེད་རྗེས་ཀྱི་ལས་སྒྲོན་པེད་སྤྱོད་སོགས་ལག་རྩལ་མ་ལག་ཁྲོད་དུ་རྒྱ་སྲན་ཐོན་སྐྱེད་ཀྱི་གལ་ཆེའི་རང་བཞིན་མངོན་གསལ་དོད་པོ་ཡོད་པ་རེད།

རྒྱ་སྲན་གྱི་འཚོ་བཅུད་རིན་ཐང་ཤིན་ཏུ་མཐོ་བ་སྟེ། སྤྲི་དཀར་རྫས་དང་ཕྲན་ཆུ་འདྲེས་སྦྱོར་རྫས། ཚི་སྣུམ་རྩིང་པོ། ལིན་ཞག མཁྲིས་བུལ། འཚོ་རྒྱུ་B_1 འཚོ་རྒྱུ་B_2 ཡན་སོན། ཀལ། ལྕགས། ལིན། ཙྭ་སོགས་གཏེར་རྫས་རིགས་མང་པོ་འདུས་པ་ཡིན་ལ། ལྷག་པར་དུ་ལིན་དང་ཙྭ་ཡི་འདུས་ཚད་ཅུང་མཐོ་བ་ཡིན། ཕྲན་ཆུ་འདྲེས་སྦྱོར་རྫས་ཀྱི་འདུས་ཚད་ནི་47%~60%ཡིན་ཞིང་། འཚོ་བཅུད་རིན་ཐང་ཕུན་སུམ་ཚོགས་ཤིང་བཟའ་ཆས་བྱེད་རུང་ལ། ཅང་ཡིའུ་དང་ཕིང་སྐྲུད། ཕིང་ལེབ་སོགས་ཀྱང་བཟོ་ཆོག་པ་ཡིན། (རེའུ་མིག 2−1ལ་ལྟོས)

རེའུ་མིག 2−1 རྒྱ་སྲན་ཁེ 100རེའི་ནང་འདུས་པའི་འཚོ་བཅུད་རྒྱུ།

ཁྱབ་ཆ	འདུས་ཚད	ཁྱབ་ཆ	འདུས་ཚད
ཚ་ཚད	སྟོང་ཁྲ 335.00	སྤྲི་དཀར་རྫས	ཁེ 21.60
ཞག་ཚིལ	ཁེ 1.00	རྩྭ་སོན	ཧའོ་ཁེ 0.48
ཐན་ཆུ་འདྲེས་སྦྱོར་རྫས	ཁེ 59.80	ལོ་མའི་སྐྱུར་རྒྱུ	ཝེ་ཁེ 260.00
བཟའ་བཅའི་ཚི་སྙ	ཁེ 3.10	འཚོ་རྒྱུ A	ཝེ་ཁེ 52.00
འཚོ་རྒྱུ K	ཝེ་ཁེ 13.00	ལ་སེར་གྱི་རྒྱུ	ཝེ་ཁེ 310.00
ཐི་ཨན་རྒྱུ	ཧའོ་ཁེ 0.37	ཧོ་ཧོང་སུའུ	ཧའོ་ཁེ 0.10
ཉི་ཁེ་སྐྱུར	ཧའོ་ཁེ 1.50	འཚོ་རྒྱུ C	ཧའོ་ཁེ 16.00
འཚོ་རྒྱུ E	ཧའོ་ཁེ 0.83	ཀལ	ཧའོ་ཁེ 16.00
ལིན	ཧའོ་ཁེ 200.00	ཀྲ	ཧའོ་ཁེ 391.00
ན	ཧའོ་ཁེ 4.00	མེ	ཧའོ་ཁེ 46.00
ལྕགས	ཧའོ་ཁེ 3.50	ཏི	ཧའོ་ཁེ 1.37
སེ	ཝེ་ཁེ 2.02	ཟངས	ཧའོ་ཁེ 0.39
སྨན	ཧའོ་ཁེ 0.55		

ས་བཅད་གཉིས་པ། རྒྱ་སྲན་ཐོན་ལས་འཕེལ་རྒྱས་ཀྱི་ད་ལྟའི་གནས་ཚུལ།

གཅིག ཐོན་སྐྱེད་ཀྱི་ད་ལྟའི་གནས་ཚུལ།

རྒྱ་སྲན་ནི་མིའི་རིགས་ཀྱིས་ཆེས་སྔ་མོར་འདེབས་གསོ་བྱས་པའི་སྲན་རིགས་ལོ་ཏོག་གི་གྲས་ཡིན་ལ། འཛམ་གླིང་སྟེང་རྒྱ་སྲན་འདེབས་འཛུགས་བྱེད་པའི་རྒྱལ་ཁབ 50ལྷག་ཡོད་ཅིང་། གཅིག་བསྡུས་ཀྱིས་མཚོ་ནག་དང་ས་དབུས་རྒྱ་མཚོའི་འགྲམ་རྒྱུད་དུ་ཁྱབ་ཡོད། རང་རྒྱལ་དུ་འདེབས་འཛུགས་བྱེད་པའི་ས

ཕོན་རིགས་40ལྷག་ཡོད་པ་དང་། འདེབས་གསོ་བྱེད་པའི་ལོ་རྒྱུས་ཡུན་རིང་ལྡན་ཞིང་། ཚ་ཁུལ་ནས་བྱང་གི་འཕྲེད་ཐིག་63℃བར་གྱི་ས་ཁུལ་ཚང་མར་འདེབས་འཛུགས་བྱེད་པ་ཡིན། རྒྱ་སྲན་ནི་རང་རྒྱལ་གྱི་རྒྱུ་སྐྱུས་ལེགས་པའི་ཞིང་ལས་ཐོན་ཟས་གཙོ་བོའི་གྲས་ཡིན། སྐྱུས་ཀ་བཟང་བ་དང་འཚོ་བཅུད་རིན་ཐང་མཐོ་བས་རྒྱལ་ཁབ་ཕྱི་ནང་གི་ཚོང་རའི་ནང་སྐད་གྲགས་མཐོན་པོ་རྒྱས་ཡོད།

མཚོ་སྔོན་ཞིང་ཆེན་ནི་རང་རྒྱལ་གྱི་དཔྱིད་འདེབས་རྒྱ་སྲན་གྱི་ཐོན་ཁུལ་གཙོ་བོའི་གྲས་ཡིན། འདེབས་འཛུགས་རྒྱ་ཁྱོན་ཙ་བའི་ཆ་ནས་མུའུ་ཁྲི་40ཡས་མས་སུ་བརྟན་པོར་གནས་ཤིང་། ཐོན་ཚད་ཏུན་ཁྲི་7~8དང་ཆ་སྙོམས་མུའུ་རེའི་ཐོན་ཚད་སྟོང་ཁེ་200ཡས་མས་ཡིན། མཚོ་ངོས་ལས་མཐོ་ཚད་མཐོ་བ་དང་། གནམ་གཤིས་དྲོད་ཚད་དམའ་བ། སྐམ་ས་ཆེན་པོའི་རང་བཞིན་གྱི་མཐོ་སྒང་གི་ནམ་ལྷའི་རྐྱེན་གྱིས་ཐོན་ཁུལ་ནང་ཉི་འོད་འཛོམས་པོ་དང་ཉིན་མཚན་གྱི་དྲོད་ཁྱད་ཆེ་བར་བཏང་བས། འཛམ་གླིང་སྟེང་སྲན་རིགས་ལ་འབུས་རྨུག་པ་མེད་པའི་ཐོན་ཁུལ་ཉག་གཅིག་ཡིན་ལ། ཐོན་སྐྱེད་བྱས་པའི་རྒྱ་སྲན་གྱི་འབྲུ་རྡོག་རྒྱགས་ཤིང་ཚོས་མདངས་རྣམ་པར་བཀྲ་བས་སྐྱུས་ལེགས་པའི་ལྟང་མདོག་གི་ཞིང་ལས་ཐོན་རྫས་ཤིག་ཡིན། མཚོ་སྔོན་ཞིང་ཆེན་གྱིས་འདེབས་གསོ་བྱས་པའི་མཚོ་སྔོན་ཨང་3པ་དང་མཚོ་སྔོན་ཨང་9པ། མཚོ་སྔོན་ཨང་10པ་བཅས་ཀྱི་རྒྱ་སྲན་ས་བོན་གྱི་འབྲུ་རྡོག་བརྒྱ་རེའི་ལྗིད་ཚད་ནི་ཁེ་150 ~190ཡིན་ཞིང་། སྤྱི་དཀར་རྫས་འདུས་ཚད་22%~29%དང་། སིང་ཕྲེའི་འདུས་ཚད་43%~51%ཡིན་ལ། ཞག་ཚིལ་གྱི་འདུས་ཚད་0.76%~1.79%ཡིན། དེའི་འཚོ་བཅུད་རྒྱུ་སྐྱུས་དང་ཚོང་རྫས་ཀྱི་རྒྱུ་སྐྱུས་ཀུན་རྒྱལ་ཡོངས་ཀྱི་དཔྱིད་འདེབས་རྒྱ་སྲན་ཐོན་ཁུལ་གཞན་ལས་ལྷག་པ་ཡིན། དེའི་མཚུངས་སུ། རྒྱ་སྲན་ནི་ད་དུང་མཚོ་སྔོན་ཞིང་ཆེན་གྱི་གནས་བབ་ལེགས་པའི་འབྲུ་རིགས་དང་དཔལ་འབྱོར་གཉིས་གཉེར་གྱི་ལོ་ཏོག

དང་ཕྱིར་གཏོང་བྱེད་པའི་ཞིང་ལས་ཐོན་རྫས་གཙོ་བོ་ཡིན་ཞིང་། དེའི་ཁྲོད་སྐྱུ
འབྲུམ་རྫོང་ཐོན་ཁུལ་གཙོ་བོ་ཡིན་པའི་སྐྱུ་འབྲུམ་གྱི་རྒྱ་སྲན་ནི་མཚོ་སྔོན་ཞིང་ཆེན
གྱིས་ཕྱི་ཕྱོགས་སུ་ཉོ་ཚོང་བྱེད་པའི་ཁྱད་ལྡན་ཐོན་རྫས་གཙོ་བོ་ཡིན། སྟོང་སྐོར
རྫོང་ཐོན་ཁུལ་གཙོ་བོ་ཡིན་པའི་རྟ་སོ་རྟགས་ཅན་རྒྱ་སྲན་ནི་ལྗང་མདོག་ཡིན་པ
དང་བརྫེད་སྐྱོན་མེད་པ། འབྲུ་རྡོག་གི་ཚོང་རྫས་རང་བཞིན་བཟང་བ། ཤུན
ལྤགས་སྲབ་ཅིང་འབྲུ་རྡོག་ཆེ་བ། འབྲུ་རྡོག་རྒྱགས་ཚད་སྙོམས་པོ་ཡིན་པ། ནག
ཐིག་དང་ཆག་ཀྲུམ་མེད་པ། འབུས་རྨུགས་པ་མེད་པ་དང་ཁ་ལ་འཁྱོད་པའི་རང
བཞིན་བཟང་བ་མ་ཟད། འཚོ་བཅུད་ལྡན་སུམ་ཚོགས་པ་དང་ཐོན་ཚད་མཐོ་བ།
རྒྱལ་སྤྱིའི་ནད་ཡམས་བརྟག་ཞིབ་བྱ་ཡུལ་མེད་པ། ཕྱིར་གཏོང་གི་རིམ་པ་དང་པོ
དང་རིམ་གཉིས་ཚད་གཞི་ལ་བསླེབས་ཡོད། དམའ་རིམ་འབྲུ་རྡོག་སྐམ་པོའི་རྒྱ
སྲན་ནི་འཛའ་ཕན་དང་ཡ་གླིང་སྔ་ཤར་ས་ཁུལ་དུ་ཕྱིར་འཚོང་བྱེད་པ་དང་། ལོ
རེའི་ཕྱིར་གཏོང་ཚད་ཧུན་ཁྲི་2ཡན་ཡིན་ཞིང་། "ཕྱི་ཕྱོགས་ཚོང་དོན་གྱི་ཕྱིར
གཏོང་ཁེ་ལས་+ཞིང་པའི་དུད་ཚང"གི་ཕྱིར་གཏོང་བྱས་ནས་ཕྱི་དངུལ་ལེན་པའི
ཐོན་ལས་མ་དཔེ་གྲུབ་ཡོད་ལ། 1997ལོར་མཚོ་སྔོན་ཞིང་ཆེན་ཚོང་རྟགས་ལས
དོན་ཁང་གིས་ཚོག་མཚན་བཀོད་དེ་རྟ་སོ་རྟགས་ཅན་གྱི་ཚོང་རྟགས་ཐོ་འགོད་བྱས
པ་རེད། ལོ་མང་པོའི་རིང་ལ། རྒྱ་སྲན་གྱི་གནས་བབ་ལེགས་པའི་ཐོན་ཁུལ་གཙོ
བོར་ཚོད་ལྟ་དང་ཞིབ་འཇུག་གི་རྨང་གཞིའི་སྟེང་། ཞིང་ཆས་དང་ཞིང་ལས་ལག
རྩལ་ཟུང་དུ་འབྲེལ་ཞིང་། སོན་བཟང་ཐབས་བཟང་དང་ལེ་ལག་ཆ་ཚང་གི་ལག
རྩལ་འཁོར་སྐྱོད་མ་དཔེ་སྤྱད་དེ་ཕྱོགས་བསྡོམས་ཀྱིས་རྒྱ་སྲན་གྱི་ས་བོན་གསར་བ
དང་རྒྱ་སྲན་འཕྲུལ་ཆས་ཀྱིས་ཁྱུང་འདེབས་བྱེད་པ། མཐུག་འདེབས་འོས་ཤིང
འཚམས་པ། ལྷེ་བཏོག་རྩེ་གཅོད། ས་དཔྱད་རྫས་སྦྱོར་ལུད་རྒྱག་སོགས་གཙོ
སྒྲིལ་ལག་རྩལ་བྱེད་པའི་ལེ་ལག་ཆ་ཚང་གི་རྒྱ་སྲན་གྱི་ཕྱོགས་བསྡུས་ཐོན་ལེགས

འདེབས་གསོའི་ལག་རྩལ་བཟོས་གཏན་བྱུང་སྟེ། ཐོན་སྐྱེད་ཁྱོད་རྒྱ་ཁྱོན་ཆེན་པོས་ཁྱབ་གདལ་བེད་སྤྱོད་བྱས་པ་དང་། ཧུར་བརྩོན་གྱིས་ལྟང་མདོག་ཟམ་རིགས་ཚད་ལྡན་ཅན་གྱི་ཐོན་སྐྱེད་ལག་རྩལ་ཁྱབ་སྤེལ་བྱས་ཤིང་། རྒྱ་སྲན་གྱི་རྒྱུ་སྤུས་ལེགས་བཅོས་དང་རྒྱ་སྲན་གྱི་ཕྱུགས་བསྡུས་ཐོན་སྐྱེད་ནུས་པ་མཐོར་འདེགས་བྱེད་པའི་ཕྱོགས་ནས་མཚོ་སྔོན་ཞིང་ཆེན་གྱི་རྒྱ་སྲན་གྱི་ཚོང་རའི་འགྲན་རྩོད་ནུས་པ་གོང་མཐོར་བཏང་པ་རེད།

2001ལོར་རྒྱ་སྲན་ཧུན་ཁྲི 2.88ཕྱིར་གཏོང་བྱས་ཤིང་རྒྱ་སྲན་ཚོང་ཟོག་སྤྱིའི 51.4%ཟིན་པ་རེད། དེའི་ཁྲོད་རང་ཞིང་གི་སྒོ་ཁྲལ་ལས་ཁུངས་བརྒྱུད་དེ་ཐད་ཀར་ཕྱིར་གཏོང་བྱས་པ་ཧུན 3376དང་། ཞིང་ཆེན་གཞན་པའི་ཕྱི་ཕྱོགས་ནེ་ཚོང་ཀུང་ཟིར་བཙོངས་ཏེ་ཕྱིར་གཏོང་བྱས་པ་ཧུན་ཁྲི 2.55ཡོད། ཞིང་པས་རྒྱ་སྲན་བཙོངས་ཏེ་དཔལ་འབྱོར་གྱི་ཡོང་སྒོ་བསྐྲུན་པ་སྒོར་ཁྲི 8400ཡོད་ཅིང་། ཞིང་ཆེན་ཡོངས་ཀྱི་འདེབས་འཛུགས་ལས་རིགས་ཀྱི་སྤྱིའི་ཡོང་སྒོའི 4.7%ཟིན་པ་རེད། ཞིང་པའི་ལག་ནང་གི་རྒྱ་སྲན་ནི་ཡོང་འབབ་ཆེས་ལེགས་པའི་ཞིང་ལས་ཐོན་རྫས་ཀྱི་གྲས་ཡིན་ཞིང་། 2012ལོར་ཞིང་ཆེན་ཡོངས་ཀྱི་རྒྱ་སྲན་འདེབས་འཛུགས་རྒྱ་ཁྱོན་མུའུ་ཁྲི 34.2ཡིན་ལ། སྤྱིའི་ཐོན་ཚད་ཧུན་ཁྲི 6.05ལ་བསླེབས་པ་རེད།

2013ལོར་མཚོ་སྔོན་ཞིང་ཆེན་ཞིང་ནགས་ཚན་རིག་གླིང་གིས་ཧྭོར་གྲོང་རྫོང་གི་ཚའི་ཅ་པའོ་དང་ཞི་ཧྲུན་སོགས་ཤང་དང་གྲོང་རྡལ་དུ་རྒྱ་སྲན་གྱི་ས་བོན་གསར་པ་མཚོ་སྔོན་ཨང 13པའི་འདེབས་འཛུགས་རྒྱ་ཁྱོན་རྒྱ་བསྐྱེད། དེའི་ཁྲོད་འགྲིག་སྒྲིག་བཀབ་པའི་རྒྱ་སྲན་མུའུ 3 000ལྷག་འདེབས་འཛུགས་བྱས་ཤིང་། ཆ་སྙོམས་མུའུ་རེའི་ཐོན་ཚད་སྟོང་ཁེ 314.2དང་ཆེས་མཐོ་བའི་མུའུ་རེའི་ཐོན་ཚད་སྟོང་ཁེ 401.9ཡིན། འགྲིག་སྒྲིག་ཏིལ་འགེབས་ཀྱི་རྒྱ་སྲན་མུའུ་རེའི་ཐོན་རྫས

རིན་ཐང་སྒོར 1 256.8ལ་བསླེབས་ཤིང་། སྤྱིའི་ཐོན་རྫས་རིན་ཐང་སྒོར་ཁྲི 377ཡིན་ལ། ཐོན་འཕར་ཕན་འབྲས་མི་དམན་པ་བླངས། ས་བོན་གསར་བ་མཚོ་སྔོན་རྒྱ་སྲན་ཨང 14པ་དེ་ཧོར་གྲོང་རྫོང་ཏ་ལ་བྲག་དཀར་ཤང་གི་ཚའི་ཙ་དང་པའི་ཡ། ཞིན་ཀྲུང་གྲོང་ཚོ་བཅས་དང་འདན་མ་གྲོང་རྫལ་གྱི་ཧྲུན་ཁྲིང་དང་ཕང་ཙ་སོགས་གྲོང་ཚོར་ཚན་རྩལ་དཔེ་སྟོན་རྟེན་གཞི་མུའུ 1150བཙུགས་ཤིང་། ཆ་སྙོམས་མུའུ་རེའི་ཐོན་ཚད་སྟོང་ཁེ 342.8དང་། ཆེས་མཐོའི་མུའུ་རེའི་ཐོན་ཚད་སྟོང་ཁེ 412.4ཡིན་པ་རེད། སྔོན་གྱི་ཐོན་ཚད་སྟོང་ཁེ 299.1དང་བསྡུར་ན་མུའུ་རེར་སྟོང་ཁེ 43.7འཕར་སྣོན་བྱུང་ཞིང་། ཐོན་འབབ་འཕར་ཚད 14.6%ལ་བསླེབས་པ་དང་། གསར་དུ་འཕར་བའི་ཐོན་འབབ་སྟོང་ཁེ་ཁྲི 5.02ཡོད་ལ། གསར་དུ་འཕར་བའི་ཐོན་རྫས་རིན་ཐང་སྒོར་ཁྲི 26.1ཡོད་པ་རེད།

གཉིས། ཐོན་རྫས་ཀྱི་རིན་ཐང་།

རང་རྒྱལ་གྱི་རྒྱ་སྲན་གྱིས་བཟོས་པའི་ཐོན་རྫས་རིགས་ཤིན་ཏུ་མང་། རྒྱ་སྲན་སྐམ་པོ་ཞོར་ཟས་སྣ་ཚོགས་སུ་ལས་སྣོན་བྱས་པར་མ་ཟད་ཡུན་རིང་ལྡན་པ་རེད། རྒྱ་སྲན་མ་བཅོས་རྒྱུ་ཆ་བྱས་ཏེ་བཟོས་པའི་ཕིང་གསུམ(ཕིང་སྐྱུད་དང་ཕིང་རྒྱུས། ཕིང་ལེབ)དང་ཟས་གྲིན། ཐྲ་བ་ལྡུ་ལྡན་སྲན་མ། མེན་པའོ། མཉེན་སོབ་གོ་རེ། ཀ་ར་སོགས་ཡོད། རྒྱུན་མཐོང་གི་ལས་སྣོན་བྱས་པའི་ཐོན་རྫས་ནི་གཤམ་ལྟར།

(གཅིག)རྒྱ་སྲན་གྱི་སིང་ཕྱེ།

རྒྱ་སྲན་གྱི་སིང་ཕྱེ་ནི་བཟའ་ཆས་སྲན་མའི་ནང་འདུས་ཚད་ཆེས་མཐོ་བའི་དངོས་རྫས་ཡིན། སིང་ཕྱེ་ནི་ཐད་འབྲེལ་སིང་ཕྱེ་དང་རིམ་འབྲེལ་སིང་ཕྱེ་ཡིས་གྲུབ་ཅིང་། འཇམ་འགོག་རང་བཞིན་དང་སྐྱི་གྲུབ་རང་བཞིན། དྲག་ཚད་བཟང་བ་སོགས་ཀྱི་ཁྱད་ཆོས་ལྡན་པ་ཡིན། མིག་སྔར་རྒྱ་སྲན་གྱི་ནང་ནས་སིང་

ཕྱི་འཐོབ་པར་བྱེད་པའི་བཟོ་རྩལ་གཙོ་བོ་ནི་བརྣན་ཐབས་བཟོས་ཐོབ་ཡིན། ཐོན་རྫས་ཀྱི་འགོག་གཉིས་སིང་ཕྱེ་ལ་འཇུ་དཀའ་བའི་སིང་ཕྱེ་ཡང་ཟེར་ཞིང་། རྒྱུ་ནག་ནང་དུ་རྩབས་འབྱེད་བྱེད་མི་ཐུབ། ཡིན་ནའང་རྩམ་ལོང་ནང་དུ་ཡལ་སླའི་ཚིལ་སྐྱུར་དང་སྐྱུར་བསྙལ་འགྱུར་འབྱུང་བྱུང་བ་ཡིན། འགོག་གཉིས་སིང་ཕྱེ་འདིའི་རིགས་ལུས་ཕུང་ནང་འཇུ་བ་དལ་ཞིང་། ཟས་རྗེས་ཁྲག་གི་མངར་ཆ་ཇེ་མཐོར་མི་གཏོང་བར་བརྟེན་ནས་དེའི་སྨན་བཅོས་ཀྱི་བྱེད་ནུས་འདོན་སྤེལ་བྱེད་པ་ཡིན། རྒྱ་སྲན་གྱི་སིང་ཕྱེ་ནི་ད་དུང་ཞིང་སྐྱུད་དང་ཞིང་ལེབ་ཀྱི་ཐོན་སྐྱེད་ལས་སྔོན་ལ་བཀོལ་ཆོག

(གཉིས)རྒྱ་སྲན་གྱི་སྤྲི་དཀར་རྫས།

རྒྱ་སྲན་ནང་སྤྲི་དཀར་རྫས་ཀྱི་འདུས་ཚད་ནི 25%~34%ཡིན་ལ། གཙོ་བོར་རྒྱ་སྲན་གྱི་སིང་ཕྱེ་དང་རྒྱ་སྲན་གྱི་གར་བཟོས་སྤྲི་དཀར་ཐོན་སྐྱེད་བྱེད་པར་བཀོལ་བ་ཡིན། དེའི་ཐོན་སྐྱེད་བཟོ་རྩལ་ལ་གཙོ་བོར་དབུགས་ཤུགས་དབྱེ་དགར་ཐབས་སྤྱོད་པ་སྟེ། ཤུན་པ་དོར་བའི་རྒྱ་སྲན་ཕྱེ་མར་བཏགས་རྗེས་དབུགས་ཤུགས་དབྱེ་དགར་འཕྲུལ་འཁོར་སྟེང་ནས་སྤྲི་དཀར་རྫས་ཕུན་སུམ་ཚོགས་པར་འདུས་པའི་རྒྱ་སྲན་གྱི་སྤྲི་དཀར་ཕྱེ་དང་རྒྱ་སྲན་གྱི་སིང་ཕྱེ་སོ་སོར་དགར་བ་ཡིན། རྒྱ་སྲན་གྱི་སྤྲི་དཀར་འདོན་ལེན་བྱེད་ཐབས་ལ་ཁུལ་ཞུན་སྐྱུར་ནུབ་ཐབས་དང་ལྕྭ་ཡིས་འདོན་ཐབས། ཆུ་ཡིས་འདོན་ཐབས་སོགས་དང་གཞན་པའི་ཚད་བཀལ་སྒྲ་རླབས་ཀྱི་གཞོགས་འདེགས་འདོན་ལེན་བྱེད་པ་སོགས་ཡོད། དེ་ལས་གཞན། བཟོས་ཐོབ་ཀྱི་རྒྱ་སྲན་གྱི་སྤྲི་དཀར་ལ་ཆུ་འབྱེད་འོས་འཚམ་བྱས་ཏེ་རྒྱ་སྲན་ཐའི་འམ་བྱེད་ལས་རྒྱ་སྲན་ཐའི་ཡི་བཟོས་ཐོབ་ལ་བཀོལ་བ་ཡིན།

(གསུམ)ཟས་རིགས་གཞན་དག

རང་རྒྱལ་གྱི་ས་ཆ་མི་འདྲ་བར་ནེམ་ལྡང་གི་རྒྱ་སྲན་རྫ་ཚོད་དུ་བྱེད་པའི་

གོམས་སྲོལ་ལྡན་པ་ཡིན། གསར་ཞིང་མཉེན་པའི་རྒྱ་སྲུབ་དེ་གཡོས་སྦྱོར་བྱས་ཏེ་བཟའ་ཆས་བྱེད་ཚོག་པ་སྟེ། འཚོད་པ་དང་རྫོད་པ། ཁུ་བ་བསྐོལ་བ་སོགས་ལས་ཐབས་སྣ་མང་མཆིས། རྒྱ་སྲུབ་གསར་པ་ནང་བཟའ་བཅའི་ཚིམ་སྣ་དང་ཐུ། མོ་མའི་སྐྲུར་རྒྱུ་བཅས་ཕུན་སུམ་ཚོགས་པར་འདུས་ལ། མིའི་ལུས་པོར་མཁོ་བའི་ཞུགས་དང་ཏེ། ལིན། རྩི་བཅས་ཀྱི་ཡོང་ཁུངས་ལེགས་པོ་ཡིན། མིག་སྔར། རྒྱ་སྲུབ་ཀྱི་ཐོན་ཁུལ་མི་འདྲ་བའི་ཁྱད་ཆོས་གཞིར་བཟུང་སྟེ་ཞིབ་འཇུག་གསར་བཟོ་གསར་སྤེལ་བྱས་པའི་འབྲུ་རྫོག་གསར་པའི་རྒྱ་སྲུབ་ཀྱི་སྨུ་འཕྲེལ་ཐོན་རྫས་ཧ་ཅང་མང་པོ་ཡོད་ཅིང་། ཐོན་རྫས་ཀྱི་ཁ་གྲངས་དང་རྒྱུ་སྤུས། རིགས་དབྱེ་བཅས་ཀྱིས་ཚོང་རའི་དགོས་མཁོ་མི་འདྲ་བ་སྐོང་ཐུབ།

རྒྱ་སྲུབ་སྐམ་པོ་ལས་སྒྲོན་བྱས་པའི་ཟས་རིགས་ཀྱི་སྣ་ཁ་ཤིན་ཏུ་མང་། ཟས་རིགས་ཁྲོད་ཀྱི་བསྡུར་ཚད་ཇེ་ཆེ་ནས་ཇེ་ཆེར་འགྲོ་བཞིན་ཡོད། དཔེར་ན་བྲོ་མཚར་རྒྱ་སྲུབ་དང་བྲོ་བ་ལྡ་ལྡན་སྲུབ་མ། རྒྱ་སྲུབ་ཀྱི་ཟས་ཀྲིན། རྒྱ་སྲུབ་ཀྱི་ཚྭ་འདག སྣ་མའི་མེ་ཏོག་སྲུབ་མ། སྣུམ་བརྫོས་རྒྱ་སྲུབ། སྦྲོས་འགྱུར་རྒྱ་སྲུབ། ཆུ་བཙོས་རྒྱ་སྲུབ་སོགས་ལྟ་བུ། རྒྱུན་དྲོད་དང་ཉེ་སྐམ་གྱི་ཚྭ་མང་ཞུ་ཁུའི་བསྐལ་བཟོས་བཟོ་རྩལ་སྤྱད་ནས་བཟོས་པའི་རྒྱ་སྲུབ་ཀྱི་ཅང་ཡིའུ་ནི་བྲོ་བ་དམིགས་བསལ་ལྡན་ཞིང་། ཅང་ཡིའུ་ལ་མདོག་དང་སྣ་ཁ་གསར་པ་བསྣན་ཡོད། དཔེར་ན་སི་ཁྲིན་ཙིའི་དབྱང་གི་སྲུབ་འདག་དང་ཨན་ཧུའི་ཨན་ཆིང་གི་སྲུབ་འདག་ལྟ་བུ་ཚང་མ་ནི་རྒྱལ་ཁབ་ཕྱི་ནང་ཀུན་ལ་མིང་དུ་གྲགས་པའི་བྲོ་འཕྱིན་རྫས་ཡིན་པ་རེད།

གསུམ། ཐོན་ལས་ཀྱི་ཁྱབ་སྟངས།

མཚོ་སྔོན་གྱི་རྒྱ་སྲུབ་ཐོན་ཁུལ་ནི་གཙོ་བོར་ཤར་ཁུལ་ཞིང་ལས་ཁུལ་གྱི་རྔ་ཐང་དང་སྐྱ་འབུམ། སྟོང་སྐོར། ཧོར་གྲོང་བཅས་རྫོང་ཁག་བཞི་དང་མཚོ་ལྷོ་ཁུལ་གྱི་གསེར་ཆེན་རྫོང་དུ་གནས་པ་ཡིན། རྫོ་ཞིང་ནི་མཚོ་ངོས་ལས་མཐོ་ཚད་སྨིད

2200~2800ཡི་ཙོང་ཆུ་དང་དེའི་ཆུ་ལག་གི་ལུང་སོག་དང་ལུང་སོག་གི་འགྲམ་གཉིས་ཀྱི་དེའུ་འབུར་རི་ཁུལ་དུ་ཁྱབ་ཅིང་། འདེབས་འཛུགས་བྱས་པའི་ལོ་རྒྱུས་ཡུན་རིང་ལྡན་པ་ཡིན། ཐོན་ཁུལ་གྱི་རང་བྱུང་ནམ་ཟླ་དང་ཁོར་ཡུག ས་རྒྱུ་སོགས་ཆ་རྐྱེན་རྒྱ་སྲན་ཐོན་སྐྱེད་ལ་ཤིན་ཏུ་འཕྲོད་ཅིང་རྒྱ་སྲན་འདེབས་པར་འཚམ་པའི་སྐྱེ་ཁམས་ཁུལ་ལ་གཏོགས་པ་ཡིན། ཁྱབ་པའི་ས་ཁོངས་ནས་བལྟས་ཚེ། རྒྱ་སྲན་ཐོན་སྐྱེད་གཅིག་འདུས་སུ་བྱས་པའི་ཤར་ཁུལ་ཞིང་ལས་ཁུལ་གྱིས་ཕལ་ཆེར་ཞིང་ཆེན་ཡོངས་ཀྱི་རྒྱ་སྲན་འདེབས་འཛུགས་རྒྱ་ཁྱོན་གྱི་80%ཡན་ཟིན་ཡོད། འོན་ཀྱང་མཚོ་ལྷོ་ཁུལ་གྱི་ཁྲི་ཀ་དང་གསེར་ཆེན་རྫོང་གཉིས་ཀྱིས་རྒྱ་སྲན་འདེབས་འཛུགས་རྒྱ་ཁྱོན་གྱི་15%ཡས་མས་ཟིན་ཅིང་། གཞན་མཚོ་ནུབ་དང་མཚོ་བྱང་། རྨ་ལྷོ་སོགས་ཁུལ་ཚང་མར་འདེབས་འཛུགས་བྱེད་པ་ཁྱབ་ཡོད། སོན་སྣའི་གྲུབ་ཚུལ་གྱི་ཆ་ནས་བལྟས་ན། མཚོ་སྔོན་གྱི་རྒྱ་སྲན་གྱི་སོན་སྣའི་གྲུབ་ཚུལ་ཅུང་ལུགས་མཐུན་ཡིན་ཏེ། དཔེར་ན་མཚོ་ངོས་ལས་མཐོ་ཚད་སྨིད 2300 ~2600ཡི་ལུང་གཞུང་ས་ཁུལ་དང་ཧྭའི་ནན་གཤོང་སར་འདེབས་འཛུགས་བྱེད་པར་འཚམ་པའི་བར་དང་འཕྱི་སྨིན་གྱི་འབྲུ་རྗོག་ཆེ་བའི་ས་བོན་མཚོ་སྔོན་ཨང་ 11པ་དང་མཚོ་སྔོན་ཨང་ 12པ་སོགས་ཡོད་ལ། མཚོ་ངོས་ལས་མཐོ་ཚད་སྨིད 2600 ~2700ཡི་མཐོ་གནས་ཆུ་མར་འདེབས་འཛུགས་བྱེད་པའི་བར་སྨིན་གྱི་འབྲུ་རྗོག་འབྲིང་གི་རྒྱ་སྲན་ས་བོན་ཧ་སོ་ཧགས་ཅན་ཡང་ཡོད་པ་དང་། ཡང་མཚོ་ངོས་ལས་མཐོ་ཚད་སྨིད 2600~2800ཡི་འབྲིང་དང་མཐོ་གནས་ཀྱི་རི་མའི་ཞིང་རི་མ་དང་རོང་མ་འབྲོག་གི་ས་ཁུལ་དུ་འདེབས་འཛུགས་བྱེད་པའི་འབྲུ་རིགས་དང་གཟན་ཆག་གཉིས་སྤྱོད་ཀྱི་སྔ་སྨིན་འབྲུ་རྗོག་ཆུང་བ་ཅན་གྱི་རྒྱ་སྲན་ས་བོན་མཚོ་སྔོན་ཨང་ 13པའང་ཡོད་པ་ཡིན། དེའི་ཁྲོད་མཚོ་སྔོན་ཨང་ 12པའི་རྒྱ་སྲན་གྱིས་ཞིང་ལས་ཐོན་སྐྱེད་ཁྲོད་བྱེད་ནུས་གལ་ཆེན་འདོན་སྤེལ་བྱས་མྱོང་བ་སྟེ། ཞིང་ཆེན་ཡོངས་ཀྱི་རྒྱ་སྲན་འདེབས

འཇོག་ས་རྒྱ་ཁྱོན་གྱི 80%ཡས་མས་ཟིན་པ་མ་ཟད། སྐབས་ཤིག་རིང་གཞི་རིམ་དུ···
ཁྱབ་སྤེལ་བྱེད་པའི་གཙོ་ཁྲིད་ཀྱི་ས་བོན་དུ་གྱུར་པ་རེད། (རི་མོ 2–1ལ་ལྟོས)

རི་མོ 2–1 རྒྱ་སྨན་གྱི་དཔེ་སྟོན་ཞིང་ཁ།

ས་བཅད་གསུམ་པ། རྒྱ་སྨན་གྱི་སྐྱེ་དངོས་རིག་པའི་ཁྱད་ཆོས།

རྒྱ་སྨན་ནི་སྨན་ཚན་ཕྱེ་ལེབ་དབྱིབས་ཀྱི་ཕལ་ཚན་རྒྱ་སྨན་གྱི་ཁོངས་ལ·······
གཏོགས་པའི་ལོ་གཅིག་སྐྱེ(དཔྱིད་འདེབས)པའམ་ལོ་བརྒྱལ་སྐྱེ(སྟོན་འདེབས)
པའི་དྲང་མོར་ལངས་པའི་རྩྭ་རིགས་སྐྱེ་དངོས་ཤིག་ཡིན་ཞིང་། མཐོ་ལ་ལི་སྨིད
130~150ཡོད་ལ། དཀྱུན་གཤིས་ཅན་དང་དཔྱིད་གཤིས་ཅན་རིགས་སྣ་གཉིས་
ཡོད།

གཅིག ཁྱད་རྟགས་ཁྱད་གཤིས།

(གཅིག)རྩད་པ།

རྒྱ་སྤྲན་གྱི་རྩད་པ་ནི་འབིག་ཐྲུམ་ལྟ་བུའི་རྩ་ལག་ཡིན་ཞིང་། ས་བོན་འདུས་སྐབས་སྔོན་ལ་སྐྱེ་རྩ་ཞིག་སྐྱེ་འོངས་པ་དང་དེ་ར་བརྟུན་ནས་སྐྱེ་རྩའི་རྩེ་མོའི་སྐྱེ་འཚར་གནས་མཚམས་མ་ཆད་པར་ཁ་གྱེས་ཏེ་སྐྱེས་ནས་འབིག་ཐྲུམ་དབྱིབས་ཀྱི་གཞུང་རྩད་འགྲུབ་པ་ཡིན། གཞུང་རྩད་ནི་ཐུང་ཞིང་སྦོམ་ལ་ས་འོག་ཏུ་ཟུག་ཚད་ལི་སྨིད་100ཡན་ལ་བསླེབས་ཐུབ། གཞུང་རྩད་སྟེང་དུ་གཞོགས་རྩད་མང་པོ་སྐྱེས་ཡོད་ཅིང་། གཞོགས་རྩད་ནི་ས་རྒྱུའི་ཕྱི་རིམ་ནས་ངོས་སྙོམས་ལྟར་ལི་སྨིད་35~60ཙམ་ལ་སྐྱེས་སྐབས་ཐུར་དུ་དྲང་འཕྱང་དུ་སྐྱེས་ཏེ་ཟབ་ཏུ་ལི་སྨིད་60~90ཙམ་ལ་བསླེབ་ཀྱི་ཡོད། རྒྱ་སྤྲན་གྱི་རྩད་ཚོམ་གཙོ་བོ་ནི་ས་ངོས་ནས་ལི་སྨིད་30ཡི་ནང་ཚུད་ཀྱི་སྐྱ་རིམ་ནང་དུ་ཁྱབ་ཡོད།

རྒྱ་སྤྲན་གྱི་གཞུང་རྩད་དང་གཞོགས་རྩད་སྟེང་དུ་རྩད་རྫོག་ཕྲ་སྲིན་མཉམ་འཚོ་བྱས་ཏེ་རྩད་རྫོག་ཞྲ་བ་རུ་གྲུབ་ཡོད། རྩད་རྫོག་ཞྲ་བ་ནི་འཛོང་ནར་དབྱིབས་སུ་གྲུབ་སྡེ་རྒྱུན་པར་གཅིག་འདུས་སུ་སྐྱེས་པ་དང་། མདོག་དམར་སྐྱ་རུ་མངོན་ཞིང་སྟུག་པོར་ཆགས་ཡོད། རྒྱ་སྤྲན་གྱི་རྩད་རྫོག་ཕྲ་སྲིན་ནི་སྤྲན་རིལ་དང་སྤྲན་ལེབ་དབར་ཕན་ཚུན་མཐུད་འཛུགས་བྱེད་ཚོག

(གཉིས)སྡོང་རྐང་།

རྒྱ་སྤྲན་གྱི་སྡོང་ཡུ་སྦོམ་ཞིང་གཟུགས་སྟོབས་ཆེ་བ་དང་དྲང་མོར་ལངས་ཡོད། ཚངས་ཐིག་ལ་ལི་སྨིད་0.7~1ཡོད་ཅིང་གླིང་བཞིའི་དབྱིབས་སུ་གྲུབ་པ་དང་། ཕྱི་ངོས་འཇམ་པོ་སྤུ་མེད་པ། ཁོག་སྟོང་ཁྲུབ་མང་བ་དང་ཕྲ་ཕྲུང་ཅན་ནར་མང་ཆེ་ཤོས་གླིང་བཞི་བོའི་གྲུ་ཟུར་དུ་མཉམ་འདུས་བྱས་ཡོད་པས་སྡོང་རྐང་མཁྲེགས་ཤིང་དྲང་མོར་ལངས་ཏེ་ཉལ་མི་ཐུབ་པར་བྱས་ཡོད། རྒྱ་སྤྲན་གྱི་སྡོང་ཕྲུག་གི་ཁ

དོག་ནི་སྨུ་གུའི་དུས་སུ་ས་བོན་གསལ་འབྱེད་དང་ཞིང་ཁར་ལྷད་འདོར་གཙང་སྒྲུག་བྱེད་པའི་མཚོན་རྟགས་གཙོ་བོ་ཡིན། སྤྱིར་བཏང་དུ་སྡོང་རྐང་ལྡང་ཁྱུ་ཅན་ལ་མེ་ཏོག་དཀར་པོ་བཞད་པ་དང་། སྨུག་པོ་ལ་མེ་ཏོག་སྨུག་པོའམ་མེ་ཏོག་དམར་སྐྱ་བཞད་པ་ཡིན་ལ། རྒྱ་སྲན་སྨིན་རྗེས་སྡོང་ཡུ་ཁམ་ནག་ཏུ་འགྱུར་བ་ཡིན།

རྒྱ་སྲན་གྱི་སྡོང་ཡུའི་སྟེང་དུ་ཚིགས་ཡོད་ཅིང་། ཚིགས་ནི་ལོ་མའི་ཡུ་བ་དང་མེ་ཏོག་གི་གང་བུའམ་ཡལ་གའི་སྐྱེ་ས་ཡིན། ས་བོན་མི་འདྲ་བའི་ཚིགས་ཀྱི་མང་ཉུང་མི་འདྲ་བ་དང་སྤྱིར་བཏང་ཚིགས 15~20ཡོད།

རྒྱ་སྲན་ལ་ཡལ་གའི་གོམས་གཤིས་དྲག་པོ་ལྡན་ཞིང་གཞུང་རྐང་དང་སྡོང་ལག་གི་རྩ་བར་ཡལ་ག་སྐྱེ་སླ་བ་ཡིན། སྡོང་རྐང་གི་ཡལ་གའི་མང་ཉུང་དེ་ས་བོན་དང་འདེབས་དུས། སྟུག་ཚད། ས་རྒྱུའི་གཤིན་ཚད་སོགས་རྒྱུ་རྐྱེན་ལ་འབྲེལ་བ་ཡོད། སྤྱིར་བཏང་ཡལ་ག 3~5འམ 6~8ཡོད་པ་ཡིན། འོན་ཀྱང་དཀྱིལ་དང་སྟེང་ཕྱོགས་ཀྱི་ཚིགས་བར་ནས་སྐྱེས་པའི་ཡལ་ག་ནི་སྤྱིར་བཏང་རྒྱུན་ལྡན་གྱིས་སྐྱེ་འཚར་བྱུང་ནས་འབྲས་བུ་ཐོགས་མི་སྲིད་དེ་འབྲས་མེད་ཡལ་ག་ཡིན། གཞུང་རྐང་གི་རྩ་བའི་ཚིགས་གཉིས་ཀྱི་བར་དུ་སྐྱེས་པའི་ཡལ་ག་གཉིས་ལ་སྐྱེ་འཚར་གྱི་གནས་བབ་ལེགས་པོ་ལྡན་པ་མངོན་གསལ་དོད་པོ་ཡིན།

(གསུམ)ལོ་མ།

རྒྱ་སྲན་གྱི་ལོ་མ་ལ་སྐྱེ་རྟེན་ལོ་མ་དང་ལོ་མ་དངོས་ཡོད་པ་ཡིན། སྐྱེ་རྟེན་ལོ་མ་ནི་གཉིས་ཡོད་ཅིང་རྒྱགས་ཤིང་ཆེ་ལ་འཚོ་བཅུད་དངོས་རྫས་ཕུན་སུམ་ཚོགས་པ་འདུས་པ་དང་། སྨུ་གུ་འབུས་པའི་ཚེ་ན་སྐྱེ་རྟེན་ལོ་མ་ས་འོག་ཏུ་ལུས་པ་ཡིན། ལོ་མ་དངོས་ནི་ཆ་ཏུ་སྐྱེས་ཤིང་ཆ་གྲངས་ཀྱི་སྒྲོ་དབྱིབས་མང་གྱིས་ལོ་མ་ཡིན་ཞིང་། ལོ་མདའ་ཡི་རྩེ་མོའི་སྣེ་འཁྱིལ་ནི་སྣེ་མོ་ཐུང་ངུར་བསྒྱུམས་ཡོད། སྟེང་གི་ལོ་མ་ནི་མདུང་ཟླ་ཚེས་མའི་དབྱིབས་སམ་ཟུར་གསུམ་དབྱིབས་དང་ཉེ་བའམ་སྒོང་དབྱིབས

ཡིན་ལ། སྲིད་དུ་ལི་སྨིད་1 ~2.5དང་ཞེང་ལ་ཕལ་ཆེར་ལི་སྨིད་0.5ཡོད། སོག་ཁ་ཅུང་ཟད་ལྡན་ཞིང་མཆིན་མདོག་གི་སྨིན་འབུར་ཡོད། ལོ་མ་ཆུང་བ་རྒྱུན་དུ་ཆ་1~3ཆ་རུ་སྐྱེས་ཡོད། སྡེང་ཕྱོགས་ཀྱི་ལོ་མ་ཆུང་བ་ཆ་4 ~5ཡོད་ཅིང་རྩ་བར་ཅུང་ཞུང་བ་ཡིན། ལོ་མ་ཆུང་བ་ནི་འཛོང་དབྱིབས་དང་སྒོར་ནར་གཟུགས་སམ་མགོ་མཇུག་ཟླུག་པའི་སྒོང་དབྱིབས་ཡིན། རྫོན་སྣེ་སྒོར་རྟུལ། རྩེ་སྣེ་ཐུང་དུ་ལྡན། རྩ་བ་ཕུར་དབྱིབས། མཐའ་ཡོངས་སུ་དྲང་སྐྱམས་ཡིན། ངོས་གཉིས་པོར་སྤུ་མེད་ཅིང་ལོ་མའི་ངོས་ནི་ལྗང་སྐྱ་དང་རྒྱབ་ངོས་དཀར་མདོག་ཅུང་ཙམ་ལྡན།

(བཞི)མེ་ཏོག

རྒྱ་སྲན་གྱི་མེ་ཏོག་ནི་རྫོག་དབྱིབས་ཀྱི་མེ་ཏོག་བང་རིམ་ཡིན་ལ། མཆན་སྐྱེས་ཡིན། མེ་ཏོག་གི་ཡུ་བ་ཤིན་ཏུ་ཐུང་། འདབ་སྐོགས་ཅོང་དབྱིབས། འདབ་མའི་སོ་ཁ་ནི་ཁབ་དབྱིབས་ཅན། ཨོག་འདབ་ཀྱི་སོ་ཁ་ཅུང་རིང་། མེ་ཏོག 2~4 (6)སྡེབ་ཚོགས་སུ་མངོན་ཞིང་ལོ་མའི་མཆན་ཁུང་དུ་སྐྱེས་ཡོད། མེ་ཏོག་གི་འདབ་མ་དཀར་པོ་ལ་མཆིན་མདོག་གི་རྩ་རིས་དང་མདོག་ནག་པོའི་ཐིག་ལེ་ཡོད་ཅིང་། རིང་ཚད་ལི་སྨིད་2~3.5ཡོད། དཀྱིལ་འདབ་ཀྱི་བར་དབུས་ནས་ཐོལ་གྱིས་བསྐུམས་ཏེ་རྩ་བ་རིམ་གྱིས་ཇེ་དོག་ཏུ་ཕྱིན་ཡོད། གཤོག་འདབ་ནི་དཀྱིལ་འདབ་ལས་ཐུང་ཞིང་སྒྲོམ་འདབ་ལས་རིང་བ་ཡོད། ཟེའུ་འབྲུ་ཕོ་རྐང་2(9+1)ཡོད། སྦུམ་སྡོད་ནི་སྐུད་པའི་དབྱིབས་ཡུ་བ་མེད། སྐྱེ་རྩའི་གོང་རིལ 2 ~4 (6)ཡོད། ཟེའུ་ཀ་ཡི་ངོས་སུ་སྤུ་འཛམ་དཀར་པོ་དང་། རྩེ་མོའི་འདབ་ངོས་སུ་སྤུ་རིང་ཚོམ་བུ་ཡོད། རྒྱ་སྲན་གྱི་མེ་ཏོག་གི་ཁ་དོག་གིས་ས་བོན་མི་འདྲ་བའི་ཁྱད་རྟགས་གསལ་འབྱེད་བྱེད་ཆོག (རི་མོ 2–2ལ་ལྟོས)

རི་མོ 2–2 རྒྱ་སྲན་གྱི་མེ་ཏོག

རྒྱ་སྲན་གྱི་མེ་ཏོག་གི་ཆ་ལག་ཚགས་དམ་ཞིང་མེ་ཏོག་གི་ཟེ་རྩལ་ཐོར་བ་སྟེ། མེ་ཏོག་གི་ཟེ་རྩལ་སྦྲམ་འདབ་ཀྱི་ནང་ལ་འཐོར་འགྲོ་བ་ཡིན། དེ་བས་མེ་ཏོག་མང་ཆེ་བས་མེ་ཏོག་རང་གིས་རང་ལ་ཟེའུ་འབྲུ་ཕོ་མོ་སྦེབ་སྦྱོར་བྱེད་པ་ཡིན། ཡང་སྔོང་ཀང་མེ་ཏོག་ཁ་ཤས་ཀྱི་སྦྲམ་འདབ་ཡིས་ཟེའུ་ཀ་བཏུམ་པ་དམ་པོ་མིན་པ་ཡོད་ལ། ཡང་ན་འབུ་སྦྲང་གིས་སྦྲང་རྩི་བླངས་ཏེ་ཟེའུ་འབྲུ་ཕོ་མོ་སྦེབ་སྦྱོར་བྱས་པའི་རྐྱེན་མེ་ཏོག་གཞན་དང་སྦེབ་ཚད 20%~30%ཐུབ་པ་རེད། དེའི་ཕྱིར་རྒྱ་སྲན་ནི་རྒྱུན་པར་མེ་ཏོག་ཐ་དད་དབར་ཟེའུ་འབྲུ་ཕོ་མོ་སྦེབ་སྦྱོར་བྱེད་པའི་ལོ་ཏོག་ལ་ངོས་འཛིན་པ་རེད།

རྒྱ་སྲན་སྔོང་ཀང་རེ་རེའི་མེ་ཏོག་བཞད་པའི་གོ་རིམ་ནི་གཤམ་ནས་སྟེང་དུ་སྤེལ་བ་ཡིན། སྔ་དྲོ 8:00ཡས་མས་སུ་མེ་ཏོག་བཞད་དེ་ཕྱི་དྲོ 17:00~18:00སྐབས་སུ་ཁ་ཟུམ་པ་ཡིན། མེ་ཏོག་རྐྱང་པ་ཉིན 1~2ལ་བཞད་པ་དང་སྔོང་ཀང་ཧྲིལ་པོའི་མེ་ཏོག་བཞད་པའི་དུས་ནི་གཟའ་འཁོར 2~3ཡིན། མེ་ཏོག་བཞད་རྗེས་སྐྱི་རྩའི་གོང་རིལ་གྱི་ཆ་སྙོམས་རྩལ་ཞུགས་ཚད 33%ཡས་མས་ཙམ་ཡིན་ཞིང་། མེ་ཏོག་ལྷུང་ཚད་ཅུང་མཐོ་བ་ཡིན།

(ལྔ)གང་བུ།

རྒྱ་སྲན་གྱི་གང་བུ་ནི་ཟླུམ་ལེབ་སྦུག་དབྱིབས་ཡིན་ཞིང་ཚུགས་ཀ་དར

འབུ་དང་མཚུངས། ནང་དུ་ས་བོན་མཁྲིགས་པོ་ཁམ་ནག་གམ་ལྗང་སྐྱ་ཏུ་མདོན་ཞིང་། གང་བུ་ཆེ་ཞིང་རྒྱུགས་པ་ཡིན། རིང་ཚད་ལི་སྨིད 5 ~10དང་ཞིང་ལ་ལི་སྨིད 2 ~3ཡོད། ཤུན་ལྤགས་ལྗང་མདོག་དང་སྤུ་ཆུང་གིས་ཁེབས་ཡོད། ནང་དུ་འཁྱིག་སོབ་དབྱིབས་མདོག་དཀར་པོ་དང་འཕྲེད་བཅད་སྐྱི་ཤ་ཡོད། སྨིན་རྗེས་ཤུན་ལྤགས་ནག་པོར་འགྱུར་བ་ཡིན། སྟོང་ཁང་རྐྱང་པར་གང་བུ 10 ~30འམ་དེ་ལས་མང་བ་ཐོགས་པ་ཡིན། གང་བུ་རེར་སོན་ཏོག 2 ~4ཡོད་པ་དང་ཁུང་ཤས་ལ་སོན་ཏོག 7 ~8ཡོད་ཅིང་། སྒོར་ནར་དབྱིབས། གྲུ་བཞི་ནར་མོའི་དབྱིབས་དང་ཉེ་ལ། དཀྱིལ་ན་ཉག་ཀོང་ཡོད། སོན་ལྤགས་ནི་ཀོ་རྒྱུ་ཡིན་ཞིང་མདོག་ལྗང་ཁུ་དང་ལྗང་སྐྱ་ནས་ཁམ་སྨུག་དང་། སྨུག་པོའམ་ནག་པོ་ཡིན། འབྲས་བུ་སྨིན་སྐབས་སྣལ་སྟེང་གི་མཚམས་ཐིག་བརྒྱུད་དེ་ཁ་གས་པ་ཡིན། སོན་ཏོག་སྟོང་རེའི་ལྗིད་ཚད་ཁེ 900~2 500ཡིན། ས་བོན་གྱི་ལྟེ་བ་སྐྱུད་པའི་དབྱིབས། མདོག་ནག་པོ། ས་བོན་གྱི་སྣེ་གཅིག་ཏུ་གནས་ཤིང་། ས་བོན་དང་སོན་ལྤགས་འབྲེལ་མཐུད་བྱུང་བའི་རྗེས་ཤུལ་ཡིན། ལྟེ་བའི་སྣེ་གཅིག་ནི་འདུས་གནས་ཡིན་པ་དང་སྣེ་གཞན་གཅིག་ནས་ལྗང་རྩ་མཐོང་ཐུབ། དེ་དང་ཆབས་ཅིག་གནས་དེར་ཁུང་བུ་ཆུང་ཆུང་ཞིག་ཡོད་པ་ལ་སྐྱེ་རྩའི་ཁུང་བུ་ཟེར་ཞིང་། སྨྱུ་གུ་འབུས་སྐབས་ལྗང་རྩ་ནི་ཁུང་བུ་དེ་ནས་ཕྱིར་ཐོན་པ་ཡིན། (རི་མོ 2–3དང་རི་མོ 2–4ལ་ལྟོས)

རི་མོ 2–3 རྒྱ་སྲན་གྱི་གང་བུ།

རི་མོ 2–4 རྒྱ་སྲན་གྱི་ས་བོན།

གཉིས། སྐྱེ་འཚར་གྱི་གོམས་གཤིས།

(གཅིག)དྲོད་མཐོ་བའི་ཁྱད་གཤིས།

རྒྱ་སྲན་ནི་དྲོ་ཞིང་བསིལ་ལ་བརླན་གཤེར་གྱི་ནམ་ཟླར་མོས་པ་ཡིན། ས་བོན་གྱི་མྱུ་གུ་འབུས་པར་མཐོ་བའི་ཆེས་དམའ་བའི་དྲོད་ཚད་ནི 1 ~4℃ཡིན་ཞིང་། ཆེས་འཕྲོད་པའི་དྲོད་ཚད་ནི 15℃ཡིན། ལྗང་པས–4 ~–5℃ཡི་གྲང་ངར་བསྲན་ཐུབ། ཡིན་ཡང་དྲོད་ཚད–6 ~–8℃ལ་མར་ཆག་སྐབས་རྒྱུན་པར་འཁྱགས་སྐྱོན་འབྱུང་བ་ཡིན། མེ་ཏོག་བཞད་ནས་གང་བུ་འདོགས་པའི་དུས་སུ 15 ~22℃ ཙུང་འཚམ་པ་ཡིན། གལ་ཏེ་དྲོད་ཚད 26℃ཡན་ལ་བརྒལ་སྐབས་སྐྱེ་འཚར་ལ་གནོད་པ་ཡིན།

(གཉིས)ཉི་འོད་མཐོ་བའི་ཁྱད་གཤིས།

རྒྱ་སྲན་ནི་ཉི་འོད་ཡུན་རིང་དུ་ཐོག་དགོས་པའི་ལོ་ཏོག་ཡིན། ཉི་འོད…

ཕོག་པ་འདང་ཚེ་མེ་ཏོག་བཞད་ནས་གང་བུ་འདོགས་པའི་གྲངས་ཀ་ཇེ་མང་དུ་གཏོང་ཐུབ། སྤྱིར་བཏང་འབྲི་སྨིན་ས་བོན་ནི་ཉི་འོད་ཕོག་པའི་རིང་ཐུང་ལ་ཚོར་བ་སྐྱེན་པོ་ཡོད་ལ། ཐུ་སྨིན་ས་བོན་ནི་ཚོར་བ་ཞན་པ་ཡིན།

(གསུམ)ཆུ་མཁོ་བའི་བྱེད་གཤིས།

རྒྱ་སྲན་ནི་བསྟན་གཤེར་ལ་དགའ་བའི་ལོ་ཏོག་ལ་གཏོགས་པ་ཡིན། སྤྱིར་བཏང་དེའི་ཆུ་མཁོ་བའི་མཐོ་རྩེའི་དུས་ནི་ས་བོན་ལ་སྨྱུ་གུ་འབུས་པའི་དུས་དང་མེ་ཏོག་བཞད་ནས་གང་བུ་འདོགས་པའི་དུས་ཡིན། ས་བོན་ནང་དུ་སྤྲི་དཀར་རྫས་དང་ཞག་ཚིལ་ཕུན་སུམ་ཚོགས་པོ་འདུས་ཤིང་། སྨྱུ་གུ་འབུས་པའི་བརྒྱུད་རིམ་ཁྲོད་དུ་སྐྱེ་དངོས་རྩབས་རིགས་ཀྱི་འགྱུལ་སྐྱོད་ལ་བརྟེན་ནས་ཞུ་དཀའི་རང་བཞིན་གྱི་དངོས་རྫས་ཆུ་འབྱེད་བྱས་ཏེ་ཞུ་ཐུབ་རང་བཞིན་གྱི་དངོས་རྫས་ལ་བསྒྱུར་དགོས་པར་བརྟེན། བསྟན་གཤེར་འཐོར་ཆེན་བསྡུ་ལེན་བྱེད་དགོས་པ་རེད། མེ་ཏོག་བཞད་དེ་གང་བུ་འདོགས་པའི་དུས་ནི་ཏག་ཏག་འཚོ་བཅུད་སྐྱེ་འཚར་དང་སྐྱེ་འཕེལ་འཚར་ལོངས་རབ་ཏུ་དར་བའི་དུས་རིམ་ཡིན་པ་མ་ཟད། དངོས་རྫས་སྐམ་པོ་འཐོར་ཆེན་གསོག་འཇོག་བྱེད་པ་ཡིན། དེའི་ཕྱིར་བསྟན་གཤེར་འཐོར་ཆེན་དགོས་པ་རེད།

(བཞི)ལུད་མཁོ་བའི་བྱེད་གཤིས།

རྒྱ་སྲན་དེ་དུས་སྟོད་དུ་རྩད་རྫོག་ཕྲ་སྲིན་ད་དུང་འཐོར་ཆེན་གྱིས་རྒྱུད་འཕེལ་བྱས་མེད་པ་དང་ཏན་འཛགས་མགོ་རྩོམ་པའི་དུས་སུ། ཏན་རྒྱུ་འཚོ་བཅུད་ཉུང་ཙམ་ལས་མི་དགོས་མོད། ལིན་དང་ཏྭ། ཀལ། བོན་སོགས་གཞི་རྒྱུ་ནི་ཁ་ཚ་དགོས་གཏུག་གིས་མཁོ་སྤྲོད་བྱེད་དགོས་པ་ཡིན། དེར་བརྟེན"ལིན་ཞེན་ལོ་ཏོག"ཅེས་པའི་མིང་དང་ལྡན་པ་ཡིན།

(ལྔ)རྩད་རྫོག་ཕྲ་སྲིན་དང་མཉམ་འཚོ་བྱེད་པའི་བྱེད་གཤིས།

རྒྱ་སྲན་གྱིས་དེའི་འོད་སྦྱོར་ནུས་པ་ལས་བྱུང་བའི་ཐྣན་ཆུ་འདྲེས་སྦྱོར་རྫས་དང་དངོས་རྫས་གཞན་དག་རྩད་རྫོག་ཕྲ་སྲིན་གྱི་འཚོ་བཅུད་དུ་མཁོ་སྤྲོད་བྱེད་པ་དང་། རྩད་རྫོག་ཕྲ་སྲིན་གྱིས་ཏན་འཛགས་མཁའ་རླུང་ཁྲོད་ཀྱི་འབྲུམས་གྱིས་ཏན་བཀག་སྐྱིལ་བྱེད་པ་མ་ཟད། འབྲུམས་གྱིས་ཏན་དེ་བེད་སྤྱོད་ཐུབ་པའི་རྣམ་པར་བསྒྱུར་ཏེ་རྒྱ་སྲན་ལ་ཏན་རྒྱུ་འཚོ་བཅུད་དུ་མཁོ་སྤྲོད་བྱེད་པ་ཡིན། ལྡང་པའི་དུས་ནས་མགོ་བརྩམས་ཏེ། མེ་ཏོག་བཞད་དེ་གང་བུ་འདོགས་པའི་སྐབས་ལ་མཐོ་རྩེར་སོན་ཡོད། སྤྱིར་བཏང་རྒྱ་སྲན་གྱི་སྨྱུ་གུ་འབུས་ནས་ཉིན 15ཡས་མས་སུ། རྩད་རྫོག་ཕྲ་སྲིན་ད་གཟོད་རྩད་སྤུ་བརྒྱུད་ནས་རྩ་བར་འཛུལ་ཏེ་མགྱོགས་མྱུར་སྐྱེ་འཕེལ་བྱེད་པ་ཡིན།

གསུམ། སྐྱེ་འཚར་འཚར་ལོངས།

(གཅིག)ས་བོན་འབུས་པ་དང་སྨྱུ་གུ་ཐོན་པ།

རྒྱ་སྲན་གྱི་ས་བོན་ནི་སྐྱེ་རྩ་དང་སོན་ཤུགས་ལས་གྲུབ་པ་ཡིན། ས་བོན་བཏབ་རྗེས་ས་རྒྱུ་ཁྲོད་ཀྱི་བརླན་གཤེར་བསྡུ་ལེན་བྱེད་པ་ཡིན། འོས་ཤིང་འཚམ་པའི་ཕྱི་རོལ་གྱི་ཆ་རྐྱེན་འོག་ཏུ་སྐྱེ་རྩས་སོན་ཤུགས་བརྟོལ་ཏེ་སྐྱེ་འཚར་བྱུང་ནས་རྩ་བར་གྲུབ་པ་ཡིན། རྩ་བ་སྐྱེས་ཏེ་ས་བོན་གྱི་རིང་ཐུང་དང་མཉམ་པའི་སྐབས་སུ་སྨྱུ་གུ་འབུས་ཟེར་བ་ཡིན། རྒྱ་སྲན་གྱི་སྨྱུ་གུ་འབུས་སྐབས་རང་གི་ལྗིད་ཚད་ཀྱི་150%ཡི་བརླན་གཤེར་བསྡུ་ལེན་བྱེད་ཐུབ་པ་ཡིན། སྐྱེ་རྩ་མྱུ་མཐུད་སྐྱེ་འཚར་བྱུང་སྟེ་འོག་ཕྱོགས་སུ་ལྡང་པའི་རྩད་པ་གྲུབ་པ་ཡིན། དེར་མཐུད་ནས་སྐྱེ་རྩའི་རྐང་སྐྱེས་པ་དང་། སྨྱུ་གུ་ས་ཁར་བུད་དེ་ལོ་མ་གཉིས་རྐྱོང་བར་བྱེད། དེར"སྨྱུ་གུ་ཐོན་པ"ཟེར། ཞིང་ཁ་ཡོངས་སུ་ལོ་མ 50%འབུས་པ་ན་སྨྱུ་གུ་ཐོན་པའི་དུས་ཟེར་བ་ཡིན། རྒྱ་སྲན་ནི་ས་བོན་བཏབ་པ་ནས་སྨྱུ་གུ་ཐོན་པར་ཉིན 20ཡན་དགོས་པ་ཡིན། ས་ཁར་བརྟོལ་རྗེས་ཀྱི་ལོ་མ་ནི་མདོག་སེར་པོ་ནས་ལྡང་ཁུ་རུ

འགྱུར་ཞིང་འོད་སྦྱོར་ནུས་པ་སྤེལ་འགོ་རྩོམ་པར་བྱེད།

(གཉིས)སྨུ་གུའི་དུས།

སྨུ་གུ་ཐོན་པའི་དུས་ནས་སྡོང་ལག་གྱེས་པའི་བར་ནི་སྨུ་གུའི་དུས་ཡིན། སྨུ་གུའི་དུས་ཀྱི་སྡོང་རྐང་རིམ་བཞིན་སྐྱེས་ཏེ་མང་གྱེས་ལོ་མ་གྲུབ་པ་ཡིན་ལ། རྩ་བ་མགྱོགས་སྨྱུར་སྐྱེས་པ་མ་ཟད་རྩད་པ་སྐྱེ་འཚར་འཕྲུང་བའི་སྨྱུར་ཚད་ནི་ས་ཁའི་ཁག་ལས་མགྱོགས་པ་ཡིན། ལོ་མའི་མཆན་ཁུང་ནས་མཆན་སྨུག་གྱེས་འགོ་རྩོམ་པ་མ་ཟད་སྡོང་ལག་གི་སྨུ་གུ་དང་མེ་ཏོག་གི་སྨུ་གུ་གྲུབ་པ་ཡིན། མཆན་སྐྱེས་སྨུ་གུ་ཁ་གྱེས་པའི་སྟོབས་ཤུགས་ཀྱི་དྲག་ཞན་ནི་སྨུ་གུའི་སྐྱེ་འཚར་སྟོབས་ཤུགས་ལ་འབྲེལ་བ་ཡོད། ཕྱི་དུས་ཀྱི་འཚོ་བཅུད་ལྟེ་བ་ནི་རྩ་བ་ཟུག་པའི་ནང་དུ་ཡོད། སྐྱེ་རྐེན་ལོ་མ་ནང་གི་འཚོ་བཅུད་དངོས་རྫས་དང་། བསྐྱུ་ལེན་དང་གསར་སྐྲུན་བྱས་པའི་འཚོ་བཅུད་དངོས་རྫས་དག་གཙོ་བོར་རྩད་པའི་སྐྱེ་འཚར་ལ་བགོ་བཤའ་བྱེད་པ་ཡིན། རྩད་རྫོག་ཕྲ་ཕྲིན་ནི་འདིའི་སྐབས་སུ་རིམ་གྱིས་གྲུབ་བཞིན་ཡོད་ནའང་ད་རུང་ནུས་ལྡན་གྱི་སྒོ་ནས་ཏན་འཛུགས་ནུས་པ་འདོན་མི་ཐུབ་ལ། རྩད་པའི་མ་ལག་གི་བསྐྱུ་ལེན་ནུས་པའང་དྲག་པོ་མིན། དེའི་ཕྱིར། སྨུ་གུའི་དུས་སུ་ལུད་དང་ཆུ། མཁའ་རླུང་། དྲོད་ཚད་སོགས་ནས་འགོ་བཙུགས་ཏེ་སྨུ་གུའི་དུས་ཀྱི་དོ་དམ་ལ་ཤུགས་བསྣན་ནས་རྒྱ་སྲན་གྱི་རྒྱུན་ལྡན་སྐྱེ་འཚར་འཚར་ལོངས་ལ་སྐྱུལ་འདེད་བྱས་ཏེ། རྫས་ཀྱི་མེ་ཏོག་མང་དུ་བཞད་པ་དང་གང་བུ་ལ་ཁག་ཐེག་ཡོང་བར་རྨང་གཞི་ལེགས་པོ་འདིང་དགོས།

(གསུམ)ཐེའུ་ལ་མེ་ཏོག་བཞད་པའི་དུས།

ཡལ་ག་གྱེས་འགོ་ཚུགས་པ་ནས་མེ་ཏོག་བཞད་པའི་བར་ལ་ཐེའུ་ལ་མེ་ཏོག་བཞད་པའི་དུས་ཟེར། རྒྱ་སྲན་ནི་ཡལ་ག་འབུས་འགོ་ཚུགས་པ་ནས་མེ་ཏོག་གི་ཐེའུ་གྲུབ་ཟིན་པ་ཡིན། དེ་དུས་སྡོང་རྐང་རབ་ཏུ་རྒྱས་པའི་འགོ་ཚུགས་ཏེ།

ཕྱོགས་གཅིག་ནས་སྟོང་ལག་གྲུབ་པ་དང་། མེ་ཏོག་གི་སྦུ་གུ་མཇུག་སྦུར་ཁ་གྱེས་པ་དང་སྦུ་མཐུད་རྩ་བ་ཟུག་པ་ཡིན། ཕྱོགས་གཞན་ཞིག་ནས་སྟོང་ཁང་ལ་གསོ་བཅུད་གསོགས་ཏེ་དུས་རིམ་རྗེས་མའི་མེ་ལྷར་འབར་བའི་སྐྱེ་འཚར་ལ་དངོས་རྫས་ཀྱི་ཆ་རྐྱེན་གྲ་སྒྲིག་བྱེད་པ་ཡིན། འདིའི་སྐབས་འཚོ་བཅུད་སྐྱེ་འཚར་དང་སྐྱེ་འཕེལ་འཚར་ལོངས་དུས་མཉམ་དུ་འབྱུང་བ་ཡིན་མོད། འོན་ཀྱང་སྔར་བཞིན་འཚོ་བཅུད་སྐྱེ་འཚར་གཙོ་བོ་ཡིན་ལ། དེའི་མཚུངས་སུ་འཚོ་བཅུད་སྐྱེ་འཚར་དང་སྐྱེ་འཕེལ་འཚར་ལོངས་མཐུན་སྒྲོར་ཡོང་མིན་གྱི་གནད་འགག་གི་དུས་སྐབས་ཀྱང་ཡིན་པ་རེད། འདིའི་སྐབས་ཀྱི་འཚོ་བཅུད་དངོས་རྫས་ནི་གཙོ་བོར་གཅིག་བསྡུས་ཀྱིས་གཞུང་ཁང་གི་སྐྱེ་འཚར་གནས་དང་སྟོང་ལག་གི་སྦུ་གུར་མཁོ་འདོན་བྱེད་པ་ཡིན། འདིའི་སྐབས་སུ། རྩད་རྟོག་ཕྲ་ཞིབ་ཀྱི་ཏན་འཇགས་ནུས་པ་སྦུ་གུའི་དུས་ལས་ཙུང་ཆེར་རྒྱས་ཡོད། སྤྱིར་བཏང་གི་ས་རྒྱུའི་གཤིན་ཚད་ཀྱི་ཆ་རྐྱེན་འོག ཏན་རྒྱུ་ཡི་དགོས་མཁོ་ནི་ཚད་ངེས་ཅན་ཞིག་གི་སྟེང་ནས་རྩད་རྟོག་ཕྲ་ཞིབ་ཀྱི་བྱེད་ནུས་ལ་བརྟེན་ནས་སྐོང་བ་ཡིན། དེའི་ཕྱིར་འོས་འཚམ་གྱིས་ལེན་དང་ཙྲ་ཡི་གཞི་རྒྱུ་རྒྱག་པ་ལ་བརྟེན་ནས་སྐྱེ་འཚར་འཚར་ལོངས་དོ་མཉམ་སྙོམ་སྒྲིག་བྱེད་པར་དོ་སྣང་བྱེད་དགོས།

བཞི། མེ་ཏོག་བཞད་པ་དང་གང་བུ་འདོགས་པ།

རྒྱ་སྲན་གྱི་སྟོང་ཁང་སྐྱེ་འཚར་འཚར་ལོངས་བྱུང་སྟེ་ཚད་ངེས་ཅན་ཞིག་ཏུ་བསླེབས་སྐབས་མེ་ཏོག་བཞད་འགོ་ཚུགས་ཤིང་། ཞིང་ཁ་ཧྲིལ་པོར་མེ་ཏོག་བཞད་པའི་ཁང་གྲངས 10%ཡི་སྐབས་ནི་མེ་ཏོག་ཐོག་མ་བཞད་པའི་དུས་དང་། 50%ལ་བསླེབས་སྐབས་ནི་མེ་ཏོག་བཞད་པའི་དུས། མེ་ཏོག་ཡོད་ཚད་ལས་བཞད་ཟིན་པའི་ཁང་གྲངས 90%ལ་བསླེབས་སྐབས་ནི་མེ་ཏོག་གི་དུས་མཇུག་སྒྲིལ་བའི་དུས་ཡིན། རྒྱ་སྲན་ནི་སྦུ་གུ་ཐོན་པ་ནས་མེ་ཏོག་བཞད་པར་ཉིན 50~

60དགོས་པ་ཡིན། མེ་ཏོག་བཀོད་རྗེས་སྐྱུམ་སྣོད་རེམ་བཞིན་ཆེར་སྦྲོས་ཏེ་མཉེན་ཞིང་ཆུང་བའི་ལྷང་མདོག་གི་སྨན་གང་གྲུབ་པ་ན་གང་བུ་འདོགས་པའི་དུས་ཟེར་བ་ཡིན།

མེ་ཏོག་བཞད་དེ་གང་བུ་འདོགས་པའི་དུས་ནི་རྒྱ་སྨན་གྱི་འཚོ་བཅུད་སྐྱེ་འཚར་དང་སྐྱེ་འཕེལ་འཚར་ལོངས་མཉམ་དུ་འབྱུང་བའི་དུས་ཡིན་ཏེ། ཕྱོགས་གཅིག་ནས་སྟོང་རྐང་གི་འཚོ་བཅུད་སྐྱེ་འཚར་རབ་ཏུ་རྒྱས་བཞིན་ཡོད་ཅིང་། སྟོང་རྐང་སྐྱེ་འཚར་གྱི་མྱུར་ཚད་ནི་མེ་ཏོག་བཞད་པའི་དུས་སུ་ཆེས་མགྱོགས་པ་ཡིན་ལ། ལོ་མའི་རྒྱ་ཁྱོན་གྱི་བརྟགས་གྲངས་ཀྱང་ཡར་འཕར་ནས་ཆེས་མཐོའི་རྩེ་མོར་བསླེབས་ཡོད། ཕྱོགས་གཞན་ཞིག་ནས་མེ་ཏོག་གི་མྱུ་གུ་བར་མ་ཆད་པར་འབྱུང་བ་དང་འཚར་སྐྱེ་བྱུང་ཞིང་། ས་མཐུད་མེ་ཏོག་བཞད་ཅིང་ཟེའུ་རྡུལ་ཞུགས་ཏེ་གང་བུ་དང་འབྲུ་རྡོག་ཏུ་གྲུབ། མེ་ཏོག་རབ་ཏུ་བཞད་པའི་དུས་ལ་བསླེབས་སྐབས་རྩ་ལག་གི་འགྲུལ་སྐྱོད་མཐོ་རྩེར་བསླེབས་ཤིང་། འཚོ་བཅུད་སྐྱེ་འཚར་གྱི་མྱུར་ཚད་ནི་གང་བུ་འདོགས་པའི་དུས་སྨད་དུ་བསླེབས་སྐབས་ཛེ་དལ་དུ་འགྲོ་བ་མ་ཟད་རིམ་གྱིས་མཚམས་འཇོག་པ་ཡིན།

མེ་ཏོག་བཞད་པའི་དུས་ཀྱི་ལོ་མ་རིམ་པ་སོ་སོའི་འོད་སྦྱོར་ཐོན་དངོས་བགོ་འདྲེན་བྱེད་ཚུལ་ཏེ། དེའི་བྱེ་བྲག་གི་གནས་ཚུལ་ནི་སྟོང་རྐང་གི་སྨད་ཆའི་ལོ་མའི་འོད་སྦྱོར་ཐོན་དངོས་ནི་མང་ཆེ་བ་ལོ་མ་རང་ཉིད་ནང་བསྐྱུར་བ་དང་། ཁག་ཅིག་རང་ལོ་མའི་མཆན་ཁུང་གི་མེ་ཏོག་ནང་འདྲེན་པར་བྱེད་ལ། ཤིན་ཏུ་ཉུང་ཤས་ཤིག་རྩ་ལག་དང་རྩད་རྡོག་ལྷ་བ་ལ་མཁོ་སྤྲོད་བྱེད་པ་ཡིན། སྟོང་རྐང་དཀྱིལ་གྱི་ལོ་མའི་འོད་སྦྱོར་ཐོན་དངོས་ནི་མང་ཅམ་ཞིག་ལོ་མ་དེའི་མཆན་ཁུང་གི་མེ་ཏོག་གི་ཐེའུ་ལ་མཁོ་སྤྲོད་བྱེད་པ་དང་། ཁག་ཅིག་སྟོང་རྐང་གི་སྨད་ཆའི་མེ་ཏོག་ཁ་ཤས་ལ་མཁོ་སྤྲོད་བྱེད་པ་ཡིན། སྟོང་རྐང་གི་སྟོད་ཆའི་ལོ་མའི་འོད་སྦྱོར་

ཐོན་དངོས་ནི་ཕོ་མ་དེ་གའི་མཚན་ཁུང་གི་མེ་ཏོག་ལ་མཕོ་སྤྲོད་བྱེད་པ་ལས་གཞན། འཕོར་ཆེན་ཞིག་སྡོང་རྐང་གི་སྐྱེ་འཚར་གནས་ལ་མཕོ་སྤྲོད་བྱེད་པ་ཡིན། དེའི་ཕྱིར། མེ་ཏོག་རབ་ཏུ་བཞད་པའི་རྗེས་ལ་རྩེ་མོ་བྲེགས་ཆོག མེ་ཏོག་གི་གང་བུ་ལྷུང་བ་ཇེ་ཉུང་དུ་གཏོང་བ་དང་ཉལ་བ་འགོག་ཐུབ་པ་ཡིན།

ལྔ། འབྲུ་ཐོག་ཆེར་སྐྱེད་དང་སྨིན་པ།

རྒྱ་སྲན་ལ་གང་བུ་ཐོགས་རྗེས་སྲན་ཐོག་ཆེ་རུ་བསྐྱེད་འགོ་ཚུགས་ཏེ་སྲན་ཐོག་ཆེས་ཆེ་བའི་ཕོངས་ཚད་དང་ལྗིད་ཚད་ལ་བསླེབས་སྐབས་ནི་འབྲུ་ཐོག་ཆེར་སྐྱེད་ཀྱི་དུས་ཡིན། སྐབས་འདིར་འཚོ་བཅུད་སྐྱེ་འཚར་རིམ་གྱིས་མཚམས་འཛོག་པ་དང་། སྐྱེ་འཕེལ་འཚར་སྐྱེ་ནི་གོ་གནས་དང་ཕོར་གནས་ཤིང་འོད་སྦྱོར་ཐོན་དངོས་སྲན་གང་དང་འབྲུ་ཐོག་གི་ཕྱོགས་སུ་སྤྲོར་བར་བྱེད་པ་ཡིན། མེ་ཏོག་བཞད་དེ་གང་བུ་ཐོགས་རྗེས་ཀྱི་ཉིན 40 ~50སྐབས་ས་བོན་ལ་སྦྱ་གུ་འབུས་པའི་ནུས་པ་ལྡན་པ་ཡིན། འདིའི་སྐབས་སྡོང་རྐང་རང་ཉིད་རིམ་བཞིན་རྐས་ཤིང་། རྩ་ལག་ཤི་བར་འགྱུར་བ། ལོ་མ་སེར་པོར་གྱུར་ཏེ་ལྷུང་བ་དང་། ས་བོན་ལ་ཆུ་ཟད་དེ་སྐམ་པ། ལྗང་མདོག་ནས་ས་བོན་རིགས་འདིའི་མ་གཞི་ནས་ཡོད་པའི་འབྲུ་ཐོག་གི་ཁ་དོག་དང་འབྲུ་ཐོག་གི་ཆེ་ཆུང་དུ་འགྱུར་བ་མ་ཟད། གང་བུའི་ཤུན་པ་ལྷུང་ཞིང་། སྡོང་རྐང་བསྐུལ་བའི་ཚེ་ན་གང་བུའི་ནང་དུ་སྒྲ་ཕྲན་བུ་འབྱུང་བ་སྟེ། འདི་ནི་སྨིན་པའི་དུས་སྐབས་ཡིན་པ་རེད།

ས་བཅད་བཞི་པ། རྒྱ་སྲན་གྱི་འདེབས་གསོ་བྱེད་པའི་ས་བོན་གཙོ་བོ།

མཚོ་སྔོན་ཞིང་ཆེན་ཞིང་ནགས་ཚན་རིག་གླིང་ནི་རང་རྒྱལ་དུ་ཡུན་རིང་

དཔྱིད་གཤིས་ཅན་གྱི་རྒྱ་སྲན་སོན་གསོ་ལེགས་བཅོས་ཞིབ་འཇུག་གི་ལས་དོན་གཉེར་བའི་ཚན་རིག་ཞིབ་འཇུག་གི་ལས་ཁུངས་ཡིན་ཞིང་། གསོ་སྐྱོང་བྱས་པའི་ས་བོན་དེ་རྒྱལ་ནང་གི་དཔྱིད་གཤིས་ཅན་གྱི་རྒྱ་སྲན་འདེབས་ཁུལ་དུ་ཁྱབ་རྒྱ་ཆེན་པོས་འདེབས་འཛུགས་བྱེད་པ་ཡིན། དཔེར་ན་མཚོ་སྔོན་རིམ་རྒྱུད་ཀྱི་རྒྱ་སྲན་ནི་མཚོ་སྔོན་དང་ཉིང་ཞ། བོད་ལྗོངས་སོགས་ཞིང་ལྗོངས་དང་ཀན་སུའུ་ཞིང་ཆེན་གྱི་ས་ཁུལ་ཁག་ཅིག་གི་འདེབས་གསོའི་ས་བོན་གཙོ་བོ་ཡིན། གཙོ་བོར་ཁྱབ་གདལ་བྱེད་པའི་ས་བོན་ལ་མཚོ་སྔོན་ཨང་3པ་དང་མཚོ་སྔོན་ཨང་9པ། མཚོ་སྔོན་ཨང་10པ། མཚོ་སྔོན་ཨང་11པ། མཚོ་སྔོན་ཨང་12པ། མཚོ་སྔོན་ཨང་13པ། མཚོ་སྔོན་ཨང་14པ། རྟ་སོ་རྟགས་ཅན་གྱི་རྒྱ་སྲན་སོགས་ཡོད། དེའི་ནང་མཚོ་སྔོན་ཨང་3པར་རྒྱལ་ཡོངས་ཞིང་ལས་དངོས་མང་བཤམས་ཚོགས་སྟེང་གསེར་གྱི་རྟགས་མ་ཐོབ་པ་རེད།

གཅིག　མཚོ་སྔོན་ཨང་3པ།

(གཅིག)ཁྱད་རྟགས་ཁྱད་གཤིས།

སྡོང་རྐང་གི་མཐོ་ཚད་ལི་སྨིད་145ཡོད། ཡལ་ག་རྒྱས་ཤུགས་དྲག་པོ་ལྡན། ཡིན་ནའང་སྡོང་ལག་ཐར་ཐོར་ཡིན་པས་གང་བུ་ཐོགས་པ་གཅིག་འདུས་མིན། ལོ་མ་ཆེ་ཞིང་གང་བུ་ཆེ་ལ་འབྲུ་རྡོག་ཉུང་མང་། སྡོང་རྐང་རྐྱང་པར་གང་བུ་11~13ཐོགས་ཤིང་ཆ་སྙོམས་གང་བུ་རེར་འབྲུ་རྡོག་2རེ་ཡོད། འབྲུ་རྡོག་མདོག་དཀར་ཞིང་འོད་མདངས་ལྡན་ལ། མཐུག་ཚད་འབྲིང་ཅན་ཡིན། སྤྱི་དཀར་རྫས་ཀྱི་འདུས་ཚད་24.8%དང་། སེང་སྤྱིའི་འདུས་ཚད་47.6%ཡིན། ཞག་ཚིལ་གྱི་འདུས་ཚད་1.25%ཡིན། འབྲུ་རྡོག་བརྒྱ་རེའི་ལྗིད་ཚད་ཁེ150ཡིན་ཞིང་། ཆེས་མཐོ་བ་ཁེ175ཡོད། ཡོངས་སུ་སྨིན་འཚར་བྱུང་བའི་དུས་ཡུན་ཉིན150ཡས་མས་ཡིན།

(གཉིས)ཐོན་སྐྱེད་ནུས་པ་དང་འཚམ་པའི་ས་ཁུལ།

བར་སླིན་གྱི་ས་བོན་ཡིན་ལ་ཆུ་དང་ལུད་བསྟུན་པའི་ནུས་པ་ཆུང་ཆེ། ས་ཆུའི་གཤིན་ཚད་འཁྱིང་ཡན་གྱི་ས་ཆུའི་འདེབས་གསོའི་ཐོན་ཚད་མངོན་གསལ་གྱིས་མཐོར་འདེགས་འབྱུང་ཐུབ། འཚར་སྐྱེའི་དུས་སྟོད་ཀྱི་ལོ་མར་སྲིན་ནད་ཁམ་པ་འགོ་སླ། བར་དང་དུས་སྨད་དུ་སྲིན་ནད་དམར་ཁྲ་ཆུང་ཞྭ་བ་ཡིན་ལ། བཙའ་ནད་འགོ་བ་ཕྲན་ཙམ་ཡིན། ས་བོན་འདིའི་གྲང་ངར་ཐུབ་པའི་ནུས་པ་ཆུང་དྲག་པོ་ཡིན་ཞིང་། ལུང་གཞུང་དང་ཆུང་སྐམ་ཞིང་འཁྱག་པའི་རི་མ་ས་ཁུལ་དུ་འདེབས་འཛུགས་བྱེད་པར་འཚམ།

གཉིས། མཆོ་སྨོན་ཨང 9པ།

(གཅིག)ཁྱད་རྟགས་ཁྱད་གཤིས།

ལྷང་པ་དྲང་མོར་ལངས་པ་ཡིན། སྡོང་རྐང་གི་མཐོ་ཚད་ལ་ལི་སྨིད 140 ~ 150ཡོད། སྡོང་རྐང་གི་རྣམ་པ་ཚགས་དམ་པོ་ཡིན། སྡོང་རྐང་མཐོ་ཞིང་ལོ་མ་སྟུག་པ། སྡོང་རྐང་རྒྱུང་པའི་ཡལ་ག་རྒྱས་ཤུགས་དྲག་པོ་ལྡན་ཞིང་། ནུས་ལྡན་ཡལ་ག 3.5ཡོད་པ་དང་སྡོང་རྐང་རྒྱུང་པའི་གང་བུ 18ཡོད། འབྲུ་རྡོག་གི་མདོག་དཀར་པོ་འོད་མདངས་ལྡན་པ་ཡིན། འབྲུ་རྡོག་བརྒྱ་རེའི་ལྗིད་ཚད་ཁེ 170.2 ~ 176.1དང་ཆེས་མཐོ་བ་ཁེ 230ཡོད་ལ། འབྲུ་རྡོག་ཆེ་ཞིང་རྒྱུ་ཕྱུས་བཟང་བ་ཡིན། འབྲུ་རྡོག་གི་ སྤྲི་དཀར་རྫས་ཀྱི་འདུས་ཚད 25.63%དང་། སེང་ཕྱེའི་འདུས་ཚད 41.8 ཞག་ཚིལ་གྱི་འདུས་ཚད 1.4%ཡིན། སྐྱེ་འཚར་དུས་ཡུན་ཉིན 130~135 ཡིན།

(གཉིས)འདེབས་གསོའི་ལག་རྩལ་གྱི་གནད་འགག

ཟླ 3པའི་ཟླ་དཀྱིལ་ནས་ཟླ 4པའི་ཟླ་སྟོད་དུ་འདེབས་པ་ཡིན་ཞིང་། མུའུ་རེའི་འདེབས་ཚད་སྟོང་ཁེ 19~21ཡིན། ཕྲེང་བར་མཉམ་པོའམ་ཕྲེང་བར་ཡངས་

དོག་ཅན་གྱི་རོལ་འདེབས་བྱེད་པ་ཡིན། ཕྲེང་བར་མཉམ་པ་ཅན་གྱི་བར་ཐག་ནི་ལི་སྨིད་ 40~45དང་། ཕྲེང་བར་ཡངས་དོག་ཅན་གྱི་བར་ཐག་ནི་ལི་སྨིད་ 30×50 ཡིན། མུའུ་རེའི་སྤུ་གུའི་ཁག་ཐེག་ཚད་ཁང་ཁྲི་ 1ཡིན། མེ་ཏོག་བཞད་ནས་རིམ་པ་ 10~12ལ་བསླེབས་སྐབས་ལྟེ་བཏོག་རྩེ་གཅོད་བྱེད་དགོས།

(གསུམ)ཐོན་སྐྱེད་ནུས་པ་དང་འཚམ་པའི་ས་ཁུལ།

མཐོ་ཐོན་དང་འབྲུ་རྫོགས་ཆེ་བ། བར་དང་འཕྱི་སྨིན་གྱི་ས་བོན་ལ་གཏོགས་པ་ཡིན། རྒྱ་ཁྱོན་ཆེན་པོས་འདེབས་འཛུགས་བྱེད་པའི་ཆ་སྙོམས་མུའུ་རེའི་ཐོན་ཚད་སྟོང་ཁེ་ 350~400ཡིན། སྐྱེ་འཚར་གྱི་དུས་སུ་ཐན་སྐམ་དང་གྲང་ངར་ཆུང་བསྲན་ཐུབ་པ་དང་ནད་ཀྱི་གནོད་པ་འགོ་བ་ཡང་མོ་ཡིན། སྲིན་ནད་ཁམ་པ་དང་སྲིན་ནད་འཁོར་རིས་ཅན་འགོག་པའི་ནུས་པ་འབྲིང་ཙམ་ལྡན། བཙའ་ནད་དང་སྲིན་ནད་དམར་ཁྲ་འགོག་པའི་ནུས་པ་མཐོ། ལོའི་ཆ་སྙོམས་དྲོད་ཚད་ 2.7~7.0℃ གི་དཔྱིད་གཤིས་ཅན་གྱི་རྒྱ་སྲན་འདེབས་ཁུལ་དུ་འདེབས་འཛུགས་བྱས་ན་འཚམ་པ་དང་། མཚོ་སྔོན་ཞིང་ཆེན་དུ་མཚོ་ངོས་ལས་མཐོ་ཚད་སྨིད་ 2000~2600ཡི་ལུང་གཞུང་ས་ཁུལ་དུ་འདེབས་འཛུགས་བྱེད་པར་འཚམ་པ་ཡིན།

གསུམ། མཚོ་སྔོན་ཡང་ 10པ།

(གཅིག)ཁྱད་རྟགས་ཁྱད་གཤིས།

དཔྱིད་གཤིས་ཅན་གྱི་ས་བོན་ཡིན། སྡོང་རྐང་གི་མཐོ་ཚད་ལི་སྨིད་ 140~145ཡོད། སྡོང་རྐང་གི་རྣམ་པ་ཚགས་དམ་པོ་ཡིན། སྡོང་རྐང་རྐྱང་པར་ཡལ་ག 3~4ཡོད། སྡོང་རྐང་རྐྱང་པར་གང་བུ 10~15ཡོད་པ་དང་། གང་བུ་རེར་འབྲུ་རྫོག 2~3ཡོད་ཅིང་འབྲུ་རྫོག་དཀར་ལ་འོད་མདངས་ལྡན་པ་ཡིན། འབྲུ་རྫོག་བརྒྱ་རེའི་ལྗིད་ཚད་ཁེ 168.7~170.1ཡོད། འབྲུ་རྫོག་གི་སྨྲི་དཀར་རྫས་རྩིང་པོ་འདུས་ཚད 27.5%དང་སིང་སྦྱི་འདུས་ཚད 49.6% ཞག་ཚིལ་རྩིང་པོ་འདུས་

ཚད 1.53% ཆོ་སྣ་རྩིང་པོ་འདུས་ཚད 6.2%ཡིན། སྐྱེ་འཚར་དུས་ཡུན་ཉིན 120~130ཡིན།

(གཉིས)འདེབས་གསོའི་ལག་རྩལ་གྱི་གནད་འགག

ཟླ 3པའི་ཟླ་སྨད་ནས་ཟླ 4པའི་ཟླ་དཀྱིལ་དུ་འདེབས་པ་ཡིན། མུའུ་རེའི་འདེབས་ཚད་སྟོང་ཁེ 34~37.5ཡིན། ཟབ་ཚད་ལི་སྨིད 8~10ཡིན། ཕྲེང་བར་མཉམ་པ་ལ་བར་ཐག་ལི་སྨིད 30ཡིན། ཕྲེང་བར་ཡངས་དོག་ཅན་ལྟར་འདེབས་ན་ཡངས་པའི་ཕྲེང་བར་ལ་ལི་སྨིད 35~40དང་། དོག་པའི་ཕྲེང་བར་ལ་ལི་སྨིད 25~30ཡིན་ལ། དོག་པའི་ཕྲེང་སྐར 4~6ལ་ཡངས་པའི་ཕྲེང་སྐར 1ཡིན། གཞི་རྩའི་སྙིང་ལྡང་པ་ཁག་ཐེག་བྱེད་ཚད(ཀང་ཁྲི 1.7 ~1.9/མུའུ)ཡིན། མེ་ཏོག་བཞད་ནས་རིམ་པ 10~12ལ་བསླེབས་སྐབས་ལྡེ་བཏོག་རྩེ་གཙོད་བྱེད་དགོས།

(གསུམ)ཐོན་སྐྱེད་ནུས་པ་དང་འཚམ་པའི་ས་ཁུལ།

རྒྱ་ཁྱོན་ཆེན་པོས་འདེབས་འཛུགས་བྱེད་པའི་ཆ་སྙོམས་མུའུ་རེའི་ཐོན་ཚད་སྟོང་ཁེ 250 ~350ཡིན། མཚོ་སྔོན་ཞིང་ཆེན་གྱི་མཚོ་ངོས་ལས་མཐོ་ཚད་སྨིད 2400~2700ཡི་དམའ་བ་དང་འབྲིང་གནས་ཀྱི་ཞིང་རི་མར་འདེབས་པར་འཚམ།

བཞི། མཚོ་སྔོན་ཡང 11པ།

(གཅིག)ཁྱད་རྟགས་ཁྱད་གཤིས།

དབྱིད་གཤིས་ཅན་གྱི་བར་དང་འབྱུ་སླིན་གྱི་ས་བོན་ལ་གཏོགས། སྡོང་ཀང་གི་མཐོ་ཚད་ལི་སྨིད 140ཡིན། སྡོང་ཀང་རྒྱང་པར་ནུས་ལྡན་ཡལ་ག 3.4 དང་ནུས་ལྡན་གང་བུ 14.6ཡོད། སྡོང་ཀང་རྒྱང་པའི་འབྲུ་རྡོག་གི་གྲངས་ཀ 38.3ཡིན། ཡལ་ག་མང་ཞིང་གང་བུ་ཐོགས་པ་མང་བ་མ་ཟད་གཅིག་འདུས་སུ་ཡོད་ལ། སྡོང་ཀང་གི་རྣམ་པ་ཚགས་དམ་ཞིང་ཡལ་འདབ་བང་རིམ་ལ་འོད་ཐོག་ཚད་བཟང་། འབྲུ་རྡོག་ཆེ་ཞིང་སྙོམས་པོ་ཡིན་ལ་ཚོང་རྫས་ཀྱི་རང་བཞིན་བཟང་།

འབྲུ་རྫོག་བརྒྱ་རེའི་ལྗིད་ཚད་ཁེ 192.2ཡོད། འབྲུ་རྫོག་དང་སྐྱ་ཡིན། འབྲུ་རྫོག་གི་སྲིད་དུ་ལི་སྨིད 2.2ལས་ཆེ་ཞིང་། ཞིང་ཚད་ལི་སྨིད 1.6ལས་ཆེ་བ་ཡོད། སྔོང་ཁང་རྒྱུང་པར་འབྲུ་རྫོག་གསུམ་ཅན་གྱི་གང་བུ་ཉུང་མང་། གང་བུ་རྒྱུང་པའི་འབྲུ་རྫོག་གི་གྲངས 2.3ཡིན་ཞིང་། གང་བུའི་སྔོ་ཞིང་གསར་བ་སྲུང་འཛིན་བྱེད་པར་འཚམ། འབྲུ་རྫོག་གི་སྦྲི་དཀར་རྫས་ཀྱི་འདུས་ཚད 25.66%དང་། སེང་ཕྱེའི་འདུས་ཚད 45.35% ཞག་ཚིལ་གྱི་འདུས་ཚད 1.38%ཡིན། ཡོངས་སུ་སྨིན་འཚར་བྱུང་བའི་དུས་ཡུན་ཉིན 150ཡས་མས་ཡིན། ཐན་འགོག་རང་བཞིན་འཁྲིང་དང་ཉལ་བ་འགོག་པའི་རང་བཞིན་འཁྲིང་། སྲིན་ནད་ཁམ་པ་དང་སྲིན་ནད་འཁོར་རིས་ཅན། སྲིན་ནད་དམར་ཁྲ་བཅས་འགོག་པའི་ནུས་པ་འཁྲིང་ལྡན།

(གཉིས)ཐོན་སྐྱེད་ནུས་པ་དང་འཚམ་པའི་ས་ཁུལ།

སྤྱིར་བཏང་གི་ཆུ་ལུད་ཀྱི་ཆ་རྐྱེན་འོག་ཐོན་ཚད(སྟོང་ཁེ 350 ~400/སྨུཨུ)ཡིན། ཆུ་ལུད་ཀྱི་ཆ་རྐྱེན་མཐོན་པོའི་འོག་ཏུ་ཐོན་ཚད(སྟོང་ཁེ 400 ~450/སྨུཨུ)ཡིན། མཚོ་ངོས་ལས་མཐོ་ཚད་སྨིད 2000 ~2600ཡི་ལུང་གཞུང་ས་ཁུལ་དུ་འདེབས་པར་འཚམ།

༣། མཚོ་སྔོན་ཨང 12པ།

(གཅིག)ཁྱད་རྟགས་ཁྱད་གཤིས།

སྔོང་ཁང་གི་རིང་ཚད་ལི་སྨིད 104.66ཡིན། འབྲུ་རྫོག་གི་མདོག་དང་སྐྱ། འབྲུ་རྫོག་བརྒྱ་རེའི་ལྗིད་ཚད་ཁེ 198.2ཡོད། འབྲུ་རྫོག་གི་སྦྲི་དཀར་རྫས་རྫིང་པོའི་འདུས་ཚད 26.5%ཡིན། སེང་ཕྱེའི་འདུས་ཚད 47.58%དང་ཞག་ཚིལ་རྫིང་པོའི་འདུས་ཚད 1.47%ཡིན། སྨིན་འཚར་དུས་ཡུན་ཉིན 113དང་ཡོངས་སུ་སྨིན་འཚར་བྱུང་བའི་དུས་ཡུན་ཉིན 143ཡིན།

(གཉིས)འདེབས་གསོའི་ལག་རྩལ་གྱི་གནད་འགག

ཟླ 3པའི་ཟླ་དཀྱིལ་ནས་ཟླ 4པའི་ཟླ་སྟོད་དུ་འདེབས་པ་ཡིན། མུའུ་རེའི་འདེབས་ཚད་སོན་རྫོགས་ཁྲི 1.2 ~1.3ཡིན། མུའུ་རེའི་ལྡང་པ་ཁག་ཐེག་ཚད་ཁང་ཁྲི 1.1~1.2ཡིན། སྐྱེ་འཚར་གྱི་དུས་སུ་ཆུ་གཏོང་ཚད་ཐེངས 2~3ཡིན། མེ་ཏོག་གི་བང་རིམ་རིམ་པ 12ཐུབ་ངང་བའི་སྐབས་སུ་ལྟེ་བཏོག་རྩེ་གཅོད་བྱེད་དགོས།

(གསུམ)ཐོན་སྐྱེད་ནུས་པ་དང་འཚམ་པའི་ས་ཁུལ།

སྤྱིར་བཏང་གི་ཆུ་ལུད་ཆ་རྐྱེན་འོག་ཆ་སྙོམས་མུའུ་རེའི་ཐོན་ཚད་སྟོང་ཁ 300~400དང་། ཆུ་ལུད་ཀྱི་ཚད་མཐོ་བའི་ཆ་རྐྱེན་འོག་སྟོང་ཁ 400~450ཡིན་ལ། སྐམ་འདེབས་ཀྱི་ཆ་རྐྱེན་འོག་སྟོང་ཁ 250~350ཡིན། མཚོ་སྔོན་ཞིང་ཆེན་གྱི་མཚོ་ངོས་ལས་མཐོ་ཚད་སྨིད 2000 ~2600ཡི་ལུང་གཞུང་ས་ཁུལ་དང་འབྲིང་གནས་རི་ཁུལ་གྱི་ཞིང་རི་མར་འདེབས་པར་འཚམ།

དྲུག མཚོ་སྔོན་ཡང 13པ།

(གཅིག)ཁྱད་རྟགས་ཁྱད་གཤིས།

སྡོང་ཁང་གི་མཐོ་ཚད་ལི་སྨིད 101.7ཡོད། སོན་ཕྲུགས་ལ་འོད་མདངས་ལྡན་ཞིང་དྭངས་གསལ་བྱེད་ཅན། མདོག་དཀར་པོ་ཡིན། འབྲུ་རྫོག་བརྒྱ་རེའི་ལྗིད་ཚད་ཁ 91.21ཡིན། འབྲུ་རྫོག་གི་སྤྱི་དཀར་རྫས་སྙིང་པོའི་འདུས་ཚད 30.19% དང་སིང་བྱེའི་འདུས་ཚད 46.49%ཡིན། ཞག་ཚིལ་གྱི་འདུས་ཚད 1.01%ཡིན། དཔྱིད་གཤིས་ཅན། ཐུ་སྨིན། སྐྱེ་འཚར་གྱི་དུས་ཡུན་ཉིན 95དང་ཡོངས་སུ་སྐྱེ་འཚར་ཐུབ་ངང་བའི་དུས་ཡུན་ཉིན 130ཡིན།

(གཉིས)འདེབས་གསོའི་ལག་རྩལ་གྱི་གནད་འགག

ཟླ 3པའི་ཟླ་སྨད་ནས་ཟླ 4པའི་ཟླ་སྟོད་དུ་འདེབས་དགོས། འདེབས་པའི་ཟབ་ཚད་ལི་སྨིད 7~8ཡིན། མུའུ་རེའི་འདེབས་ཚད་སྟོང་ཁ 15~17.5ཡིན། མུའུ་

རེའི་ལྗང་པ་ཁག་ཐེག་ཚད་ཀང་ཁྲི 1.6~1.8ཡིན། སྨུ་གུ་ལི་སྨིད 10ལ་བསླེབས་སྐབས་དུས་ཐོག་ཏུ་རྗེ་གཙོད་དགོས།

(གསུམ)ཐོན་སྐྱེད་ནུས་པ་དང་འཚམ་པའི་ས་ཁུལ།

སྤྱིར་བཏང་གི་ས་རྒྱུའི་གཤིན་ཚད་ཀྱི་ཆ་རྐྱེན་འོག་ཆ་སྙོམས་མུའུ་རེའི་ཐོན་ཚད་སྟོང་ཁེ 250 ~300དང་། ས་རྒྱུའི་གཤིན་ཚད་མཐོ་བའི་ཆ་རྐྱེན་འོག་སྟོང་ཁེ 300 ~400ཡིན། མཚོ་སྔོན་ཞིང་ཆེན་གྱི་མཚོ་ངོས་ལས་མཐོ་ཚད་སྨིད 2800མན་གྱི་འབྲིང་དང་མཐོ་གནས་རི་ཁུལ་གྱི་ཞིང་རི་མཐའམ་རོང་མ་འབྲོག་གི་ས་ཁུལ་དུ་འདེབས་པར་འཚམ།

བདུན། མཚོ་སྔོན་ཡང 14**པ།**

(གཅིག)ཁྱད་རྟགས་ཁྱད་གཤིས།

སྡོང་ཀང་གི་མཐོ་ཚད་ལི་སྨིད 137.55ཡོད། འབྲུ་རྡོག་བརྒྱ་རེའི་ལྗིད་ཚད་ཁེ 225.5ཡིན། འབྲུ་རྡོག་གི་སྤྱི་དཀར་རྫས་སྙིང་པོའི་འདུས་ཚད 27.23%དང་སེང་ཕྱེའི་འདུས་ཚད 41.19%ཡིན། ཞག་ཚིལ་གྱི་འདུས་ཚད 1.04%ཡིན། དཔྱིད་གཤིས་ཅན། བར་དང་འཕྲོ་སྨིན། སྐྱེ་འཚར་གྱི་དུས་ཡུན་ཉིན 127དང་ཡོངས་སུ་སྐྱེ་འཚར་བྱུང་བའི་དུས་ཡུན་ཉིན 157ཡིན།

(གཉིས)འདེབས་གསོའི་ལག་རྩལ་གྱི་གནད་འགག

ཟླ 3པའི་ཟླ་དཀྱིལ་ནས་ཟླ 4པའི་ཟླ་སྟོད་དུ་འདེབས་པ་ཡིན། མུའུ་རེའི་འདེབས་ཚད་སོན་རྡོག་ཁྲི 1.2~1.3ཡིན། མུའུ་རེའི་ལྗང་པ་ཁག་ཐེག་ཚད་ཀང་ཁྲི 1.1~1.2ཡིན། སྐྱེ་འཚར་གྱི་དུས་སུ་ཆུ་གཏོང་ཚད་ཐེངས 2~3ཡིན། མེ་ཏོག་ཐོག་མ་བཞད་པའི་དུས་ཆུ་ཐེངས་གཅིག་གཏོང་དགོས། གཞུང་ཀང་གི་མེ་ཏོག་བཞད་དེ་རིམ་པ 12གྱི་སྐབས་སུ་དུས་ཐོག་ཏུ་རྗེ་གཙོད་དགོས།

(གསུམ)ཐོན་སྐྱེད་ནུས་པ་དང་འཚམ་པའི་ས་ཁུལ།

སྤྱིར་བཏང་གི་ཆུ་ལུད་ཆ་རྐྱེན་འོག་ཆ་སྙོམས་མུའུ་རེའི་ཐོན་ཚད་སྟོང་ཁ་300 ~400དང་། ཆུ་ལུད་ཀྱི་ཚད་མཐོ་བའི་ཆ་རྐྱེན་འོག་སྟོང་ཁ་400 ~450ཡིན། རང་ཞིང་གི་མཚོ་ངོས་ལས་མཐོ་ཚད་སྨིད་2000~2600ཡི་ལུང་གཞུང་ས་ཁུལ་དུ་འདེབས་པར་འཚམ།

བརྒྱད། མཚོ་སྨིན་ཡང་15པ།

(གཅིག)ཁྱད་རྟགས་ཁྱད་གཤིས།

དཔྱིད་གཤིས་ཅན། བར་དང་འབྲི་སྨིན། ལྡང་པ་དྲང་མོར་ལངས་པ། སྡོང་རྐང་གི་མཐོ་ཚད་ལི་སྨིད་130ཡས་མས། སྡོང་རྐང་གི་རྣམ་པ་སོབ་སོབ་ཡིན། སྡོང་རྐང་རྐྱང་པར་ཡལ་ག2~3ཡོད། ལོ་མ་ལྡང་སྐྱ་དང་སྡོང་རྐང་དམར་སྨུག འདབ་མ་དམར་སྨུག སྨིན་པའི་གང་བུ་སེར་པོ་བཅས་ཡིན། འབྲུ་རྡོག་བརྒྱ་རེའི་ལྗིད་ཚད་ཁ་220ཡས་མས་ཡིན། འབྲུ་རྡོག་གི་སྤྲི་དཀར་རྫས་རྩིང་པོའི་འདུས་ཚད་31.19%དང་སིང་ཕྱེའི་འདུས་ཚད་37.26%ཡིན། སྨྱུ་གུ་ཐོན་པ་ནས་མེ་ཏོག་བཞད་དུས་བར་ཉིན37དང་། མེ་ཏོག་བཞད་པ་ནས་སྨིན་པའི་བར་ཉིན90ཡིན་ལ། སྨྱུ་གུ་ཐོན་པ་ནས་སྨིན་པའི་བར་ཉིན127ཡིན། ཡོངས་སུ་སྐྱེ་འཚར་བྱུང་བའི་དུས་ཡུན་ཉིན157ཡིན། རྒྱ་སྲན་གྱི་སྲིན་ནད་དམར་ཁྲ་དང་རྩད་རུལ་ནད་འགོག་ནུས་འབྲིང་ཡིན།

(གཉིས)འདེབས་གསོའི་ལག་རྩལ་གྱི་གནད་འགག

མ་བཏབ་གོང་ཁྲིམ་ལུད་སྟོང་ཁ་2000 ~3000དང་། ཏན་རྐྱང་སྟོང་ཁ་4.1 ~5.5 དབྱང་ལྷ་ལིན་གཉིས་རྫས་སྟོང་ཁ་4.6 ~6བཅས་འཇོག་དགོས། འདེབས་དུས་ནི་ཟླ3པའི་ཟླ་སྟོད་ནས་ཟླ4པའི་ཟླ་དཀྱིལ་ཡིན། མུའུ་རེའི་འདེབས་ཚད་སྟོང་ཁ་20~25དང་། མུའུ་རེའི་ལྡང་པ་ཁག་ཐེག་ཚད་རྐང་ཁྲི1.10~1.2ཡིན། མེ་ཏོག་བཞད་པའི་དུས་ལ་ནླང་བྱ་ལྷར་པོན་ལུད་དང་ལིན་སྐྱུར་ཚིང་

གཉིས་ཙྪ་སོགས་ལོ་མའི་ངོས་སུ་གཏོར་བའི་ལུད་གཏོར་དགོས། སྐྱི་འཚར་གྱི་དུས་ལ་ཆུ་ཐེངས 1~2གཏོང་བ་དང་། མེ་ཏོག་རིམ་པ 3ཡན་བཞད་སྐབས་ཆུ་ཐེངས་གཅིག་གཏོང་བར་མཉམ་འཛོག་དགོས། མེ་ཏོག་བཞད་དེ་རིམ་པ 10ཡས་མས་སུ་བསླེབས་སྐབས་ལྟེ་བཏོག་རྩེ་གཅོད་བྱེད་དགོས།

(གསུམ)ཐོན་སྐྱེད་ནུས་པ་དང་འཚམ་པའི་ས་ཁུལ།

ཚད་མཐོ་བའི་ཆུ་ལུད་ཀྱི་ཆ་རྐྱེན་འོག་ཆ་སྙོམས་མུའུ་རེའི་ཐོན་ཚད་སྟོང་ཁེ 400ཡན་ཡིན། སྤྱིར་བཏང་གི་ཆུ་ལུད་ཆ་རྐྱེན་འོག་སྟོང་ཁེ 300~400ཡིན། 2010 ~2011ལོའི་ཞིང་ཆེན་རིམ་པའི་ཞིང་ཆུ་མ་ས་ཁོངས་ཀྱི་ཚོད་ལྟའི་ཁྲོད། ཆ་སྙོམས་མུའུ་རེའི་ཐོན་ཚད་སྟོང་ཁེ 296.60ཡིན། མཚོ་སྔོན་ཨང 11པ་དང་བསྡུར་ན་ཆ་སྙོམས་ཀྱིས་ཐོན་ཚད 6.31%འཕར་ཡོད། ཐོན་ཚད་འཕར་བའི་ཚད 0.34~9.67%ཡིན། 2011~2012ལོའི་ཐོན་སྐྱེད་ཚོད་ལྟའི་ཁྲོད་ཆ་སྙོམས་མུའུ་རེའི་ཐོན་ཚད་སྟོང་ཁེ 326.80ཡིན། མཚོ་སྔོན་ཨང 11པ་དང་བསྡུར་ན་ཆ་སྙོམས་ཀྱིས་ཐོན་ཚད 3.39%འཕར་ཡོད། མཚོ་སྔོན་ཞིང་ཆེན་གྱི་ཤར་རྒྱུད་ཞིང་ལས་ཁུལ་གྱི་ཞིང་ཆུ་མ་དང་འབྲིང་གནས་རི་ཁུལ་གྱི་ཞིང་རི་མར་འགྲིག་ཐོག་བཀབ་ནས་འདེབས་འཛུགས་བྱས་ན་འཚམ།

དགུ། ཧ་སི་ཧྲགས་ཅན་གྱི་རྒྱ་སྲན།

(གཅིག)ཁྱད་རྟགས་ཁྱད་གཤིས།

སྡོང་རྐང་གི་མཐོ་ཚད་ལི་སྨིད 125ཡིན། སྡོང་རྐང་སྦོམ་ཞིང་རྣམ་པ་ཙུང་སོབ་སོབ་ཡིན། གང་བུ་གཅིག་འདུས་ཀྱིས་དཀྱིལ་དང་སྨད་ཀྱི་ཆར་ཐོགས་ཡོད། སྡོང་རྐང་རྐྱང་པའི་གང་བུའི་གྲངས 10~15དང་། གང་བུ་རེར་འབྲུ་རྡོག 1.4~1.8ཡོད། འབྲུ་རྡོག་རྒྱགས་ཤིང་དཀྱིལ་ཆེ་བའི་རྣམ་པར་མངོན། མདོག་ངང་སྐྱ། དབྱིབས་རྟའི་སོ་དང་མཚུངས། འབྲུ་རྡོག་བརྒྱ་རེའི་ལྗིད་ཚད་ཁེ

128 ~138ཡིན། འབྲུ་རྡོག་གི་སྤྲི་དཀར་རྫས་ཀྱི་འདུས་ཚད 28.2%དང་སིང་སྤྱིའི་འདུས་ཚད 47.3%ཡིན་ལ། ཞག་ཚིལ་གྱི་འདུས་ཚད 1.48%ཡིན། བར་སྨིན་གྱི་ས་བོན་ལ་གཏོགས། གྲང་ངར་དང་ལུད། ཐན་པ་བསྲན་ཐུབ་ཅིང་འགྲོད······པའི་ནུས་པ་དྲག་པོ་ལྡན། ཡོངས་སུ་སྐྱེ་འཚར་བྱུང་བའི་དུས་ཡུན་ཉིན 145ཡས་མས་ཡིན། མཚོ་ངོས་ལས་མཐོ་ཚད་སྨིད 1800~2900ཡི་ཆུ་མ་དང་ཞིང་རི་མར་འདེབས་པར་འཚམ།

(གཉིས)འདེབས་གསོའི་ལག་རྩལ་གྱི་གནད་འགག

མ་བཏབ་གོང་སྐྱེ་ལྡན་ལུད(སྟོང་ཁེ 2 000~3 000/མུའུ)དང་། ཏན་རྒྱང(སྟོང་ཁེ 1.1~2.0/མུའུ) དབྱང་ལྡ་ལིན་གཉིས་རྫས(སྟོང་ཁེ 3.5~7.9/མུའུ)བཅས་འཇོག་དགོས། ཟླ 3པའི་ཟླ་སྨད་ནས་ཟླ 4པའི་ཟླ་དཀྱིལ་དུ་འདེབས་དགོས། འདེབས་ཚད(སྟོང་ཁེ 21.6~24.3/མུའུ)དང་། མུའུ་རེའི་ལྡུང་པ་ཁག་ཐེག་ཚད་ཀྲང་ཁྲི 1.5~1.7ཡིན། ཕྲེང་བར་ཡངས་དོག་ཅན་ལྟར་འདེབས་དགོས་ཤིང་། དོག་གསུམ་ཡངས་གཅིག་ལྟར་བྱས་ཏེ། ཕྲེང་བར་ཡངས་པའི་བར་ཐག་ལ་ལི་སྨིད 35 ~40དང་། ཕྲེང་བར་དོག་པའི་བར་ཐག་ལ་ལི་སྨིད 25 ~30ཡིན་ལ། སྡོང་ཀྲང་གི་བར་ཐག་ལི་སྨིད 13 ~14ཡིན། རྒྱ་སྲན་སྐྱེ་འཚར་བྱུང་སྟེ་མེ་ཏོག་རིམ་པ 8~10བཞད་སྐབས་ལྟེ་བཏོག་རྩེ་གཅོད་བྱེད་དགོས།

(གསུམ)ཐོན་སྐྱེད་ནུས་པ་དང་འཚམ་པའི་ས་ཁུལ།

སྤྱིར་བཏང་གི་ཆུ་ལུད་ཆ་རྐྱེན་འོག ཐོན་ཚད(སྟོང་ཁེ 250 ~300/མུའུ)དང་། ཆུ་ལུད་ཀྱི་ཚད་མཐོ་བའི་ཆ་རྐྱེན་འོག་ཐོན་ཚད(སྟོང་ཁེ 300~350/མུའུ)ཡིན། མཚོ་སྔོན་ཞིང་ཆེན་གྱི་མཚོ་ངོས་ལས་མཐོ་ཚད་སྨིད 2500~2900ཡི་ལུང་གཞུང་དང་འབྲིང་གནས་རི་ཁུལ་གྱི་ཞིང་རི་མར་འདེབས་པར་འཚམ།

ས་བཅད་ལྔ་པ། རྒྱ་སྲན་འདེབས་གསོ་བྱེད་པའི་ལག་རྩལ།

གཅིག འགྲིག་ཤོག་འགེབས་པའི་འདེབས་ཐབས།

འགྲིག་ཤོག་འགེབས་པའི་ལག་རྩལ་ལ་ས་དྲོད་རྗེ་མཐོར་གཏོང་ཞིང་ནུས་ལྡན་གྱིས་དྲོད་གསོག་པ་རྗེ་ཆེར་གཏོང་བ་དང་། སེར་སྐྱུང་འཛིན་བྱས་ཏེ་ས་རྒྱུའི་བརྟན་གཏན་འཇགས་བཟོ་བ། ས་རྒྱུའི་དངོས་ལུགས་དང་རྫས་འགྱུར་གྱི་རྣམ་པ་ལེགས་བཅོས་བྱས་ཏེ་ས་རྒྱུའི་གསོ་བཅུད་ལེགས་འགྱུར་ལ་སྐུལ་འདེད་བྱེད་པ། རྩྭ་ཡན་འགོག་སེལ་བྱས་ཏེ་རྩྭ་ལྷུམ་གྱི་གནོད་པ་རྗེ་ཉུང་དུ་གཏོང་བ་སོགས་ཀྱི་ཁྱད་ཆོས་ལྡན་ཞིང་། སྐམ་འདེབས་ཞིང་ལས་ཁུལ་དུ་ཁྱབ་གདལ་བཀོལ་སྤྱོད་བྱེད་པར་འཚམ།

(གཅིག)སོན་བཟང་འདེམ་པ།

ས་ཁུལ་དེ་གར་འདེབས་འཛུགས་བྱེད་པར་འཚམ་པའི་མཚོ་སྔོན་ཨང་ 9 པ་དང་ཨང་ 11པ། ལིང་ཞི་ཚུན་གཅིག་ཅན་རྒྱ་སྲན་སོགས་གདམ་དགོས།

(གཉིས)ལུགས་མཐུན་གྱིས་སོག་ཤུལ་རེས་འདེབས་བྱེད་པ།

རྒྱ་སྲན་དང་གྲོ། ཞོག་ཁོག་བཅས་རྣང་ཐོག་སོག་ཤུལ་རེས་འདེབས་བྱས་ཏེ་འབུ་དང་རྩྭ་ལྷུམ་གྱི་གནོད་པ་རྗེ་ཡང་དུ་བཏང་སྟེ་ཐོན་ཚད་རྗེ་མཐོར་གཏོང་པ།

(གསུམ)འགྲིག་ཤོག་དགབ་པ།

ཞིང་ལ་སྨིད 1.20དང་མཐུག་ཚད་ཧའོ་སྨིད 0.08ཡོད་པའི་ཞིང་སྤྱོད་ཚད་ལྡན་འགྲིག་ཤོག་བདམས་ཏེ་སྔོན་དུས་དགབ་དགོས། འགྲིག་ཤོག་གི་བར་ཐག་ལི་སྨིད 50.0བྱས་ཏེ་འགྲིག་ཤོག་གི་ཐོག་ངོས་བདེ་སྙོམས་ཡིན་དགོས་ཤིང

མཐའ་ཁ་ས་ཡིས་ལིགས་པར་གནོན་པ་དང་། ཞིད 1.00རེའི་མཚམས་སུ་འཁྱིག་ནོག་ཐོག་ས་ཡིས་མནན་ཏེ་རླུང་གིས་འཁྱིག་ནོག་གཤག་པ་འགོག་དགོས། འཁྱིག་ནོག་གཉིས་རེའི་བར་ཐག་ལི་ཞིད 50.00ཙམ་ཏེ་ཞིང་བར་ནས་དོ་དམ་པ་འགྲོ་སྐྱོད་བྱེད་པར་སྟབས་བདེ་བ་བཟོ་དགོས། (རི་མོ 2–5ལ་ལྟོས)

རི་མོ 2–5 རྒྱ་སྲན་གྱི་འཁྱིག་ནོག་འགེབས་པ།

(བཞི)འདེབས་འཛུགས་བྱེད་པའི་སྟུག་ཚད་དང་འདེབས་ཐབས།

ས་ཞིང་ཆེ་བར་སྟུག་ཚད(ཀང་ཁྲི 1.0~1.2/མུའུ)བྱེད་པ། མིའི་རྟོལ་བས་ཁུང་འདེབས་བྱེད་དགོས་ཤིང་ཟབ་ཏུ་ལི་ཞིད 10.0བྱེད་པ། ཕྲེང་བར་གྱི་སྡོང་ཀང་ཟུར་གསུམ་དབྱིབས་སུ་ཕྲེང་སྒྲིག་བྱེད་དགོས། འཁྱིག་ནོག་ཐོག་ཕྲེང་སྟར 4བཙུགས་ཏེ་ཆ་སྙོམས་ཕྲེང་བར་ལི་ཞིད 35.0དང་། སྦུག་ཀང་རེའི་བར་ཐག་ལི་ཞིད 15.0~20.0ཡིན་དགོས། (རི་མོ 2–6ལ་ལྟོས)

རི་མོ 2–6 རྒྱ་སྲན་མིའི་རྩོལ་བས་ཁྲུང་འདེབས་བྱེད་པ།

(ལྔ)འདེབས་དུས་དང་ས་བོན་འདེབས་ཚད།

འདེབས་པའི་དུས་ནི་ཟླ 3པའི་ཚེས 25ནས་ཟླ 4བའི་ཚེས 15བར་ཡིན། མུའུ་རེའི་འདེབས་ཚད་སྟོང་ཁེ 20ཡིན།

(དྲུག)ཞིང་ཁའི་དོ་དམ།

1.མིའི་རྩོལ་བས་སྦྱུ་གུ་ཕྱིར་དབྱུང་བ། ཟླ 4བའི་ཚེས 26ནས་ཟླ 5བའི་ཚེས 10བར་ལ་སྦྱུ་གུ་ཐོན་པ་ཡིན། སྦྱུ་གུ་ཐོན་རྗེས་ཞིང་ཁའི་སྦྱུ་གུ་ཐོན་པའི······གནས་ཚུལ་ལ་ལྟ་ཞིབ་བྱས་ཏེ་དུས་ཐོག་ཏུ་སྦྱུ་གུ་ཕྱིར་དབྱུང་དགོས།

2.དུས་དང་འཚམ་པར་ལྷེ་བརྟོག་རྩེ་གཅོད་བྱེད་དགོས། སྡོང་རྐང་གི་རིམ་པ 10 ~12གྱི་མེ་ཏོག་བང་རིམ་ཐོན་སྐབས་དུས་ཐོག་ཏུ་ལྷེ་བརྟོག་རྩེ་གཅོད་བྱེད་དགོས། རྩེ་གཅོད་སྐབས་གཞུང་རྩེ་གཅོད་པ་ལས་ལོ་མ་མི་བརྟོག་པ་དང་རྩེ་མོ་གཅིག་དང་ལོ་མ་གཅིག་བརྟོག་པ། རྩེ་གཅོད་པ་དེ་གནམ་དྭངས་ཤིང་ཟིལ་བ···

སྐམ་རྗེས་སྦྱིལ་དགོས་པ་བཅས་ཀྱི་བླང་བྱ་དང་ལྡན་པ་ཡིན།

3.སྙིང་ལུད་རྒྱག་པ། སྙིང་ལུད་ནི་སྐྱེ་སྟངས་ལ་གཞིགས་ཏེ་སྦྱིལ་དགོས། ཐེའུ་ནས་མེ་ཏོག་གི་གང་བུའི་དུས 0.5%ཅན་གྱི་གཅིན་རྒྱུ་དང 0.2% ~0.3%གྱི་ལིན་སྦྱུར་ཆིང་གཉིས་ཚ། 0.1%ཅན་གྱི་པོན་སྦྱུར་བཅས་བསྲེས་པའི་གཤེར་ཁུ་སྟོང་ཁེ 15སོ་མའི་སྙིང་དུ་གཏོར་བ་དང་། ཐེངས 2ལ་གཏོར་དགོས།

4.འབུའི་གནོད་པ་འགོག་བཅོས། "སྔོན་འགོག་སྔོན་བཅོས"དང"འགོག་པ་གཙོར་བྱེད་པ། ཕྱོགས་བསྡུས་ཀྱིས་འགོག་བཅོས་བྱེད་པའི"ཇུ་དོན་འདོན་སྤྱིལ་བྱེད་དགོས། སྐྱེ་དངོས་གནོད་འབུ་འབྱུང་བའི་དུས་མགོར(10%ཡི་ཐེ་ཁྲུང་ལིན་ཧྲའོ་ཁེ 30/སྨུའུ)བཀོལ་ཏེ་ཆུ་སྟོང་ཁེ 15ལ་བསྲེས་ནས་གཏོར་དགོས། རྒྱ་སྲན་གྱི་སྲིན་ནད་ཁམ་པ་འབྱུང་བའི་དུས་མགོར(50%ཡི་ཏཎ་ཙུན་ལིན་ཁེ 20/སྨུའུ)བཀོལ་ནས་ཆུ་སྟོང་ཁེ 15ལ་བསྲེས་ཏེ་འགོག་བཅོས་བྱེད་པའམ་རྣམ་པ་གསར་པའི་སྨན་གཞན་དག་གིས་འགོག་བཅོས་བྱེད་དགོས། ཉིན 7~10རེའི་མཚམས་སུ་འགོག་བཅོས་ཐེངས 1བྱེད་དགོས།

(བདུན)སྡུད་པ་དང་བདག་ཉར།

1.སྡུད་པ། སྔོང་ཀང་གི་སྨད་ཆའི་ལོ་མ་ལྷུང་ཞིང་། གཞུང་ཀང་གི་ཇ་བའི་རིམ་པ 4~5ཡི་གང་བུ་ནག་པོར་གྱུར་པ། སྙིང་ཕྱོགས་ཀྱི་གང་བུ་སེར་པོར་གྱུར་དུས་སྡུད་དགོས།

2.འབྲུ་གུ་འདོན་པ་དང་གསོག་ཉར། སྲན་གང་རླུང་སྐམ་བྱས་རྗེས་ཡོངས་སུ་ནག་པོར་གྱུར་སྐབས་དུས་ཐོག་ཏུ་འབྲུ་གུ་འདོན་དགོས། འབྲུ་རྡོག་བསིལ་སྐམ་བྱས་ཏེ་བརླན་གཤེར་འདུས་ཚད 13%མན་གྱི་སྐབས་རླུང་རྒྱུ་ཞིང་སྐམ་ལ་བསིལ་གྲིབ་ལྡན་པའི་གནས་སུ་གསོག་ཉར་བྱེད་དགོས།

གཉིས། འབྲུལ་ཆས་ཀྱིས་ཁྲང་འདེབས་བྱེད་པ།

འཕྲུལ་ཆས་ཀྱིས་ཁྱུང་འདེབས་བྱེད་པའི་ལག་རྩལ་ལ་ས་བོན་ལ་གྲོན་ཆུང་བྱེད་པ་དང་ངལ་རྩོལ་པ་གྲོན་ཆུང་བྱེད་པ། ངལ་རྩོལ་དང་ཐོན་སྐྱེད་ལས་ཆོད་མཐོར་འདེགས་བྱེད་པ། ཐོན་འཕར་ཕན་འབྲས་མངོན་གསལ་ལྡན་པ་སོགས་ཀྱི་ཁྱད་ཆོས་ལྡན་ཞིང་། མིག་སྔར་རྒྱ་སྲན་ཐོན་སྐྱེད་ཁྲོད་གཙོ་གནད་དུ་ཁྱབ་སྤེལ་བྱེད་པའི་ལག་རྩལ་ཡིན།

(གཅིག)སོན་བཟང་བདམས་སྒྲུབ་བྱེད་པ།

བདམས་པའི་ས་བོན་ལ་ངེས་པར་དུ་ཐོན་ཚད་མཐོ་བ་དང་ཐོན་ཚད་གཏན་འཇགས་ཡིན་པ། ནད་འགོག་པ་སོགས་ཀྱི་ཁྱད་གཤིས་འཛོམས་དགོས་ཤིང་། མཚོ་སྔོན་ཨང 9པ་དང་མཚོ་སྔོན་ཨང 10པ། མཚོ་སྔོན་ཨང 11པ། རྟ་སོ་རྟགས་ཅན་སོགས་ས་བོན་གཙོ་གནད་དུ་བཟུང་ནས་ཁྱབ་སྤེལ་བྱས་ན་ཕན་པ་ཡིན།

(གཉིས)ལུགས་མཐུན་གྱིས་སོག་ཞུལ་རེས་འདེབས་བྱེད་པ།

གྲོ་དང་ཞོག་ཁོག་གི་སོག་ཞུལ་གདམ་དགོས། སྲན་རིགས་དང་པད་ཁའི་སོག་ཞུལ་བཀོལ་བར་འཛེམ་དགོས།

(གསུམ)དུས་དང་འཚམ་པར་སྔ་འདེབས་བྱ་དགོས།

ལུང་གཞུང་ས་ཁུལ་དུ་ཟླ 3པའི་ཟླ་སྨད་དུ་འདེབས་དགོས་ཤིང་། རི་ཐང་མཚམས་སུ་ཟླ 4བའི་ཟླ་སྟོད་དུ་འདེབས་དགོས།

(བཞི)འདེབས་ཚད།

ས་དེ་གའི་འདེབས་པའི་སྨུག་ཚད་དང་སོན་བཟང་གི་འབྲུ་རྡོག་ཆེ་ཆུང་གཞིར་བཟུང་ནས་ཐག་གཅོད་དགོས། སྤྱིར་བཏང་མུའུ་རེའི་འདེབས་ཚད་སྟོང་ཁེ 20~25ཡིན། ཟབ་ཚད་ལི་སྨིད 6~8ཡིན། ①མཚོ་ངོས་ལས་མཐོ་ཚད་སྨིད

2300 ~2500ཡི་ཆུ་འདྲེན་ཞིང་ལས་ཁུལ་དུ་འོས་འཚམ་གྱི་སྟུག་ཚད་ནི(ཀང་ཁྲི 1.1~1.2/སྨུའུ)ཡིན། ②མཚོ་ངོས་ལས་མཐོ་ཚད་སྨིད 2500~2600ཡི་ཆུ་འདྲེན་ཞིང་ལས་ཁུལ་དུ་འོས་འཚམ་གྱི་སྟུག་ཚད་ནི(ཀང་ཁྲི 1.4 ~1.5/སྨུའུ)ཡིན། ③སྐམ་འདེབས་ཞིང་ལས་ཁུལ་དུ་འོས་འཚམ་གྱི་སྟུག་ཚད་ནི(ཀང་ཁྲི 1.5 ~1.6/སྨུའུ)ཡིན། ④འགྲིག་ཤོག་འགེབས་པའི་སྐམ་འདེབས་ཞིང་ལས་ཁུལ་དུ་འོས་འཚམ་གྱི་སྟུག་ཚད་ནི(ཀང་ཁྲི 1.1~1.2/སྨུའུ)ཡིན།

(ལྔ)འཁོར་ལོ་བཞི་ཅན་གྱི་འདྲུད་འཐེན་འཁོར་ལོ་ཆུང་བ་ཡིས་ཁྲུང་འདེབས་འཕྲུལ་འཁོར་ཆུང་གྲས་འཐེན་ནས་འདེབས་པ།

འཕྲུལ་འཁོར་ཅན་གྱི་རྒྱ་སྲན་ཕྲེང་བར་ཡངས་དོག་ཅན་ཁྲུང་འདེབས་ལག་རྩལ་ལག་ལེན་བསྟར་ཏེ་འདེབས་འཛུགས་བྱེད་པའི་ཕྲེང་སྟར་བར་ཐག་ནི་བྱེ་བྲག་གི་ཤུར་འདྲུ་ཡོ་བྱད་དམ་འཕྲུལ་ཆས་ཀྱི་འདེབས་འཛུགས་འཕྲུལ་འཁོར་གྱི་དོན་དངོས་ཕྲེང་བར་ལ་གཞིགས་ཏེ་ཐག་གཅོད་དགོས། སྨུག་ཀང་གི་བར་ཐག་ནི་འདེབས་པའི་སྟུག་ཚད་དང་ཕྲེང་སྟར་གྱིས་ཐག་གཅོད་དགོས། ཕྲེང་སྟར 4རེར་ཕྲེང་སྟར་སྟོང་པ 1རེ་བྱས་ནས་འདེབས་དགོས།

(དྲུག)ས་དཔྱད་རྫས་སྦྱོར་ལུད་རྒྱག

ཞིང་ཁར་ས་དཔེ་འཚོལ་བསྡུ་བྱས་པའི་རྫས་བཤེར་གཞི་གྲངས་ལ་གཞིགས་ཏེ་ལུགས་མཐུན་གྱིས་ལུད་ཀྱི་རིགས་སྣ་དང་གྲངས་ཚད། ལུད་རྒྱག་པའི་དུས་ཚོད་བཅས་གཏན་འབེབས་བྱས་ཏེ། ཐོན་ཚད་མཐོར་འདེགས་བྱེད་པར་ལུད་ཀྱི་ཕན་ནུས་ལེགས་ཤོས་འདོན་སྤེལ་བྱེད་དགོས།

(བདུན)ལྷེ་བཏོག་རྩེ་གཅོད་དང་རྫས་འགྱུར་གྱིས་ཚོད་འཛིན་བྱེད་པའི་ལག་རྩལ།

སྡོང་ཀང་གི་རིམ་པ 10 ~12 ཀྱི་མེ་ཏོག་བང་རིམ་བྱུང་དུས་ལྷེ་བཏོག་རྩེ་

གཅོད་བྱེད་དགོས། རྩེ་གཅོད་ཚད་གཞུང་རྩེ་གཅིག་དང་ལོ་མ་གཅིག རྩེ་གཅོད་པ་དེ་གནམ་དྭངས་ཤིང་ཟིལ་བ་སྐམ་རྗེས་སྤེལ་དགོས།

(བརྒྱད)འབྲུའི་གནོད་པ་ཕྱོགས་བསྡུས་བཅོས་སྐྱོང་གི་ལག་རྩལ།

“སྔོན་འགོག་སྔོན་བཅོས”འདོན་སྤེལ་བྱེད་ཅིང་། ཞིན་ལིའུ་ལིན་སོགས་ནུས་མཐོ་དང་དུག་ཉུང་། ལྷག་ལུས་དམའ་བའི་ཞིང་སྨན་བདམས་སྤྱོད་བྱས་ཏེ་ས་རྒྱུ་ཐག་གཅོད་བྱེད་པ་དང་། ཧོ་ཙུན་ལིན་སོགས་རྣམ་པ་གསར་བའི་སྨན་རྫས་བདམས་སྤྱོད་བྱས་ཏེ་འབྲུའི་གནོད་པ་འགོག་བཅོས་བྱེད་པ་མ་ཟད། སྨན་སྣ་བརྗེ་རེས་ཀྱིས་སྤྱད་དེ་སྨན་བཟོད་ནུས་པ་འབྱུང་བ་རྗེ་ཉུང་དུ་གཏོང་བའི་ལྷང་བྱ་ལྡན་པ་ཡིན།

(དགུ)དུས་དང་མཐུན་པར་སྡུད་པ།

སྡོང་རྐང་གི་ལོ་མ་མང་ཆེ་ཤོས་སྐམ་ནས་སེར་པོར་གྱུར་པ་དང་། དཀྱིལ་དང་སྨད་ཆའི་སྲན་གང་ཁམ་ནག་ཏུ་གྱུར་དུས་སྡུད་དགོས་པ་ཡིན།

གསུམ། ལུད་རྒྱག་དོ་མཉམ་ལེགས་སྒྱུར།

(གཅིག)ལུགས་མཐུན་གྱིས་སོག་ཤུལ་རིས་འདེབས་བྱེད་པ།

རྒྱ་སྲན་བསྟུད་འདེབས་བྱེད་པ་གཏན་ནས་མི་རུང་། ཕྱིར་བཏང་ཆེས་ཉུང་ནའང་ལོ 3~4ཡི་སོག་ཤུལ་རིས་འདེབས་བྱེད་དགོས་པ་ཡིན། རྒྱ་སྲན་བསྟུད་མར་བཏབ་ཚེ་རྩད་ཚོམ་གྱིས་ས་རྒྱུ་ནང་དུ་སྐྱུར་གཤིས་ཀྱི་དངོས་རྫས་རིགས་ཤིག་ཟགས་ཐོན་བྱེད་པ་ཡིན། དེས་རྒྱ་སྲན་གྱི་སྐྱེ་འཚར་འཚར་ལོངས་དང་རྩད་རྡོག་ཕྲ་སྲིན་གྱི་འགྲུལ་སྐྱོད་ནུས་པར་ཤུགས་རྐྱེན་བཟོ་བ་ཡིན། དེའི་ཕྱིར་ཞིང་ལས་ཐོན་སྐྱེད་ཁྲོད་ལུགས་མཐུན་གྱི་སྒོ་ནས་སོག་ཤུལ་རིས་འདེབས་བྱེད་དགོས། ལུགས་མཐུན་གྱིས་སོག་ཤུལ་རིས་འདེབས་བྱེད་པའི་རྣམ་པ་ལ་རྒྱ་སྲན—གྲོ—ཞོག་ཁོག—རྒྱ་སྲན་དང་། རྒྱ་སྲན—གྲོ—ཟར་མ—རྒྱ་སྲན། རྒྱ་སྲན—གྲོ—སྔོན་འདེབས

དཀྲུས་འབྲུ་སོགས་ཡོད་པ་ཡིན།

(གཉིས)མ་བཏབ་སྔོན་ལ་ཞིང་བཅོས་ཞིབ་ཚགས་བྱེད་པ།

རྒྱ་སྲན་གྱི་རྩ་ལག་དེ་ས་རྒྱུ་ནང་ཁྱབ་པ་ཙུང་གཏིང་ཟབ་པ་མ་ཟད་རྒྱ་ཁྱོན་ཆེ་བ་ཡོད། ས་བོན་འབུས་སྐབས་བརླན་གཤེར་ཚུང་མང་པོ་མགོ་བས་གཏིང་རྗོ་ཞིང་བཅོས་བྱེད་རྒྱུ་ནི་ཤིན་ཏུ་གལ་ཆེ། དེའི་ཕྱིར། ས་དེ་གའི་རང་བྱུང་སྐྱེ་ཁམས་ཁོར་ཡུག་གི་ཆ་རྐྱེན་མི་འདྲ་བ་དང་རྗོ་འདེབས་ལམ་ལུགས་སོགས་གཞིར་བཟུང་སྣེ་སྒྲིལ་དགོས་པ་ཡིན། ཕྱིར་བཏང་སྔོན་མའི་ལོ་ཏོག་བསྡུས་རྗེས་གཏིང་རློག་ཉི་སྐམ་དང་གཏིང་རྗོ་འོས་ཤིང་འཚམ་པ། ཞིང་བཅོས་ཞིབ་ཚགས་བཅས་བྱས་ན་ས་རྒྱུ་འདུལ་བ་དང་ཆུ་གསོག་བཞའ་སྲུང་བྱེད་པ། ས་བཙུད་མཐོར་འདེགས་གཏོང་བ། འབུའི་གནོད་པ་ཇེ་ཡང་དུ་གཏོང་བ། རྩྭ་ལྷམ་རྩ་མེད་བཟོ་བ་བཅས་བྱེད་ཐུབ། རྒྱ་སྲན་གྱི་སྐྱེ་འཚར་ལ་རྗོ་འདེབས་ས་རིམ་ལེགས་པོ་བསྐྲུན་པ་དང་ས་རྒྱུའི་ཁོར་ཡུག་ཆ་རྐྱེན་ལེགས་བཅོས་བྱས་ཏེ་རྒྱ་སྲན་གྱི་རྩ་ལག་འཚར་སྐྱེ་དང་རྩད་རྡོག་ཕྲ་ཕྲིན་ཁྱབ་པ་ལ་སྐུལ་འདེད་བྱས་ན། 15% ~20%ཐོན་འཕར་བྱེད་ཐུབ། ཞིང་རྗོ་བའི་ཟབ་ཚད་ལི་སྨིད 20 ~25ཡིན་ན་བཟང་བ་སྟེ། ས་རྒྱུ་བཏུལ་ནས་དབྱེ་ཐལ་བྱེད་པ་ཇེ་མགྱོགས་སུ་གཏོང་ཐུབ། ཤལ་རྒྱག་བཞའ་སྲུང་བྱེད་ཅིང་ཆར་ཆུ་གསོག་པར་བྱས་ན་རྒྱ་སྲན་གྱི་སྨྱུ་གུ་ཐོན་པ་དང་སྐྱེ་འཚར་ལ་ཕན་པ་ཡིན།

(གསུམ)སོན་བཟང་བདམས་སྦྱོད་བྱེད་པ།

ས་དེ་གའི་རང་བྱུང་ཆ་རྐྱེན་དང་ཚོང་རའི་དཔལ་འབྱོར་གྱི་དགོས་མཁོ། སད་མེད་པའི་དུས་ཀྱི་རིང་ཐུང་བཅས་གཞིར་བཟུང་སྟེ་སྐྱེ་འཚར་དུས་ཡུན་དང་འཚམ་པའི་རྒྱ་སྲན་གྱི་འདེབས་འཛུགས་ས་བོན་གདམ་དགོས། མིག་སྔར་ཁྱབ་སྤེལ་འདེབས་འཛུགས་བྱེད་པའི་རྒྱ་སྲན་གྱི་ས་བོན་ལ་ཡལ་གའི་བྲུར་ཚད་ཆུང་བ་དང་སྡོང་རྐང་གི་རྣམ་པ་ཚགས་དམ་པ། ཐན་སྐམ་འགོག་པ། ནད་འགོག་པ།

ཐོན་མཐོ་སྤྲུས་ལེགས་ཀྱི་མཚོ་སྔོན་ཨང 9པ་དང་མཚོ་སྔོན་ཨང 11པ། ཡིན་ཚན་ཨང 2པ། མཚོ་སྔོན་ཨང 3པ་བཅས་ནི་འདེབས་གསོའི་ས་བོན་གཙོ་བོ་ཡིན།

(བཞི)དུས་དང་མཐུན་པར་འདེབས་ཤིང་ལུགས་མཐུན་གྱིས་མཐུག་འདེབས་བྱེད་པ།

རྒྱ་སྲན་གྱི་ཐོན་ཚད་དང་རྒྱུ་སྤྲུས་མཐོར་འདེགས་གཏོང་ན། ངེས་པར་དུ་རྒྱ་སྲན་གྱི་ས་བོན་འདེབས་ཚད་ལ་ཚོད་འཛིན་གཟབ་ནན་བྱེད་ཅིང་། ལུགས་མཐུན་གྱི་སྒོ་ནས་ཚོགས་སྤྱིའི་གྲུབ་ཚུལ་གསར་འཛུགས་བྱེད་དགོས། ལུགས་མཐུན་གྱིས་མཐུག་འདེབས་བྱེད་པའི་རྩ་དོན་ནི་ས་གཤིན་པོ་ལ་སྲབ་ན་བཟང་བ་དང་ས་ཞན་པ་ལ་མཐུག་ན་བཟང་བ་ཡིན། རྒྱ་སྲན་གྱི་སོན་འདེབས་རྒྱུ་སྤྲུས་ཀྱིས་ཐད་ཀར་སྨྱུ་གུ་ཡོངས་སྐྱེ་འཚར་བཟང་བའི་སྨྱུ་གུ་འབྱུང་མིན་ལ་ཤུགས་རྐྱེན་གཏོང་བ་ཡིན། གནམ་གཤིས་དྲོད་ཚད་གཏན་འཇགས་ཀྱིས 0~5℃འབྱུང་བ་དང་། ས་རྒྱུ་འཁྱགས་སེལ་བྱུང་ཚད་ལི་སྨིད 8 ~12ཀྱི་དུས་སུ་བཏབ་ན་འཚམ་པ་ཡིན། སྤྱིར་བཏང་ལུང་གཞུང་གི་རྒྱུད་དུ་ཟླ 3པའི་ཟླ་སྨད་དང་སྲིབ་འཁྱགས་རི་ཁུལ་དུ་ཟླ 4བའི་ཟླ་སྟོད་ནི་རྒྱ་སྲན་འདེབས་པར་འཚམ་པའི་དུས་ཡིན། མ་བཏབ་སྔོན་ལ་འབྲུ་རྡོག་ཆེ་ཞིང་རྒྱགས་པ། འབུ་སྐྱོན་མེད་པ། རླམ་ཆགས་མེད་པ། འོད་མདངས་ཡོད་པ་བཅས་ཀྱི་ས་བོན་གདམ་དགོས། མུའུ་རེའི་འདེབས་ཚད་སྟོང་ཁེ 20~25དང་། འདེབས་པའི་ཟབ་ཚད་ལི་སྨིད 10ཡས་མས་ཡིན། ཕྲེང་བར་མཉམ་པའམ་ཕྲེང་བར་ཡངས་དོག་ཅན་སྤྱོད་དགོས། ཕྲེང་བར་མཉམ་པ་ཅན་ལ་ཕྲེང་སྟར་བར་ཐག་ལི་སྨིད 30ཡིན། ཕྲེང་བར་ཡངས་དོག་ཅན་ལྟར་འདེབས་ན་ཡངས་པའི་ཕྲེང་སྟར་བར་ཐག་ལི་སྨིད 50དང་། དོག་པའི་ཕྲེང་སྟར་གྱི་བར་ཐག་ལི་སྨིད 25ཡིན། མུའུ་རེའི་ལྡང་པ་ཁག་ཐེག་གི་ཚད་རྐང་ཁྲི 1.1~1.2ཡིན།

(ལྔ)ཞིང་ཁའི་དོ་དམ།

1.ལུད་འཇོག་པ་དང་ལྦུ་གུའི་དུས་སུ་སྙིང་ལུད་འཇོག་པ། རྒྱ་སྲན་གྱི་ཙ་ལག་གི་བསྒྱུ་ལེན་ནུས་པ་དྲག་པོ་ཡོད་པས་ལུད་འདང་ངེས་སུ་འཇོག་དགོས། ལུད་འཇོག་པ་ལ་གཙོ་བོར་སྐྱི་ལྷན་ལུད་གཙོར་བྱེད་པ་དང་ལེན་ལུད་སྔོན་འཇོག་བྱེད་པ། རྣ་ལུད་ཟུར་སྦྱོར་བྱེད་དགོས། མུའུ་རེར་ཁྱིམ་ལུད་བཟང་པོ་སྟོང་ཁ 2500 ~5000དང་གཏོ་ལེན་སོན་ཀལ་སྟོང་ཁ 20 ~30འཇོག་དགོས། ལུད་འཇོག་པ་དེ་སྔོན་དུས་ལོག་རྒྱག་པ་དང་ཟུང་འབྲེལ་གྱིས་མཉམ་དུ་སྤེལ་དགོས་ཤིང་། འདེབས་ལུད་ལ་མུའུ་རེར་ལེན་སྐྱུར་ཨན་གཉིས་སྟོང་ཁ 4 ~5བཞག་ཆོག མེ་ཏོག་རབ་ཏུ་བཞད་པའི་དུས་དང་གང་བུ་འདོགས་པའི་དུས་སུ་སྟོང་ཀང་སྐྱི་འཚར་དལ་བས 0.3%ཅན་གྱི་ལེན་སྐྱུར་ཆེང་གཉིས་རྣ་དང་གཅིན་རྒྱུའི་མཉམ་བསྲེས་གཤེར་ཁུ་ལོ་མའི་ཕྱོག་གཏོར་ནས་གསོ་བཅུད་ཁ་གསབ་བྱེད་པར་མཐོ་སྤྲོད་བྱེད་དགོས། རྒྱ་སྲན་གྱི་ལྡང་པའི་དུས་ཙད་པར་ད་དུང་ཙད་རྗོག་ཕྲ་སྲིན་གྲུབ་མེད་པའམ་དུས་སྟོད་ཀྱི་ཙད་རྗོག་ཕྲ་སྲིན་གྱི་ནད་འཛགས་ནུས་པ་ཞན་པས། ས་རྒྱུ་ལ་ཕན་སྦྱར་གྱི་གསོ་བཅུད་དཀོན་པར་བརྟེན“ནད་རྒྱུ་ཡིས་མུག”པའི་སྣང་ཚུལ་འབྱུང་སླ་བ་ཡིན། དེའི་ཕྱིར་ས་རྒྱུའི་གཤིན་ཚད་ཅུང་དམའ་ཞིང་ལུད་བཞག་པ་ཞུང་བའམ་ལྦུ་གུ་ཉམ་ཆུང་བའི་སྐབས་སུ། ཡལ་ག་མ་ཕྱོགས་གོང་ལ་དུས་ཕྱོག་ཏུ་ལྦུ་གུའི་དུས་ཀྱི་སྙིང་ལུད་བཞག་སྟེ་ཙ་ལག་གི་འཚར་སྐྱེ་དང་ཡལ་ག་རྒྱས་པ། མེ་ཏོག་གི་ལྦུ་གུ་ཁ་གྱེས་པ་བཅས་ལ་སྐུལ་འདེད་བྱེད་དགོས། ལྦུ་གུའི་དུས་སུ་ལུད་འཇོག་པ་ལ་སྤྱིར་བཏང་གསེང་སྔོད་ཐེངས་དང་པོ་དང་གཉིས་པའི་བར་དུ་ཏན་ལུད་ལ་གཏོ་ལེན་སོན་ཀལ་བསྣན་ནས་བཀོལ་ན་ལེན་ལ་བརྟེན་ནས་ཏན་འཕར་བའི་བྱེད་ནུས་ཐོན་པ་ཡིན།

2.ཆུ་གཏོང་བ། ས་རྒྱུའི་བཞའ་བརླན་གནས་ཚུལ་བཟང་ན་རྒྱ་སྲན་གྱི་ལྦུ

ཀུའི་དུས་སུ་སྤྱིར་བཏང་ཆུ་མི་གཏོང་བ་ཡིན། ཐེའུ་ཡི་དུས་སམ་མེ་ཏོག་བཞད་པའི་དུས་ལ་ཆ་རྐྱེན་ལྡན་པའི་ས་ཆར་ས་རྒྱུའི་བཞའ་བརྟན་གྱི་གནས་ཚུལ་ལ་གཞིགས་ནས་ཐག་གཅོད་དགོས།

3.གསེང་སྐྱོད་དང་ཡུར་མ་ཡུར་བ། ས་སྐྱོར་རྒྱག་པ། རྒྱ་སྲན་གྱི་རྩ་ལག་སྐྱེ་སྟོབས་བཟང་པའི་སྒོ་ནས་སྐྱེ་འཚར་ཡོང་བའི་ཆེད། སྤྱིར་བཏང་སྨྱུ་གུའི་མཐོ་ཚད་ལི་སྨིད 10~15ཡི་སྐབས་གསེང་སྐྱོད་ཐེངས་དང་པོ་བྱེད་ཅིང་། ཐེངས་གཉིས་པའི་གསེང་སྐྱོད་ནི་སྡོང་རྐང་གི་མཐོ་ཚད་ལི་སྨིད 15~20ཡི་སྐབས་སྤེལ་དགོས། རྒྱ་སྲན་ལ་ལུད་ཀྱིས་མ་འདང་ཚེ་ཐེའུ་ཡི་དུས་སུ་ཡུར་མ་ཡུར་ནས་ས་སོབ་སོབ་བཟོ་བ་དང་བསྟུན་ནས། ཕྲེང་སྟར་གྱི་བར་དུ་མུའུ་རེར་སྤེང་ལུད་དུ་རྒྱུ་གསུམ་ལེན་ལུད་སྟོང་ཁེ 10~15རྒྱག་དགོས། ཉིན 30ཡས་མས་སུ་རྩྭ་འབྲུ་མ་སྨིན་པའི་སྔོན་ལ་རྩྭ་ཐེངས 1འབལ་དགོས། ས་སྐྱོར་རྒྱག་པ་ཡིས་ཉལ་བ་འགོག་པ་དང་རྩ་བ་གནོན་པ། རྩ་བ་རྒྱས་པར་སྐུལ་འདེད་བྱེད་ལ། ཆུ་གཏོང་བ་དང་ཆུ་འབུད་པར་ཡང་སྟབས་བདེ་བ་ཡིན། ལྷག་པར་དུ་སྟོན་དུས་ཆར་ཆུ་མང་པས་ས་སྐྱོར་རྒྱག་པ་ནི་ལྷག་པར་གལ་ཆེན་ཡིན།

4.སྡོང་བཅོས་ལྗི་བཏོག རྒྱ་སྲན་ནི་མེ་ཏོག་བང་རིམ་ཚད་མེད་པ་ཅན་ཡིན། སྡོང་རྐང་རྩེ་མོའི་ཆེར་སྐྱེད་ལ་ཚོད་འཛིན་བྱས་ཏེ་གསོ་བཅུད་ཟད་གྲོན་ཇེ་ཉུང་དུ་གཏོང་ཆེད། འབྲུ་ཏོག་སྔ་མོར་སྨིན་ཞིང་རྒྱགས་པ་ཡོང་བར་སྐུལ་འདེད་བྱེད་དགོས། ས་དེ་གའི་དུས་ཚིགས་དང་རྒྱ་སྲན་སྐྱེ་འཚར་གྱི་གནས་ཚུལ་ལ་གཞིགས་ཏེ། གཞུང་རྐང་ལ་ལོ་མ 6~7ཐོགས་པ་དང་རྩ་བར་ཡལ་གའི་སྨྱུ་གུ 1~2ཡོད་པའི་སྐབས་ལྗི་སྙིང་བཏོག་པ་དང་གཞུང་རྐང་གི་རྩེ་མོ་གཅོད་དགོས། མེ་ཏོག་ཐོག་མའི་དུས་ཡལ་ག་ལེན་པ་དང་མེ་ཏོག་རབ་ཏུ་བཞད་པའི་དུས་རྩེ་མོ་གཅོད་དགོས། རྩེ་མོ་གཅོད་སྐབས་གནམ་གྱི་གནད་འགག་ཁོང་དུ་ཚུད་དགོས

ཏེ། གཅིག་ནས་གནམ་དྭངས་པའི་དུས་སུ་གཙོད་པ། གཉིས་ནས་ཐེའུ་བཏོག
པ་ལས་མེ་ཏོག་མི་བཏོག་པ། གསུམ་ནས་ལོག་སྟོང་མིན་པ་བཏོག་པ་ལས་ལོག
སྟོང་ཅན་མི་བཏོག་པ། བཞི་ནས་སེམས་ཆུང་སྨྲོས་འཐོག་ཅིང་། རྩེ་མོ་ལི་སྨིད
2~3ཙམ་བཏོག་ན་ཆོག་པ་བཅས་ཡིན།

(དྲུག)ནད་དང་འབུ་སྐྱོན་འགོག་བཅོས།

རྒྱ་སྨན་གྱི་ནད་དང་འབུ་སྐྱོན་ལ་གཙོ་བོར་བཙའ་ནད་དང་སྐྱེ་དངོས
གནོད་འབུ། ལོ་མའི་སྦྲང་ནག་སོགས་ཡོད་པ་ཡིན། རྒྱ་སྨན་འདེབས་པའི་སྔོན་ལ་
ནད་འགོག་ས་བོན་བདམས་སྤྱོད་བྱེད་ཅིང་། སྨན་ཚན་མ་ཡིན་པའི་ལོ་ཏོག་དང་
ལོ་གསུམ་ཡན་གྱི་རེས་འདེབས་བྱེད་པ་དང་། དུས་ཐོག་ཏུ་འབུ་སྐྱོན་ཅན་གྱི་སྡོང
ཀང་དང་ལོ་མ་ནད་ཅན་སེལ་བ། ཏུར་ཐག་སྨྲོས་ནད་དང་འབུ་ཡི་གཉེན་པོར་སྲུང
སྐྱོབ་དང་བེད་སྤྱོད་བྱེད་དགོས། སྨན་ལ་ཁྲའུ་ཁྲུང་ཐུས་སུའུ་དང་ཐུང་ཁང 120
ཁྲའུ་ཧྲེང་སུའུ་སོགས་བདམས་སྤྱོད་བྱེད་དགོས། བཙའ་ནད་ལ 75%ཅན་གྱི་པའི་
ཐུན་ཆིང་གི་གཤེར་རྫང་ཕྱེ་སྨན་བཀོལ་ནས་ཆུ་ལྡབ 800 ~1000ལ་བསྲེས་ཏེ་འགོག་
བཅོས་བྱེད་དགོས། སྐྱེ་དངོས་གནོད་འབུ་དང་ལོ་མའི་སྦྲང་ནག་ལ 50%ཅན
གྱི་ཁང་ཡ་ལྷེ་གཤེར་རྫང་ཕྱེ་སྨན་བཀོལ་ཏེ་ཆུ་ལྡབ 2000~3000ལ་བསྲེས་པའམ།
ཡང་ན 50%ཅན་གྱི་ཧྲ་མེང་སུང་བཀོལ་ནས་ཆུ་ལྡབ 1000ལ་བསྲེས་ཏེ་འགོག
བཅོས་བྱེད་དགོས།

(བདུན)སྦུད་པ་དང་བདག་ཉར།

སྨན་ཆེན་སྦུད་པ་སྔ་དྲགས་པའམ་འཕྱི་དྲགས་ན་ཐོན་ཚད་དང་རྒྱུ་ཕྲུས
ཚང་མར་ཤུགས་རྐྱེན་ངེས་ཅན་ཡོད། གལ་ཏེ་སྦུད་པ་སྔ་དྲགས་ཚེ་འབྲུ་རྡོག་ད
ཙང་སྨིན་མེད་ཅིང་། འབྲུ་རྡོག་འདོན་རྒྱུ་དཀའ་བ་མ་ཟད་འབྲུ་རྡོག་བརྒྱ་རེའི་
ལྗིད་ཚད་དང་ཞག་ཆེལ། ཕྱི་དཀར་རྫས་ཀྱི་འདུས་ཚད་བཅས་ཐུང་དམའ་བ

དང་། སྨུད་པ་འཕྱི་དྲགས་ཚེ་གྲོང་གུད་ཀྱི་ཚད་ཆེ་བ་དང་རྒྱུ་ཕྲུས་སྨུག་ཏུ་འགྲོ་བ། སོ་ལེགས་བྱུང་ཡང་ཐོན་འབབ་ཉུང་བ་ཡིན། དེའི་ཕྱིར་རྒྱ་སྲན་གྱི་འཚམ་པའི་བསྡུ་དུས་ནི་སྡོང་རྐང་གི་ལོ་མ་སྐམ་ནས་སེར་པོར་གྱུར་པའམ་ལོ་མ་མང་ཆེ་བ་ལྷུང་བ། སྡོང་རྐང་དང་གང་བུ་ཡོངས་སུ་སེར་པོར་གྱུར་ཅིང་སྲན་གང་ཁམ་ནག་ཏུ་གྱུར་པའི་སྐབས། འབྲུ་རྡོག་སྒོར་རིལ་དུ་གྱུར་པ་མ་ཟད་གང་བུའི་ཤུན་ལྤགས་ལྷུང་བ། གང་བུ་དང་འབྲུ་རྡོག་དབར་གྱི་སྐྱི་ཤ་དཀར་པོ་མེད་པར་གྱུར་པ་ན་ད་གཟོད་བསྡུ་ཆོག་པ་ཡིན། སྨུད་པའི་སྐབས་སུ་སྡོང་རྐང་དང་མཉམ་དུ་འབྲེག་དགོས། བྲེགས་རྗེས་ཆར་གྱིས་བརླན་པ་ནན་འགོག་བྱས་ཏེ་རླམ་ཆགས་པའམ་འབྲུ་རྡོག་གི་ཤུན་ལྤགས་གཉེར་འཁྱུམ་བྱུང་ནས་རྒྱ་སྲན་གྱི་རྒྱུ་ཕྲུས་ལ་ཤུགས་རྐྱེན་འབྱུང་བ་འགོག་དགོས། བདག་ཉར་བྱེད་པའི་སྔོན་ལ་རྒྱ་སྲན་གང་ལེགས་ཀྱིས་སྐམ་པར་བྱས་རྗེས་གསོ་སྐྱི་ནང་དུ་བླུགས་ནས་ཕྲུང་འཛོག་བྱེད་དགོས། བརླན་གཤེར་ 12%~14%ཡི་སྐབས་སུ་ཕྲུང་ཚད་གསོ་སྐྱི་ 6གི་མཐོ་ཚད་ལས་བརྒལ་མི་རུང་ཞིང་། བརླན་གཤེར་ 12%ཀྱི་མན་གྱི་སྐབས་ཕྲུང་ཚད་གསོ་སྐྱི་རིམ་བརྩེགས་ 8ཀྱི་མཐོ་ཚད་ལས་བརྒལ་མི་རུང་། སླད་ཁེབས་མེད་སར་གསོག་ཉར་བྱེད་དགོས། ཕྲུང་འཛོག་བྱས་པའི་ཞབས་སུ་བརླན་འགོག་སྟན་འདིང་དགོས་ཤིང་ཕྲུངས་པའི་སླད་ཐོག་ཏུ་ཆར་ཁེབས་ཀྱིས་བཀབ་སྟེ་ཆར་གྱིས་བརླན་པ་འགོག་དགོས། གསོག་འཛོག་གི་གྲངས་ཚད་མང་ན་མཛོད་ཁང་དུ་ཉར་ཚོག གསོག་ཉར་གྱི་བར་སྐབས་ལ་དུས་ངེས་གཏན་གྱིས་བརླན་གཤེར་དང་འབུས་རྒྱག་པ་སོགས་ལ་ཞིབ་བཤེར་བྱས་ཏེ་བདེ་འཇགས་ངང་གསོག་ཉར་བྱེད་པ་ཁག་ཐེག་བྱེད་དགོས།

བཞི། ཚད་ཞིབ་ཅན་དུ་འདེབས་པ།

རྒྱ་སྲན་ཚད་ཞིབ་ཅན་དུ་འདེབས་པའི་ལག་རྩལ་ནི་འདེབས་ཚད་དང་ཕྲེང་སྟར་བར་ཐག འདེབས་པའི་ཟབ་ཚད་བཅས་གཏན་འཁེལ་བྱེད་པའི་ཚད

ལྡན་ཅན་གྱི་འདེབས་འཛུགས་ལག་རྩལ་རིགས་ཤིག་ཡིན་ཞིང་། མ་རྩར་གྲོན་ཆུང་བྱེད་པ་དང་ངལ་རྩོལ་གྱི་ཚད་ཇེ་དམའ་རུ་གཏོང་བ། དཔལ་འབྱོར་གྱི་ཕན་འབྲས་མཐོར་འདེགས་བྱེད་པ་སོགས་ཀྱི་བཟང་ཆ་ལྡན་པ་ཡིན། ཐོག་མར། སོན་བཟང་འདོར་ཆེན་གྲོན་ཆུང་བྱས་ཏེ་ས་བོན་གྱི་སོན་བཟང་ཅན་དང་གནད་སྨིན་ཅན་ལ་ཕན་པ་ཡིན། ཚད་ཞིབ་ཅན་དུ་འདེབས་པ་ཡིས་ས་རྒྱུའི་འཚོ་བཅུད་དང་བརླན་གཤེར་གང་ལེགས་ཀྱིས་བེད་སྤྱོད་བྱས་ཏེ་ཞིང་ཁའི་སྨྱུ་གུ་ཐོན་ཚད་མཐོར་འདེགས་དང་སྟོང་རྐང་གི་ཁྱབ་སྟངས་སྙོམས་པོ་ཡོང་བར་བྱེད་ཐུབ་ཅིང་། སྨྱུ་གུ་སྙོམས་པོ་དང་སྨྱུ་གུ་གྲལ་འགྲིག་མོ། སྨྱུ་གུ་སྐྱེ་འཚར་ལེགས་པ་བཅས་མངོན་འགྱུར་བྱེད་ཐུབ་པ་ཡིན།

(གཅིག)ས་བོན་འདེམ་པ།

ཚད་ཞིབ་ཅན་དུ་འདེབས་པ་ཡིས་ས་བོན་གྱི་རྒྱུ་སྤུས་ལ་བླང་བྱ་ཅུང་མཐོ་བ་ཡིན། ས་དེ་གའི་རང་བྱུང་ཆ་རྐྱེན་དང་འཚམ་པའི་ཐོན་མཐོ་སྤུས་ལེགས་ཀྱི་ས་བོན་གདམ་དགོས། ས་བོན་གྱི་གཙང་ཚད 95%ལ་བསླེབ་པ་དང་སྨྱུ་གུ་འབུས་ཚད 98%ཡན་ཡིན་པ། ས་བོན་གྱི་འབྲུ་རྡོག་སྙོམས་པོ་གཅིག་མཚུངས་ཡིན་པ། ཆག་རོ་མེད་པ་བཅས་ཀྱི་བླང་བྱ་ལྡན་པ་ཡིན།

(གཉིས)ལུགས་མཐུན་གྱིས་རེས་འདེབས་བྱེད་པ།

གྲོའི་རིགས་དང་ཞོག་ཁོག པད་ཁ་སོགས་ལོ་ཏོག་དང་ལུགས་མཐུན་གྱིས་རེས་འདེབས་བྱས་ཏེ་ས་རྒྱུའི་གཤིན་ཚད་མཐོར་འདེགས་དང་རྩྭ་ལྷུམ་ཆོད་འཛོན། ནད་དང་འབུ་སྲིན་འགོག་པ་བཅས་བྱེད་དགོས།

(གསུམ)ལུད་འཇོག་པའི་ཚད་གཞི།

ཨུའུ་རེར་རྒྱུ་སྤུས་ལེགས་ཤིང་གནོད་མེད་ཅན་དུ་ཐག་གཅོད་བྱས་ཟིན་པའི་ཁྱིམ་ལུད་རྫིད་ལྷམ་པ 3~4དང་། ཕབ་རྒྱུ་སྐྱེ་ལྡན་ལུད་སྟོང་ཁེ 80 གཅིན་རྒྱུ་

སྟོང་ཁ 5 ལྡན་སྦྱར་ཨན་གཉིས་སྟོང་ཁ 15བཅས་འཛོག་དགོས།

(བཞི)འདེབས་ཚད།

ས་དེ་གའི་ས་རྒྱུ་དང་ཆུ་ལུད་ཀྱི་ཆ་རྐྱེན། ས་བོན་བཅས་གཞིར་བཟུང་སྟེ་གཏན་འཁེལ་བྱེད་ཅིང་། ཞིང་ཆུ་མར་འོས་འཚམ་གྱི་གཏན་འཁེལ་སྨུག་ཚད་ནི(ཀང་ཁྲི 1.0 ~1.2/མུའུ)ཡིན། ཞིང་རི་མར་འདེབས་འཛུགས་སྨུག་ཚད་ནི(ཀང་ཁྲི 1.5~1.6/མུའུ)ཡིན།

འདེབས་ཚད་རྩིས་རྒྱག་སྤྱི་འགྲོས་ནི། འདེབས་ཚད(སྟོང་ཁ/མུའུ)=(འདེབས་པའི་སྨུག་ཚད×འབྲུ་ཚིག་བརྒྱ་རེའི་ལྗིད་ཚད/100)÷1 000ཡིན། དཔེར་ན་མཚོ་སྔོན་ཨང 12པ་རྒྱ་སྨན་གྱི་འབྲུ་ཚིག་བརྒྱ་རེའི་ལྗིད་ཚད་ཁ 190 ལྟར་བརྩིས་ན། འདེབས་ཚད(སྟོང་ཁ/མུའུ)=(11 000~12 000)×190/100÷1 000=སྟོང་ཁ 20.9~22.8ཡིན།

(ལྔ)འདེབས་པའི་ཟབ་ཚད།

ས་རྒྱུའི་རིགས་དབྱེ་དང་དྲོད་ཚད། ས་དེ་ཉིད་ཀྱི་གནམ་གཤིས་ཆ་རྐྱེན། སོན་འདེབས་ལག་རྩལ་སོགས་རྒྱུ་རྐྱེན་ལ་གཞིགས་ནས་གཏན་འཁེལ་བྱེད་དགོས། སྤྱིར་བཏང་གི་ཆ་རྐྱེན་འོག་ཏུ་རྒྱ་སྨན་ལ་འཚམ་པའི་འདེབས་པའི་ཟབ་ཚད་ནི་ལི་སྨིད 8.0~10.0ཡིན་ལ། དེར་མ་ཟད་འདེབས་པའི་ཟབ་ཚད་གཅིག་མཚུངས་ཡིན་དགོས།

(དྲུག)འདེབས་སྟངས།

1.མིའི་རྩོལ་བས་ཁྲུང་འདེབས་བྱེད་པ། ཕྲེང་བར་ཡངས་དོག་ཅན་ལྟར་འདེབས་པ་སྤྱོད་དགོས། ཕྲེང་བར་དོག་པའི་ཕྲེང་སྐར་བར་ཐག་ལི་སྨིད 25དང་སྨུག་རྐང་གི་བར་ཐག་ལི་སྨིད 15ཡིན་ལ། ཕྲེང་སྐར 4འཛུགས་དགོས། ཕྲེང་བར་ཡངས་པའི་ཕྲེང་སྐར་གྱི་བར་ཐག་ལི་སྨིད 50དང་སྨུག་རྐང་རེའི་བར་ཐག་ལི་

ཞིང་ 15ཡིན་ལ་ཕྲེང་སྟར་ 1འཛུགས་དགོས། དེ་ལྟར་རིགས་བསྒྲིམས་ཏེ་ཁྱུང་བུ་རེ་ལ་སོན་རྡོག་རེ་ཁག་ཐེག་བྱེད་དགོས།

2.འཕྲུལ་ཆས་ཀྱིས་ཕྲེང་བར་ཡངས་དོག་ཅན་ལྟར་འདེབས་འཛུགས་བྱེད་པ། ཕྲེང་སྟར་ 4ཅན་གྱི་འདེབས་འཛུགས་འཕྲུལ་འཁོར་གྱིས་ཕྲེང་སྟར་ 4རེར་ཕྲེང་སྟར་སྟོང་པ་ 1རེ་ལྟར་འདེབས་པ་སྤྱོད་ཅིང་། འདེབས་པའི་ཕྲེང་སྟར་གྱི་བར་ཐག་ནི་སོན་འདེབས་འཕྲུལ་འཁོར་གྱི་དོན་དངོས་ཕྲེང་སྟར་བར་ཐག་གཞིར་བཟུང་སྟེ་ཐག་གཅོད་དགོས། མུ་ཁྲང་གི་བར་ཐག་ནི་འདེབས་པའི་སྨུག་ཚད་དང་ཕྲེང་སྟར་གྱི་བར་ཐག་གིས་ཐག་གཅོད་པ་ཡིན། འདེབས་པའི་སྨུག་ཚད་དང་ཕྲེང་སྟར་བར་ཐག་སྔོས་བཅས་ཀྱིས་ངེས་གཏན་ཡིན་དུས། མུ་ཁྲང་གི་བར་ཐག་ནི་འདེབས་པའི་སྨུག་ཚད་ཐག་གཅོད་པའི་རྒྱུ་གལ་ཆེན་ཡིན། མུ་ཁྲང་གི་བར་ཐག(ལི་ཞིད) =666.7 ×10 000 ÷འདེབས་པའི་སྨུག་ཚད×ཆ་སྙོམས་ཕྲེང་སྟར་བར་ཐག(ལི་ཞིད)ཡིན། དཔེར་ན་ཆ་སྙོམས་ཕྲེང་སྟར་གྱི་བར་ཐག་ནི་ལི་ཞིད 40ཡིན་ན། མུ་ཁྲང་གི་བར་ཐག=666.7 ×10 000 ÷(11 000×40)=ལི་ཞིད 15.15ཡིན།

(བདུན)ས་འགེབས་པ།

ས་བཀབ་རྗེས་དུས་ཐོག་ཏུ་བཅག་བཅག་བྱས་ཏེ་ལོ་ཏོག་གི་སྐྱེ་འཚར་ལ་འོས་འཚམ་གྱི་ས་རྒྱུའི་ཚགས་དམ་ཚད་བསྐྱུན་ཆེ། ས་རྒྱུའི་བཞའ་སྐྱུང་ནུས་པ་རྗེ་མཐོར་བཏང་སྟེ་ས་བོན་ལ་མྱུ་གུ་འབུས་པར་ཕན་ཞིང་། ལྷང་པ་ཆ་ཚང་བ་དང་ལྷང་པ་གྲུལ་འགྲིག་པོ། ལྷང་པ་སྐྱེ་སྟོབས་དང་ལྡན་པ་བཅས་ལ་ཁག་ཐེག་བྱེད་པའི་གལ་ཆེའི་བྱེད་ཐབས་ཀྱི་གྲས་ཡིན།

ལྔ། ཚོད་ལྡན་ཅན་གྱི་འདེབས་གསོ།

(གཅིག)སོག་ཤུལ་འདེམ་པ་དང་ཞིང་འདེམ་པ།

1.སོག་ཤུལ་འདེམས་པ། གྲོའམ་ཞོག་ཁོག་གི་སོག་ཤུལ་འདེམས་པ་ལས་སྲན་རིགས་དང་པད་ཁའི་སོག་ཤུལ་བཀོལ་མི་རུང་། རེས་འདེབས་བྱེད་ཐབས་ལ་གྲོ–རྒྱ་སྲན་དང་མ་རྨོས་ལོ་ཏོག–རྒྱ་སྲན། ཞོག་ཁོག–རྒྱ་སྲན་ལྟར་སྤྱོད་དགོས།

2.ཞིང་འདེམས་པ། ས་བབ་བདེ་སྙོམས་ཡིན་པ། ས་རིམ་མཐུག་ཅིང་ཟབ་པ། ཆུ་གཏོང་འབུད་སྟབས་བདེ་བ། ས་རྒྱུ་སོབ་ཅིང(ས་རྒྱུ་ཡི་བར་གསེང་གི་ཚད≥50%)གཤིན་པོ་ཡིན་པ། ས་བཅུད་སྙོམས་པོ་ཡིན་པ། pHཚད 7.5±0.5ཡིན་པ། སྐྱེ་ལྡན་རྫས་བཅུད(ཁེ 12~24/སྟོང་ཁེ)ཡིན་པའི་ཞིང་ས་གདམ་དགོས།

(གཉིས)རྨོ་འདེབས་གྲ་སྒྲིག་དང་ཞིང་བཅོས་བྱེད་པ།

1.སྔོན་ལོག་གཏིང་དུ་རྒྱག་པ་དང་སྐྱེ་ལྡན་ལུད་འཛུགས་པ། སྔོན་མའི་ལོ་ཏོག་བསྡུས་རྗེས་དུས་ཐོག་ཏུ་ལོག་རྒྱག་དགོས་ཤིང་། ཟབ་ཚད་ལི་སྨིད 15~20 ཡིན་དགོས་ལ་ལོག་བརྒྱབ་པའི་ཟབ་ཚད་གཅིག་མཚུངས་ཡིན་པ་དང་། བསྐྱར་ལྡོས་དང་ཆད་ལུས་མི་ཤོར་བ། ལོག་བརྒྱབ་པ་དྲང་ཞིང་སྙོམ་དགོས། སྨུའུ་རེར་སྐྱེ་ལྡན་ལུད་འཛུགས་ཚད་ནི་ཞིང་ཆུ་མར་སྟོང་ཁེ 3000དང་ཞིང་རི་མར་སྟོང་ཁེ 2000ཡིན། གྲོང་ཁྱེར་གྱི་གད་སྙིགས་དང་འདམ་རྫབ། བཟོ་ལས་ཀྱི་སྙིགས་རོ། གནོད་མེད་ཅན་དུ་ཐག་གཅོད་བྱས་མེད་པའི་སྐྱེ་ལྡན་ལུད་བཅས་སྤྱོད་པ་གཏན་འགོག་བྱེད་དགོས།

2.ཆུ་གསོག་བཞའ་སྲུང་བྱེད་པ། ཆུ་གཏོང་པའི་ཞིང་སར་ཟླ 10བའི་ཟླ་སྨད་ནས་ཟླ 11པའི་ཟླ་སྟོད་དུ་ཉིན་རེའི་ཚ་སྙོམས་དྲོད་ཚད−0.5℃ལ་མར་ཆག་པ་དང་། ཞིང་ས་མཚན་འཁྱགས་ཉིན་ཞུ་ཡི་སྐབས་སུ་དུས་དང་མཐུན་པར་དགུན་ཆུ་བཏང་སྟེ། ས་ཤུན་སེར་པོར་གྱུར་ཅིང་སྐམ་པའི་དུས་སུ་ས་རྟུང་གནོན་བཅག་བྱས་ཏེ་སེར་སྲུང་དགོས། སེར་གསོག་པའི་དམིགས་ཚད་ནི། དཔྱིད

འདེབས་སྐབས་ལི་སྨིད་0~20ཡི་ས་རྒྱུ་ནང་ཆུ་འདུས་ཚད་18%~20%ལ་བསླེབ་
དགོས། ཞིང་རི་མར་སྔོན་མའི་ལོ་ཏོག་བསྡུས་རྗེས་ལོག་གཏིང་དུ་རྒྱག་པ་དང་
ཞལ་བརྒྱབ་ནས་སེར་བསྡུ་དགོས། དགུ་གསུམ་པར་ས་རྟུང་གནོན་བཙག་བྱས་
ཏེ་སེར་སྲུང་དགོས། བཞའ་སྲུང་གི་དམིགས་ཚད་ནི། དཔྱིད་འདེབས་སྐབས་
ལི་སྨིད་0~20ཡི་ས་རྒྱུ་ནང་བརླན་གཤེར་འདུས་ཚད་14%~16%ལ་བསླེབ་དགོས།

3.མ་བཏབ་སྔོན་ལ་ཞིང་བཅོས་བྱེད་པ། མ་བཏབ་སྔོན་དུ་རྫས་ལུད་འཛོག་
པ་དང་ཟུང་འབྲེལ་གྱིས་ཁ་ལོག་ལི་སྨིད་15རྒྱག་དགོས་པ་མ་ཟད། ཞལ་བརྒྱབ་སྟེ་
འོག་རིམ་གྱི་ས་རྒྱུ་ཚགས་དམ་པོ་དང་སྟེང་རིམ་གྱི་ས་རྒྱུ་སོབ་སོབ་བཟོ་དགོས།

(གསུམ)ས་བོན་ལེགས་འདེམ།

1.ས་བོན་འདེམ་པ། འདེབས་འཛུགས་ས་ཁོངས་མི་འདྲ་བར་གཞིགས་ཏེ་
འབྲུ་རྡོག་ཆེ་ཞིང་སྐྱེ་རྩལ་ཁག་རྒྱགས་པ། ཆོས་མདངས་གསལ་པོ་ཡིན་ལ། ས་
བོན་གྱི་ཁྱད་གཤིས་དང་མཐུན་པར་ཡོངས་སུ་སྨིན་པ་དང་ནད་དང་འབུ་སྐྱོན་
མེད་པ། ས་གནས་དེ་གར་འདེབས་འཛུགས་བྱེད་པར་འཚམ་པའི་ཕྱུས་ལེགས་ས་
བོན་གདམ་དགོས། ས་བོན་གྱི་རིམ་དབྱེ་ཚད་གཞི་ནི GB4404.2－1996《འབྲུ་
རིགས་ལོ་ཏོག་གི་ས་བོན་–སྲན་རིགས》ལྟར་ལག་ལེན་བསྟར་དགོས།

2.ས་བོན་གྱི་ལས་སྔོན། མ་བཏབ་སྔོན་ལེགས་པར་བདམས་ཟིན་པའི་ས་
བོན་ཉི་འོད་འོག་བཞག་སྟེ་ཉིན 1~2ལ་བཙན་སྐམ་བྱེད་དགོས།

(བཞི)སོན་འདེབས།

1.འདེབས་དུས། གནམ་གཤིས་ཀྱི་དྲོད་ཚད་གཏན་འཇགས་ཀྱིས 0~5℃
འབྱུང་ཞིང་ས་རྒྱུ་འཁྱགས་སེལ་ལི་སྨིད་12~15ཡི་སྐབས་དུས་དང་མཐུན་པར་
འདེབས་དགོས། ཞིང་ཆུ་མར་ཟླ་3པའི་ཟླ་དཀྱིལ་དང་ཟླ་སྨད། ཞིང་རི་མར་ཟླ་
3པའི་ཟླ་སྨད་ནས་ཟླ་4བའི་ཟླ་སྟོད་དུ་འདེབས་དགོས།

2.འདེབས་ཚད། ས་དེ་གའི་ས་རྒྱུ་དང་ལུད་བཞག་པའི་ཚུ་ཚད། ས་བོན་གྱི་ཁྱད་གཤིས། ནམ་ཟླའི་ཆ་རྐྱེན་བཅས་གཞིར་བཟུང་ནས་གཏན་འཁེལ་བྱེད་དགོས། སྤྱིར་བཏང་ཞིང་ཆུ་མར་སྨུའུ་རེར་འདེབས་པའི་སོན་རྫོག་ཁྲི 1.2~1.4དང་ལྡང་པ་ཁག་ཐེག་ཚད་ཀང་ཁྲི 1.1 ~1.3ཡིན། ཞིང་རི་མར་སྨུའུ་རེར་འདེབས་པའི་སོན་རྫོག་ཁྲི 2~2.2དང་ལྡང་པ་ཁག་ཐེག་ཚད་ཀང་ཁྲི 1.5~1.8ཡིན།

3.འདེབས་སྟངས། སྤྱིར་བཏང་ཕྱུགས་ཟློག་གིས་རྨོ་བ་དང་མིས་ལག་གཏོར་བྱེད་པའི་འདེབས་སྟངས་སྤྱོད་པ་ཡིན། ཆ་རྐྱེན་འཛོམས་པའི་ས་ཁུལ་དུ་འཕྲུལ་ཆས་ཅན་གྱི་ཁྱུང་འདེབས་ལག་རྩལ་སྤྱད་ཆོག ཕྲེང་བར་ཡངས་དོག་ཅན་ལྟར་འདེབས་པ་བཀོལ་བ་སྟེ། ཕྲེང་བར་ཡངས་པ་ལ་ལི་སྨིད 30 ~40དང་། ཕྲེང་བར་དོག་པ་ལ་ལི་སྨིད 20~25ཡིན་ཞིང་། སྨུག་ཀང་གི་བར་ཐག་ལི་སྨིད 12~18ཡིན། འདེབས་པའི་ཟབ་ཚད་ལི་སྨིད 7~10ཡིན།

(ལྔ)རྫས་ལུད་འཛུག་པ།

མ་བཏབ་སྔོན་ལ་ཞིང་བཅོས་བྱེད་པ་དང་ཟུང་འབྲེལ་གྱིས་འཛུག་ཐེངས་གཅིག་གིས་རྫས་ལུད་ས་རྒྱུའི་གཏིང་ལུད་དུ་འགོག་དགོས། འཛུག་ཚད་ནི། ཞིང་རི་མར་སྨུའུ་རེར་རྫས་ལུད་ཏན་རྒྱང་སྟོང་ཁ 2.0 ~3.0དང་དབྱང་ལྷ་ལིན་གཉིས་རྫས་རྒྱང་པ་སྟོང་ཁ 4.5 ~5.5འཛུག་དགོས། ཞིང་ཆུ་མར་སྨུའུ་རེར་རྫས་ལུད་ཏན་རྒྱང་སྟོང་ཁ 2.2~3.2དང་དབྱང་ལྷ་ལིན་གཉིས་རྫས་རྒྱང་པ་སྟོང་ཁ 5~6འཛུག་དགོས།

(དྲུག)ཞིང་ཁའི་དོ་དམ།

1.གསེང་རྨོད་ཡུར་རྒྱག སྨྱུ་གུ་ལི་སྨིད 7~10ལ་བསླེབས་སྐབས་གསེང་རྨོད་ཡུར་རྒྱག་ཐེངས་དང་པོ་སྤེལ་དགོས་ཤིང་། ཕྲེང་བར་སློག་པའི་ཟབ་ཚད་ལི་སྨིད 8~10དང་སྨུག་ཀང་གི་བར་སློག་པའི་ཟབ་ཚད་ལི་སྨིད 5ཡིན། ཚུ་ཐེངས་དང་པོ་

གཏོང་བ་དང་བསྟུན་ནས་ས་རྒྱ་གསེང་སྐྱོད་བྱེད་པར་འཚམ་དུས་དུས་ཐོག་ཏུ་ས་སོབ་སོབ་བཟོ་བ་དང་ཡུར་མ་ཡུར་དགོས། འབྲུ་གུ་རྒྱས་པའི་དུས་ཞིང་ཁའི་རྩྭ་ལྡུམ་མཐོན་པོ་དང་ཆེ་བའི་རིགས་ཐེངས་1~2ལ་འབལ་དགོས།

2.ཆུ་གཏོང་བ། ཞིང་ཆུ་མར་རྒྱ་སྲན་སྐྱེ་འཚར་བྱུང་སྟེ་ལོ་མའི་ཚིགས་4ཡི་སྐབས་ཆུ་ཐེངས་དང་པོ་གཏོང་དགོས། མེ་ཏོག་བཞད་དེ་རིམ་པ་4~5ཡི་སྐབས་ཆུ་ཐེངས་གཉིས་པ་གཏོང་དགོས། གང་བུ་འདོགས་པའི་དུས་ཆུ་ཐེངས་གསུམ་པ་གཏོང་དགོས།

3.ལོ་མའི་ཐོག་ཏུ་ལུད་གཏོར་བ། རྒྱ་སྲན་གྱི་མེ་ཏོག་ཐོག་མ་བཞད་པའི་དུས་དང་མེ་ཏོག་རབ་ཏུ་བཞད་པའི་དུས་སུ་སྨུའུ་རེར་ལིན་སྐྱུར་ཚིང་གཉིས་ཚྭ་སྟོང་ཁ 0.1དང་གཅིན་རྫུ་སྟོང་ཁ 0.5ཆུ་སྟོང་ཁ 40~50ལ་བསྲེས་ཏེ། ནངས་དགོང་གང་རུང་ལ་ལོ་མའི་ཐོག་གཏོར་དགོས།

4.ལྕེ་བཏོག་རྩེ་གཅོད། ཞིང་ཁ་ཡོངས་སུ་མེ་ཏོག་རིམ་པ་ 10ཡས་མས་བཞད་སྐབས། གནམ་དྭངས་ཤིང་ཟིལ་བ་སྐམ་པའི་དུས་བདམས་ཏེ་དུས་དང་མཐུན་པར་ལྕེ་བཏོག་རྩེ་གཅོད་བྱེད་དགོས།

(བདུན)ནད་དང་འབུ་སྲིན་འགོག་བཅོས།

1.ས་འོག་གི་གནོད་འབུ། མ་བཏབ་སྔོན་ལ་ཞིན་ལིའུ་ལིན་སོགས་ནུས་པ་ཆེ་བ་དང་དུག་ནུས་དམའ་བ། ལྷག་ལུས་ཉུང་བ་བཅས་ཀྱི་འབུ་གསོད་སྨན་བཀོལ་ཏེ་ས་རྐྱུ་ལ་ཐག་གཅོད་བྱེད་དགོས།

2.སྐྱེ་དངོས་གནོད་འབུ་དང་རྩ་རྡོག་གནོད་འབུ། ལུའི་ཚིང་ཊུས་ཀྱི་སོགས་ནུས་པ་ཆེ་བ་དང་དུག་ནུས་དམའ་བ། ལྷག་ལུས་ཉུང་བ་བཅས་ཀྱི་འབུ་གསོད་སྨན་བཀོལ་ཏེ་གནོད་པ་འབྱུང་བའི་དུས་ཉིན 7~10རེའི་མཚམས་སུ་ཐེངས 1ལ་རྒྱག་དགོས།

3.ལོ་མའི་ནད་འགོག་བཅོས། གཙོ་བོ་ནི་ གྲིན་ནད་དམར་ཁྲ་དང་གྲིན་ནད་འཁོར་རིས་ཅན་ཡིན། ལོ་མར་ཡོངས་ཁྱབ་ཏུ་ནད་ཀྱི་ཁྲ་ཐིག་འབྱུང་བའི་སྐབས་སུ་སྨུའུ་རེར 50%ཅན་གྱི་ཧོ་ཅུན་ལིན་གཤེར་ཟུང་ཕྱེ་སྨན་ཁེ 50འམ་ཡང་ན 70%ཅན་གྱི་ཙ་ཅི་ཐུའོ་ཕུའུ་ཅིན་གཤེར་ཟུང་ཕྱེ་སྨན་ཁེ 50ཆུ་སྟོང་ཁེ 60~75ལ་བསྲེས་ཏེ་གཏོར་ནས་འགོག་བཅོས་བྱེད་དགོས་ཤིང་། ཉིན 10རེའི་མཚམས་སུ་ཐེངས 1བྱེད་དགོས། ཞིང་སྨན་སྤྱོད་ཚེ GB4285 −89ལྟར་ཞིང་སྨན་བདེ་འཛུགས་བཀོལ་སྤྱོད་ཚད་གཞི་ལྟར་སྤྱོད་དགོས།

(བརྒྱད)སྡུད་པ།

སྔོང་རྐང་གི་སྨད་ཆའི་ལོ་མ་ལྷུང་བ་དང་གཞུང་རྐང་གི་རྩ་བའི་རིམ་པ 4~5ཡི་གང་བུ་ནག་པོར་གྱུར་པ། སྙིང་ཕྱོགས་ཀྱི་གང་བུ་སེར་པོར་གྱུར་དུས་བསྡུ་རན་པ་ཡིན། སྡུད་སྐབས་རབ་ཡིན་ན་མིའི་རྩོལ་བས་སྔོང་རྐང་བལ་ནས་སྲན་རྡོག་མ་མཐུད་ལེགས་པོར་སྨིན་པར་བྱེད་དགོས། སྲན་གང་བསིལ་སྐམ་བྱས་ཏེ་ཡོངས་སུ་ནག་པོར་གྱུར་དུས་འབྲུ་རྡོག་འདོན་དགོས།

(དགུ)ཐུམ་སྒྲིལ་དང་སྐྱེལ་འདྲེན། བདག་ཉར།

རྒྱ་སྲན་གྱི་ཐུམ་སྒྲིལ་དང་སྐྱེལ་འདྲེན། བདག་ཉར་བཅས་ནི་ངེས་པར་དུ་རྒྱུ་སྤུས་ལ་ཁག་ཐེག་དང་གྲངས་འབོར་ལ་ཁག་ཐེག སྐྱེལ་འདྲེན་བདེ་འཛུགས། རིམ་དབྱེ་བདག་ཉར་བཅས་ཀྱི་བླང་བྱ་དང་མཐུན་དགོས་ཤིང་། བརྫོད་སྔྲོན་ནད་འགོག་བྱེད་དགོས།

ལེའུ་གསུམ་པ། སྲན་རིལ་འདེབས་གསོ་བྱེད་པའི་ལག་རྩལ།

ས་བཅད་དང་པོ། རགས་བཤད།

སྲན་རིལ་ལ་ཧན་ཏོའུ་དང་མའེ་ཏོའུ། ཏོ་ལན་སྲན་མ་ཡང་ཟེར་ཞིང་། གནའ་སྔ་མོའི་འཛམ་གླིང་རང་བཞིན་གྱི་འདེབས་གསོའི་ལོ་ཏོག་རིགས་ཤིག་ཡིན། རྒྱལ་ཁབ་མང་པོར་འདེབས་འཛུགས་བྱེད་ཅིང་ཁྱབ་པའི་ས་ཁོངས་ཤིན་ཏུ་རྒྱ་ཆེ། སྲན་རིལ་དེ་རང་རྒྱལ་གྱི་འདེབས་གསོའི་ལོ་རྒྱུས་ཐལ་ཆེར་ལོ 2000 ཡོད་པ་མ་ཟད། སྔ་མོ་ཞིག་ནས་རྒྱལ་ཡོངས་ཀྱི་ས་ཆ་སོ་སོར་ཁྱབ་ཡོད། 2005 ལོར། རང་རྒྱལ་གྱི་སྲན་རིལ་སྔོན་པོའི་འབྲིག་སྟུད་རྒྱ་ཁྱོན་མུའུ་ཁྲི 321ཡོད་ཅིང་། འཛམ་གླིང་གི་སྲན་རིལ་སྔོན་པོའི་འབྲིག་སྟུད་རྒྱ་ཁྱོན་གྱི 19%ཟིན་པ་རེད། ཐོན་སྐྱེད་ཀྱི་སྤྱི་འཐོར་ཆ་ནས་བལྟས་ན། ཀྲུང་གོ་ནི་འཛམ་གླིང་གི་སྲན་རིལ་ཐོན་སྐྱེད་བྱེད་པའི་རྒྱལ་ཁབ་ཆེན་པོ་ཨང་གཉིས་པ་ཡིན་ཞིང་། འཛམ་གླིང་གི་སྲན་རིལ་ཐོན་སྐྱེད་ཁྲོད་གལ་འགངས་ཆེ་བའི་གནས་བབ་བཟུང་ཡོད། མཚོ་སྔོན་ཞིང་ཆེན་གྱི་སྲན་རིལ་ཐོན་སྐྱེད་ལོ་རྒྱུས་རྒྱུན་རིང་བ་ཡིན། ཐུན་མོང་མ་ཡིན་པའི་རང་བྱུང་ཆ་རྐྱེན་གྱི་རྐྱེན་གྱིས་ཐོན་སྐྱེད་བྱས་པའི་སྲན་རིལ་གྱི་རྒྱུ་ཕྱུས་དང་ཐོན་ཚད་མཐོ་ཞིང་། རང་རྒྱལ་གྱི་སྲན་རིལ་སྔོན་པོ་ཐོན་སྐྱེད་ཁུལ་གྱི་གྲས་ཞིག་ཡིན།

སྲན་རིལ་གྱི་འཚོ་བཅུད་རིན་ཐང་དང་ཐོན་སྐྱེད་རིན་ཐང་ཚང་མ་ཤིན་ཏུ་མཐོ། སྲན་རིལ་གྱི་འབྲུ་རྡོག་གི་སྤྲི་དཀར་རྫས་དང་སིང་ཕྱེའི་འདུས་ཚད་མཐོ་ཞིང་། གལ་ཆེ་བའི་ཚ་ཚད་ཀྱི་འབྱུང་ཁུངས་ཡིན་ལ། དེ་དང་ཆབས་ཅིག་ཕུན་སུམ་ཚོགས་པའི་འཚོ་རྒྱུ་དང་ལྷུགས། ལིན་སོགས་སྐྱེ་མེད་རྫ་ཡི་རིགས་མང་པོ་འདུས་པ་ཡིན། སྲན་རིལ་ཁེ 100རེར་འདུས་པའི་འཚོ་བཅུད་ཀྱི་རྒྱུ་ནི། ཚ་ཚད་སྟོང་ཚིར 439.48དང་སྤྲི་དཀར་རྫས་ཁེ 7.40 ཞག་ཚིལ་ཁེ 0.30 སྣུན་ཆུ་འདྲེས་སྦྱོར་རྫས་ཁེ 21.20 བཟའ་བཅའི་ཚི་སྣ་ཁེ 3.00 འཚོ་རྒྱུ A ཕེ་ཁེ 37.00 ལ་སེར་གྱི་རྒྱུ་ཕེ་ཁེ 220.00 ལིའུ་ཨན་སུའུ་ཧའོ་ཁེ 0.43 ཧོ་ཧོང་སུའུ་ཧའོ་ཁེ 0.09 ཉི་ཁོ་སོན་ཧའོ་ཁེ 2.30 འཚོ་རྒྱུ Cཧའོ་ཁེ 14.00 འཚོ་རྒྱུ Eཧའོ་ཁེ 1.21 ཀལ་ཧའོ་ཁེ 21.00 ལིན་ཧའོ་ཁེ 127.00 ཅྰ་ཧའོ་ཁེ 332.00 ནྰ་ཧའོ་ཁེ 1.20 ཏན་ཕེ་ཁེ 0.90 མེ་ཧའོ་ཁེ 43.00 ལྕགས་ཧའོ་ཁེ 1.70 ཏི་ཧའོ་ཁེ 1.29 སེ་ཕེ་ཁེ 1.74 ཟངས་ཧའོ་ཁེ 0.22 སྔན་ཧའོ་ཁེ 0.65བཅས་འདུས་པ་ཡིན། སྲན་རིལ་གྱི་གང་བུ་དང་སྲན་སྨྱུག་གི་ནེམ་ལོ་ནང་འཚོ་རྒྱུ Cདང་ལུས་ནང་གི་ཟེ་འཁྱིང་ཨན་དབྱེ་ཐྲལ་བྱེད་ཐུབ་པའི་རྫབས་ཕུན་སུམ་ཚོགས་པར་འདུས་པ་ཡིན་པས་སྐྲན་རྐོལ་སྐྲན་འགོག་གི་བྱེད་ནུས་ལྡན་པ་ཡིན། སྲན་རིལ་སོས་པའི་འཚོ་བཅུད་ཀྱང་ཕུན་སུམ་ཚོགས་པ་ཡིན་ཏེ། ཁེ 100རེའི་ནང་སྤྲི་དཀར་རྫས་ཁེ 7.2དང་ཚ་ཚད་སྟོང་ཚིར 334.84འདུས་ཤིང་། ཚད་མཉམ་པའི་སྲན་ཕྱུར་གྱི་འཚོ་བཅུད་རིན་ཐང་དང་འདྲ་བ་ཡིན་ལ། ལྷག་པར་དུ Bརྒྱུད་འཚོ་རྒྱུ་ཡི་འདུས་ཚད་ཤིན་ཏུ་མཐོ་བ་སྟེ་དཔེར་ན་འཚོ་རྒྱུ B_1 (ཧའོ་ཁེ 0.54 / ཁེ 100)ཡིན་པས་སྲན་ཕྱུར་གྱི་ལྡབ 18ཡིན། འཚོ་རྒྱུ B_2དང་འཚོ་རྒྱུ PPསོ་སོར་སྲན་ཕྱུར་གྱི་ལྡབ 2.5དང་ལྡབ 14ཡིན་ཞིང་། ད་དུང་ལ་སེར་གྱི་རྒྱུ་དང་འཚོ་རྒྱུ C སྐྱེ་མེད་རྫ་སོགས་འཚོ་བཅུད་གྲུབ་ཆ་ཅུང་མང་པོ་ཡོད་པ་ཡིན།

སྲན་རིལ་ནི་སྤྱིར་བཏང་གི་སྔོ་ཚོད་དང་ཅུང་མི་འདྲ། འདུས་པའི་ཁྲི་མེ་སུའུ་དང་རྩེ་ཤིང་གི་དཀག་རྒྱུ་སོགས་དངོས་རྫས་ལ་སྲིན་འགོག་གཉན་འཛོམས་དང་རྙིང་ཚབ་གསར་སྤྲུར་ཇེ་དྲག་ཏུ་གཏོང་བའི་བྱེད་ལས་ལྡན་པ་ཡིན། ཧོ་ལན་སྲན་མ་དང་སྲན་མྱུག་ཁྲོད་ཅུང་ཕུན་སུམ་ཚོགས་པའི་བཟའ་བཅའི་ཚི་སྣ་འདུས་པ་ཡིན་པས་རྩ་འགག་པ་འགོག་ཐུབ་ཅིང་། རྒྱུ་མ་གཙང་མ་བཟོ་བའི་བྱེད་ནུས་ལྡན། སྲན་རིལ་གྱི་འབྲུ་རྫོག་ཀྱང་ཕྱུགས་ཟོག་གི་གཟན་ཆས་ལེགས་པོ་ཡིན་པ་རེད།

སྲན་རིལ་ནི་ཏན་འཇགས་ལོ་ཏོག་ལེགས་པོ་ཞིག་ཡིན། ས་རྒྱུ་ཡི་གཤིན་ཚད་སྲུང་འཛིན་དང་མཐོར་འདེགས་གཏོང་པ། སྲན་ཚན་མ་ཡིན་པའི་ལོ་ཏོག་གི་ཐོན་ཚད་ལ་སྐུལ་འདེད་བྱེད་པ་བཅས་ཀྱི་ཕྱོགས་ནས་བྱེད་ནུས་གལ་ཆེན་ལྡན་པ་ཡིན། སྲན་རིལ་འདེབས་པ་དེར་འདེབས་འཛུགས་ལས་རིགས་ཀྱི་གྲུབ་ཚུལ་ཁྲོད་ཁྱད་ཆོས་དམིགས་བསལ་ལྡན་པའི་ལེགས་སྒྲིག་གི་བྱེད་ནུས་ལྡན་པ་ཡིན། དཔེར་ན་སྔ་སྨིན་སྲན་རིལ་ནི་བསྐྱར་འདེབས་དང་ཞིང་སྟོང་པ་སྐོང་བར་འཚམ་པ་དང་། གཟུགས་ཐུང་སྲན་རིལ་ནི་བར་གསེང་སྤེལ་འདེབས་བྱེད་པར་འཚམ། གང་བུ་བཟའ་ཆས་དང་སྨྱུ་གུ་བཟའ་ཆས་བྱེད་པའི་སྲན་རིལ་ལ་དུས་ཐུང་དུའི་ནང་ཕན་འབྲས་ཅུང་ཆེན་པོ་འཐོབ་པ་ཡིན། སྔོ་ལུད་སྲན་རིལ་གྱིས་ལོ་ཏོག་གཙོ་བོ་བསྡུས་རྗེས་ཀྱི་ཉི་འོད་དང་དྲོད་ཚད། ཆུ་སོགས་ཐོན་ཁུངས་བེད་སྤྱོད་ནས་ལུད་ཐོན་སྐྱེད་བྱེད་ཐུབ་པ་ཡིན། (རི་མོ 3–1ལ་ལྟོས)

རི་མོ 3–1 ཞིང་ཁ་ཆེན་པོའི་སྲན་རིལ།

ས་བཅད་གཉིས་པ། སྲན་རིལ་ཐོན་ལས་འཕེལ་རྒྱས་ཀྱི་ད་ལྟའི་གནས་ཚུལ།

གཅིག ཐོན་སྐྱེད་ཀྱི་ད་ལྟའི་གནས་ཚུལ།

སྲན་རིལ་ནི་མཚོ་སྔོན་ཞིང་ཆེན་གྱི་སྲན་རིགས་ལོ་ཏོག་གཙོ་བོའི་གྲས་ཡིན། ལྷག་པར་དུ་དུས་རབས་20པའི་ལོ་རབས་70པའི་དུས་དཀྱིལ་དང་དུས་སྨད་དུ། ཞིང་ཆེན་ནང་ཁོངས་ཀྱི་མཐོ་གནས་དང་འབྲིང་གནས། དམའ་གནས་ཀྱི་རི་མར་ཡོངས་ཁྱབ་ཏུ་སྨིན་སྔ་ཞིང་ནད་འགོག་ནུས་པ་དྲག་པ། ཐོན་འབབ་ལེགས་པའི་སྐོགས་ཆེའི་སྲན་རིལ་དང་སྣུ་ཐང་རྟགས་ཅན་གྱི་སྲན་རིལ་སོགས་ས་བོན་གསར་པ་བདམས་བཀོལ་བྱས་ཏེ་རིམ་བཞིན་ཁན་འགྱུར་ཚབས་ཆེ་བའི་ཞིང་དུད་ཀྱིས་བོན་རྙིང་པའི་ཚབ་བྱས་པས། ཐོན་ཚད 50% ~100%མཐོར་འདེགས་བྱུང་སྟེ་སྲན་རིལ་གྱི་ཐོན་སྐྱེད་འཕེལ་རྒྱས་ལ་ཆེ་ཆེར་སྐུལ་འདེད་བྱས། ལོ་རབས

90པར་ཐོན་དུས། ཞིང་ཆེན་ཡོངས་ཀྱི་སྨན་རིལ་འདེབས་འཛུགས་རྒྱ་ཁྱོན་ལོ་རྒྱུས་ཀྱི་ཆེས་མཐོ་བའི་མུའུ་ཁྲི 85.95ལ་འཕེལ་རྒྱས་བྱུང་། ཐོན་ཚད་དང་དཔལ་འབྱོར་གྱི་ཕན་འབྲས། སྐམ་འདེབས་ཁུལ་གྱི་རྒྱ་སྨན་ཐོན་སྐྱེད་འཕེལ་རྒྱས་ཀྱི་ཤུགས་རྐྱེན་བཅས་ཀྱི་རྐྱེན་གྱིས 2000ལོ་ཡི་རྗེས་སུ་འདེབས་པའི་རྒྱ་ཁྱོན་རིམ་གྱིས་མར་ཆག་པའི་རྣམ་པ་མངོན་ཞིང་། 2014ལོར་ཞིང་ཆེན་ཡོངས་ཀྱི་འདེབས་པའི་རྒྱ་ཁྱོན་མུའུ་ཁྲི 10མི་ལོངས་པ་རེད། དེའི་ཁྲོད་དཔའ་ལུང་རྫོང་ནི་སྨན་རིལ་ཐོན་སྐྱེད་བྱེད་པའི་ཐོན་ཁུལ་གཙོ་བོ་ཡིན། ལོ་རྒྱུན་གྱི་འདེབས་འཛུགས་རྒྱ་ཁྱོན་མུའུ་ཁྲི 6ཡས་མས་ཡིན་པ་དང་། ཆ་སྙོམས་ཀྱི་མུའུ་རེའི་ཐོན་ཚད(སྟོང་ཁེ 175/མུའུ)ཡིན་ལ། ཞིང་ཆེན་ཡོངས་ཀྱི་སྨན་རིལ་གྱི་ཐོན་ཚད(སྟོང་ཁེ 128.65/མུའུ)ཡི་ཆ་སྙོམས་ཚད་ལས་མཐོ་བ་རེད། སོན་བཟང་གསོ་སྐྱེལ་རྟེན་གཞི་ཡི་ཆ་སྙོམས་མུའུ་རེའི་ཐོན་ཚད་སྟོང་ཁེ 150ཡིན་ཞིང་། ལོ་གཅིག་ལ་སྨན་རིལ་སོན་བཟང་སྟོང་ཁེ་ཁྲི 75གསོ་སྐྱེལ་བྱེད་པ་ཡིན། འབྲུ་རྡོག་སྐམ་པོའི་སྨན་རིལ་འདེབས་འཛུགས་ཁུལ་གྱི་ཆ་སྙོམས་མུའུ་རེའི་ཐོན་ཚད་སྟོང་ཁེ 200དང་། འབྲུ་རྡོག་སོས་པ་སྨན་རིལ་རྟེན་གཞི་ཡིས་ལོ་གཅིག་ལ་འབྲུ་རྡོག་སོས་པ་སྨན་མ་སྟོང་ཁེ་ཁྲི 200ཐོན་སྐྱེད་བྱེད་ཐུབ་ལ། སྨན་གང་སོས་པ་ཐོན་སྐྱེད་རྟེན་གཞི་ཡིས་ལོ་གཅིག་ལ་སྨན་གང་སོས་པ་སྟོང་ཁེ་ཁྲི 400ཐོན་སྐྱེད་བྱེད་ཐུབ།

མིག་སྔར། མཚོ་སྔོན་ཞིང་ཆེན་གྱི་སྨན་རིལ་ཐོན་སྐྱེད་ཁྲོད་ཁྱབ་སྤེལ་བཀོལ་སྤྱོད་བྱེད་པའི་གཙོ་ཁྲིད་ས་བོན་གཙོ་བོར་ཞིང་ཆེན་ཞིང་ལས་ཚན་རིག་གླིང་གིས་རང་ངོས་ནས་ཞིབ་འཇུག་གསར་བཟོ་བྱས་པའི་རྩ་ཐང་རྟགས་ཅན་རིམ་བརྒྱུད་སྨན་རིལ་དང་བོད་ལྗོངས་སྨན་དཀར། གསར་དུ་ནང་འདྲེན་བྱས་པའི་ཚལ་སྤྱོད་རྣམ་པའི་སྨན་རིལ་མངར་སྐྱེ 761པ། ཨ་ཅི་ཁོ་སི་སོགས་ཡོད་པ་ཡིན། དེ་དང་ལེ་ལག་ཆ་ཚང་གི་ཐོན་མཐོ་འདེབས་གསོའི་ལག་རྩལ་རབ་དང་རིམ་པ་ཐོན་སྐྱེད

ཁྲོད་སུ་མཐུད་འཐུས་ཚང་བྱུང་སྟེ། ཞིང་ཆེན་ཡོངས་ཀྱི་སྨན་རིལ་ཐོན་སྐྱེད་ཐུས་ལེགས་ཅན་དང་ཚད་ལྡན་ཅན་དུ་འཕེལ་བར་ལག་རྩལ་གྱི་འདེགས་སྐྱོར་ལེགས་པོ་མཁོ་འདོན་བྱས་པ་རེད།

གཉིས། ཐོན་རྫས་ཀྱི་ལས་སྟོན།

སྨན་རིལ་ནི་སྤྱོད་སྒོ་དང་གང་བུའི་སྲ་སྙི་ལྟར་འབྲུ་རིགས་ལ་བཀོལ་བའི་སྨན་རིལ་དང་ཚལ་བཀོལ་སྨན་རིལ། གང་བུ་སྙི་མོའི་སྨན་རིལ་བཅས་རྒྱུད་མཆེད་གསུམ་དུ་དབྱེ་ཆོག ས་བོན་གྱི་གཟུགས་དབྱིབས་ལ་བརྟེན་ནས་འབྲུ་རྡོག་འཛམ་པའི་རིགས་དང་འབྲུ་རྡོག་གཉེར་འཁྱུམ་ཅན་གྱི་རིགས་གཉིས་སུ་དབྱེ་ཆོག སྡོང་རྐང་གི་མཐོ་དམའ་ལ་བརྟེན་ནས་འཁྲིལ་ལྡན་རིགས་དང་འཁྲིལ་ལྡན་ཕྱེད་ཅན་རིགས། གཟུགས་ཐུང་རིགས་གསུམ་ལ་དབྱེ་ཆོག མིག་སྔར། ཚལ་བཀོལ་བྱེད་པའི་ས་བོན་ལ་གང་བུ་སྲ་བའི་རིགས་དང་གང་བུ་མཉེན་པའི་རིགས་ཡོད། གང་བུ་སྲ་བའི་རིགས་ཀྱི་ནང་འབྲས་ཀྱི་ཤུན་ལྤགས་ནི་ལྕུག་ལྤགས་ཤོག་བུའི་རྣམ་པ་དང་མཚུངས་པའི་དྭངས་གསལ་གྱི་ཀོ་རྒྱུའི་ཤུན་པ་ཡིན་ཞིང་། ངེས་པར་དུ་བཀོག་ནས་སེལ་རྗེས་བཟའ་ཆོག་པ་ཡིན། དེ་བས་སྨན་མའི་འབྲུ་རྡོག་སྦོམ་པོ་ཟ་བའམ་ཟས་གྲིན་བཟོ་བ་ཡིན། གང་བུ་མཉེན་པའི་རིགས་ཀྱི་ནང་འབྲས་ལ་ཀོ་རྒྱུའི་ཤུན་ལྤགས་མེད་པ་དང་སྙི་ཞིང་ནེམ་པ་ཡིན་ལ། སྨན་རིལ་གྱི་འབྲུ་རྡོག་དང་ནེམ་པའི་གང་བུ། ནེམ་པའི་སྒྲ་གུ་བཅས་ཚང་མ་བཟའ་ཆོག་པ་ཡིན། ས་བོན་ལ་སེང་ཕྱེ་དང་སྐམ་ཞག་འདུས་ཤིང་སྙིན་རྗེས་སྨན་ཕྱེ་རུ་བཏགས་ནས་བཟའ་ཆས་བྱེད་ཆོག སྡོང་རྐང་དང་ལོ་མ་བསིལ་ཞིང་ཚ་བ་སེལ་ཐུབ་པ་མ་ཟད། སྔོ་ལུད་དང་གཟན་ཆག་བྱེད་ཆོག སྨན་རིལ་ནི་འབྲུ་རྡོག་སྨར་ཞིང་འཛམ་ལ་ལྗང་མདོག་ལྡན་པ་ཤིན་ཏུ་མཛེས་པོ་ཡིན་པས། རྒྱན་པར་ཚོད་མའི་ཟུར་སྦྱོར་བྱས་ཚེ་གཡོས་ཚོད་ཀྱི་ཁ་དོག་ཇེ་དྲག་ཏུ་གཏོང་ཞིང་ཟས་ཀྱི་ཡི་ག་འབྱེད་པར་བྱེད་པ་ཡིན། ཧོ་ལན་སྨན་

མ་ནི་སྨན་གང་སྦྱོད་པའི་སྨན་རིལ་ཡིན་ཏེ། ཟས་སུ་བཟོས་རྗེས་ཁ་དོག་སྨུམ་ཞིང་ལྗང་ལ་འཛམ་ཞིང་མཉེན་པ་ཁ་ལ་འགྲོད་པ་ཡིན། སྨན་སྨྱུག་ནི་སྨན་རིལ་ལ་སྐྱེ་རྗེན་ལོ་མ 2~4 འབུས་པའི་སྨྱུ་གུ་ཡིན་ཞིང་། གསར་ཞིང་མཉེན་ལ་དྲི་མ་ཞིམ་པས་ཁུ་བ་བསྐོལ་བར་ཆེས་འཚམ་པ་ཡིན། སྣ་ཁ་ཕུན་སུམ་ཚོགས་པའི་སྨན་རིལ་གྱི་བཟའ་བཅའ་ལ་རྒྱ་ཆེའི་མང་ཚོགས་ཀྱིས་བརྩེ་མཐོང་བྱེད་པ་རེད།

ཉེ་བའི་ལོ་ཤས་ནང་། རྒྱལ་ནང་གི་སྨན་རིགས་ལས་སྔོན་ལས་རིགས་དར་ཞིང་འཕེལ་རྒྱས་བྱུང་བ་དང་བསྟུན་ནས་སྨན་རིགས་ཀྱི་ཁྲོམ་རའི་དགོས་མཁོ་དབྱར་མཚོ་ལྟར་རྒྱས་པའི་འཕེལ་ཕྱོགས་ཆགས་པ་རེད། མཚོ་སྔོན་ཞིང་ཆེན་ནས་ཐོན་སྐྱེད་བྱས་པའི་སྨན་རིལ་ལ་ས་བོན་རང་བཞིན་གྱི་རྒྱུ་ཕྱུས་དང་ཚོང་རྫས་ཀྱི་ཁྱད་ཆོས་ལེགས་པོ་འཛོམས་པས། རྒྱལ་ཁབ་ཕྱི་ནང་གི་ཁྲོམ་རས་ལྷག་ནས་ལྷག་ཏུ་དགའ་བསུ་བྱེད་བཞིན་ཡོད།

གསུམ། ཐོན་ཁུལ་ཁྱབ་སྟངས།

རང་རྒྱལ་སྨན་རིལ་གྱི་ཐོན་སྐྱེད་ཁུལ་ནི་དཔྱིད་འདེབས་སྨན་རིལ་ཁུལ་དང་སྟོན་འདེབས་སྨན་རིལ་ཁུལ་ལ་དབྱེ་ཆོག དཔྱིད་འདེབས་སྨན་རིལ་ཁུལ་གྱི་རྒྱ་ཁྱོན་གྱིས་རང་རྒྱལ་སྨན་རིལ་སྤྱིའི་རྒྱ་ཁྱོན་གྱི 30%ཡས་མས་ཟིན་ཅིང་། ཐོན་ཚད་ཀྱིས་རྒྱལ་ཡོངས་ཀྱི་སྤྱིའི་ཐོན་ཚད(ཏུན་ཁྲི 74.18)ཀྱི 35%ཡས་མས་ཟིན་པ་ཡིན། གཙོ་བོར་ནང་སོག་དང་ཞིན་ཅང་། མཚོ་སྔོན། ཉིང་ཞ་སོགས་ཞིང་ལྗོངས་ལ་ཁྱབ་པ་དང་། སྟོན་འདེབས་སྨན་རིལ་ཁུལ་ནི་སི་ཁྲོན་ཞིང་ཆེན་གྱི་འདེབས་འཛུགས་རྒྱ་ཁྱོན་ཆེས་ཆེ་བ་ཡིན་ཏེ། རྒྱལ་ཡོངས་སྨན་རིལ་སྤྱིའི་རྒྱ་ཁྱོན་གྱི 30%ཡས་མས་ཟིན།

མཚོ་སྔོན་ཞིང་ཆེན་ནི་སྐམ་སའི་ནང་ལོགས་ཀྱི་དབུས་ཁུལ་དུ་གནས་ཤིང་། མདོ་དབུས་མཐོ་སྒང་གི་ལྟེ་བར་ཡོད་པས། གནམ་གཤིས་ནི་མཐོ་སྒང་གི་གྲང་

ངར་ཐན་སྐམ་རྣམ་པར་གཏོགས་ཤིང་། ཞིང་ལས་ས་ཧ་ཏོག་འདེབས་འཛུགས་ཁུལ་ཀྱི་མཚོ་ངོས་ལས་མཐོ་ཚད་སྨིད 1700~4000དང་། ལོའི་ཆ་སྙོམས་དྲོད་ཚད 2~8℃ཡིན་པ། ལོའི་ཆར་ཆུ་འབབ་ཚད་ཧྥའོ་སྨིད 350~650ཡིན། ཞིང་ཆེན་ཡོངས་སུ་རྒྱ་ཆུ་དང་ཕྲོང་ཆུའི་རྒྱུད་ཀྱི་ཁག་ཅིག་ཏུ་བསྐྱར་འདེབས་བྱེད་པ་ཐུབ། ས་ཁུལ་མང་ཆེ་བ་ཙུང་འབྲུགས་པས་ས་རེར་ཐེངས་རེ་འདེབས་པའི་དཔྱིད་འདེབས་ཁུལ་དུ་གཏོགས་ལ། བསིལ་དུས་སྨན་རིལ་ཐོན་སྐྱེད་བྱེད་ཁུལ་ཡང་ཡིན། སྨན་རིལ་འདེབས་གསོ་ས་ཁོངས་ནི་གཙོ་བོར་མཚོ་ཤར་ས་ཁུལ་དང་ཟི་ལིང་ས་ཁུལ་གྱི་ཞིང་རེ་མ་ཡིན་ཞིང་། མཚོ་ལྷོ་ཁུལ་དང་རྨ་ལྷོ་ཁུལ། མཚོ་ནུབ་ཁུལ། མཚོ་བྱང་ཁུལ་སོགས་ས་ཆར་ཡང་འདེབས་འཛུགས་བྱེད་པ་ཡིན་ལ། མང་ཆེ་བ་འབྲུ་རིགས་སྐམ་པོའི་ས་བོན་གཙོར་བྱས་ཏེ་ཚལ་བཀོལ་སྨན་རིལ་གྱི་རྒྱ་ཁྱོན་ཙུང་ཆུང་བ་ཡིན། (རི་མོ 3–2ལ་ལྟོས)

རི་མོ 3–2 སྨན་རིལ་གྱི་དཔེ་སྟོན་ཞིང་ཁ།

ས་བཅད་གསུམ་པ། སྲན་རིལ་གྱི་སྐྱེ་དངོས་རིག་པའི་ཁྱད་གཤིས།

གཅིག ཕྲམ་པའི་ཁྱད་རྟགས།

(གཅིག)རྩད་པ།

གཙོ་མདའ་ཅན་གྱི་རྩ་ལག་ཡིན། གཞུང་རྩད་རྒྱས་ཤིང་གཞོགས་རྩད་ཕྲ་ཞིང་རིང་ལ་ཁ་དབྲག་ཤིན་ཏུ་མང་། གཞུང་རྩད་ས་འོག་ཏུ་སྨིད་1~1.5ལ་ཟུག་ཐུབ་ཅིང་། གཞོགས་རྩད་གཞུང་རྩད་ཀྱི་རིང་ཚད་ལྟར་སྐྱེ་ཐུབ། གལ་ཏེ་ས་རྒྱུའི་ཁྲོད་རྩད་རྫོག་ཕྲ་སྲིན་ཡོད་ཚེ་རྩད་པའི་སྟེང་དུ་ཆེ་ཆུང་མི་གཅིག་པའི་ནུ་མགོ་ལྟ་བུའི་རྩད་རྫོག་ལྦ་བ་སྐྱེས་ཡོད་པ་ཡིན།

(གཉིས)སྡོང་རྐང་།

སྡོང་རྐང་གཟུགས་ཐུང་ཅན་ནམ་འཁྲིལ་ལྡན་ཅན་ཡིན་ཞིང་། གཟུགས་ཐུང་ཅན་ནི་མཐོ་ཚད་ལི་སྨིད་30ཡས་མས་ཙམ་དང་། འཁྲིལ་ལྡན་ཅན་གྱི་རིགས་ནི་སྡོང་རྐང་མཐོ་ཚད་སྨིད་1~2ཡིན་ལ། སྡོང་རྐང་ལྗམ་ཞིང་ཁོག་སྟོང་ཆག་སླ་བ་ཡིན། སྡོང་རྐང་ནི་ཚིགས་དང་ཚིགས་བར་གྱིས་གྲུབ་ཅིང་ཚིགས་བར་གྱི་རིང་ཚད་ལི་སྨིད་4~6.5ཡིན། སྡོང་རྐང་གི་སྨད་ཆ་དང་སྟོད་ཆའི་ཚིགས་དང་ཚིགས་བར་ཐུང་ཐུང་ལ། དཀྱིལ་གྱི་ཚིགས་བར་ཐུང་རིང་། སྲན་རིལ་གྱི་སྙིའི་ཚིགས་གྲངས་ནི་སྲ་མཁྲེགས་ཀྱི་ཚིགས་དང་སྲ་མཁྲེགས་མིན་པའི་ཚིགས་ཀྱིས་གྲུབ་ཡོད། སྡོང་རྐང་གི་རིང་ཚད་ནི་སྙིའི་ཚིགས་གྲངས་དང་ཚིགས་བར་གྱི་རིང་ཐུང་གིས་ཐག་གཅོད་པ་ཡིན་ཞིང་། འགྱུར་བ་བྱུང་ཚད་ལི་སྨིད་25~300ཡི་བར་ཡིན།

(གསུམ)ལོ་མ།

སྲན་རིལ་གྱི་སོ་མ་ནི་ཆ་སྐྱེས་ཆ་གྲངས་ཀྱི་སྒྲོ་དབྱིབས་མང་གྱེས་སོ་མར་གཏོགས་ཤིང་སོ་མ་ཆུང་བ་ཆ 1~3ལྡན། སྦུ་གུ་ཐོན་སྐབས་སྐྱེ་རྗེན་སོ་མ་ས་ཁར་མི་འབུད། སོ་མ་ཆུང་བ 4~6ཡོད། སོ་མའི་སྡོད་ཀྱི་ཆར་དབྱིབས་འགྱུར་སོ་མ–སྡེ་འཁྱིལ་ཡོད།

སྡེ་འཁྱིལ་ནི 3~5ཡོད། དངོས་པོ་གཞན་ལ་འཁྲིལ་ཐུབ་ཅིང་། དེར་བརྟེན་ནས་སོ་མའི་འོད་སྒྱུར་ནུས་པ་ཇེ་ལེགས་སུ་གཏོང་ཐུབ། སོ་མ་ཆུང་བ་ནི་འཇོང་ནར་དབྱིབས་དང་སྒོང་དབྱིབས། གཟེ་དབྱིབས་དང་ཉེ་བ། སྒོར་དབྱིབས་དང་ཉེ་བ་སོགས་ཡོད། སོ་མ་ཆུང་བའི་ཆེ་ཆུང་ནི་ས་བོན་གྱིས་ཐག་གཅོད་པ་ཡིན་ལ། འདེབས་གསོའི་ཆ་རྐྱེན་ལའང་འབྲེལ་བ་ཡོད། སོ་མ་ཆུང་བའི་ཁ་དོག་ཀྱང་ས་བོན་ལ་ལྟོས་ནས་མི་འདྲ་བ་སྟེ། ལྗང་སེར་དང་སྔོ་སྐྱ། ལྗང་ཁུ། ལྗང་ནག ལྗང་སྔོན་སོགས་སུ་དབྱེ་ཆོག

(བཞི)མེ་ཏོག

སྲན་རིལ་གྱི་མེ་ཏོག་བང་རིམ་ནི་ཇོག་དབྱིབས་ཅན་གྱི་མེ་ཏོག་བང་རིམ་ཡིན་ཞིང་། ཁེར་སྐྱེས་སམ་མཆན་ཁུང་དུ་ཆ་ཟུ་སྐྱེས་ཡོད། མེ་ཏོག་བང་རིམ་རེར་མེ་ཏོག 1~2ཡོད་ལ། ཁ་ཤས་ལ་མེ་ཏོག 2~3ཡོད། མེ་ཏོག་གི་ཡུ་བའི་རིང་ཐུང་མི་འདྲ་ཞིང་མཐུག་སྟེར་གྲ་སྤུ་ལྡན། ཁ་དོག་དཀར་པོའམ(སྲན་རིལ་མེ་ཏོག་དཀར་པོ་ཅན)སྨུག་པོ(སྲན་རིལ་མེ་ཏོག་སྨུག་པོ་ཅན)ཡིན། མེ་ཏོག་རང་གིས་རང་སྟེང་ནས་ཟེའུ་འབྲུ་ཕོ་མོ་སྦེབ་སྦྱོར་བྱེད་པ་ཡིན། (རི་མོ 3–3ལ་ལྟོས)

(ལྔ)གང་བུ།

གང་བུ་ནི་སྲན་རིལ་གྱི་འབྲས་བུ་ཡིན། ཟེའུ་འབྲུའི་པགས་པ་གཅིག་འཚར་སྐྱེ་ལས་བྱུང་བའི་འབྲས་བུའི་འདབ་མ་གཉིས་ཀྱིས་གྲུབ་པ་ཡིན། གང་བུ་ལེབ་ཅིང་རིང་བ་ཡིན། སྲ་བའི་གང་བུ་དང་མཉེན་པའི་གང་བུར་དབྱེ་ཡོད།

རི་མོ 3–3 སྨན་རིལ་གྱི་མེ་ཏོག་རབ་ཏུ་བཞད་དུས།

གང་བུའི་ཆེ་ཆུང་ནི་སྤྱིར་བཏང་གང་བུའི་རིང་ཐུང་ལ་གཞིགས་ནས་དགར་བ་ཡིན། གང་བུ་ཆུང་གྲས་ལ་ལི་སྨིད 3 ~4.5ཡོད་པ་དང་། གང་བུ་འབྲིང་བར་ལི་སྨིད 4.5~6ཡོད། གང་བུ་ཆེ་གྲས་ལ་ལི་སྨིད 6~10ཡོད་པ་ཡིན། མ་སྨིན་པའི་གང་བུ་ནི་རྒྱུན་པར་ལྗང་ཁུ་ཡིན་ལ། སྨིན་པའི་གང་བུ་མང་ཆེར་སེར་པོའམ་ཁམ་མདོག་ཡིན། སོན་རྡོག་ནི་གང་བུའི་ནང་དུ་བསྒོལ་མར་བསྒྲིགས་ཡོད། སྤྱིར་བཏང་རྡོག 3 ~12ཡོད་ཅིང་། ཁ་དོག་ནི་སེར་པོ་དང་དཀར་པོ། སྨུག་པོ། ལྗང་སེར། ཁམ་སྐྱ་སོགས་ཡོད། སོན་ལྟེ་ནི་སྡོང་ཡུའི་རྗེས་ཤུལ་ཡིན་ལ་ས་བོན་གྱི་དབྱེ་བ་འབྱེད་པའི་ཁྱད་རྟགས་ཀྱང་ཡིན།

(དྲུག)འབྲུ་རྡོག

འབྲུ་རྡོག་གི་ཕྱིའི་གཟུགས་དབྱིབས་ལ་སྣ་མ་སྣ་ཚོགས་ཡོད་དེ། སྒོར་དབྱིབས་ཅན(འཇམ་པོ)དང་གཉེར་འཁུམ་ཅན། འཇོང་དབྱིབས། དབྱིབས་

ངེས་མེད་དུ་བ་ཅོར་བ་ཅན་སོགས་འབྲུ་རྗོག་གི་དབྱིབས་སྣ་ཚོགས་ཡོད་ཅིང་། ཚངས་ཐིག་ལ་ཧྲའོ་སྨིད 3.5~10.5མི་འདྲ་བ་ཡིན།

གཉིས། སྐྱེ་འཚར་གྱི་གོམས་གཤིས།

སྨན་རིལ་ནི་གྲང་འཁྱག་བརྟན་གཤེར་གྱི་གནམ་གཤིས་ལ་མོས་ཤིང་། གྲང་ངར་བསྲན་ཐུབ་ལ་ཚ་བ་བསྲན་མི་ཐུབ། ལྷང་པས 5℃ཡི་དྲོད་ཚད་དམའ་མོ་བསྲན་ཐུབ། སྐྱེ་འཚར་དུས་ཀྱི་འཚམ་པའི་དྲོད་ཚད 12~16℃དང་། གང་བུ་འདོགས་པའི་དུས་ཀྱི་འཚམ་པའི་དྲོད་ཚད 15~20℃ཡིན། 25℃ལས་བརྒལ་ཚེ་རྩལ་ཞུགས་ཚད་དམའ་བ་དང་གང་བུ་ཐོགས་པ་ཉུང་བ། ཐོན་ཚད་དམའ་བ་ཡིན། སྨན་རིལ་ནི་ཉི་འོད་ཡུན་རིང་ཐོག་དགོས་པའི་སྐྱེ་དངོས་ཡིན། ས་བོན་རིགས་མང་པོའི་སྐྱེ་འཚར་དུས་ཡུན་དེ་བྱང་ཕྱོགས་ནི་ལྷོ་ཕྱོགས་ལས་ཐུང་བར་མངོན། ལྷོ་ཕྱོགས་ཀྱི་ས་བོན་བྱང་ཕྱོགས་སུ་སྤར་ཚེ་མེ་ཏོག་བཞད་དེ་གང་བུ་འདོགས་པ་སྔོན་ལ་བསྐྱུར་བ་ཡིན། བྱང་ཕྱོགས་སུ་དཔྱིད་འདེབས་བྱེད་པ་དེས་ལྷོ་ཕྱོགས་སུ་དགུན་བརྒལ་གྱི་སྨྱུ་གུའི་དུས་ཐེ་ཐུང་དུ་བཏང་བ་ཡིན། སྨན་རིལ་གྱི་སྐྱེ་འཚར་དུས་ཡུན་ནི། སྔ་སྨིན་ས་བོན་ཉིན 65~75དང་། བར་སྨིན་ས་བོན་ཉིན 75~100ཡིན། འཕྱི་སྨིན་ས་བོན་ཉིན 100~185ཡིན།

གསུམ། སྐྱེ་འཚར་གྱི་བླང་བྱ།

སྨན་རིལ་གྱིས་ས་རྒྱུ་ལ་བླང་བྱ་དེ་འདྲའི་གཟབ་ནན་མེད་པ་སྟེ། ཆུ་འབུད་པ་ལེགས་པའི་བྱེ་སའི་སྟེང་ངམ་གསར་སློལ་ས་ཞིང་ཚང་མར་འདེབས་འཛུགས་བྱེད་ཆོག ཡིན་ནའང་སོབ་ཅིང་སྐྱེ་ལྡན་རྫས་འདུས་པ་ཅུང་མཐོ་བའི་བར་གནས་རང་བཞིན་གྱི(pH6.0~7.0)ས་རྒྱུ་འཕྲོད་པ་སྟེ་སྨྱུ་གུ་ཐོན་པ་དང་རྩད་རྗོག་ཕྲ་སྲིན་གྱི་འཚར་སྐྱེ་ལ་ཕན་པ་ཡིན། ས་རྒྱུའི་སྐྱུར་གཤིས་ཚད pH5.5ལས་དམའ་བའི་སྐབས་ནད་ཀྱི་གནོད་པ་འབྱུང་སླབ་དང་གང་བུ་འདོགས་ཚད་མར

ཆག་པ་ཡིན་པས་རྗེ་ཐལ་སྔོན་འཛོག་བྱས་ཏེ་ལེགས་བཅོས་བྱ་དགོས། སྲན་རིལ་གྱི་རྩ་ལག་གཉིང་ཟབ་པས་ཐན་པ་ཚུང་བསྲན་ཐུབ་པ་ལས་བརླན་གཤེར་བསྲན་མི་ཐུབ། བཏབ་པའམ་ལྷང་པར་རྒྱུ་འབུད་པ་མ་ལེགས་ཚེ་རྩ་བ་རུལ་སླ་བ་ཡིན། མེ་ཏོག་གི་དུས་སུ་ཐན་པ་བྱུང་ན་ཟེའུ་འབྲུ་ཕོ་མོ་སྦེབ་སྦྱོར་བྱེད་པ་མི་བཟང་བས་གང་བུ་སྟོང་པའམ་འབྲུ་ཤམ་གང་བའི་གང་བུ་འབྱུང་སླ་བ་ཡིན། ལོ་ཏོག་གཞན་དང་འདྲ་བར་སྲན་རིལ་གྱིས་ས་རྒྱུ་ནང་ནས་བསྡུ་ལེན་བྱེད་པ་ཆེས་མང་བའི་འཚོ་བཅུད་གཞི་རྒྱུ་ནི་ཏན་དང་ལིན། ཁླ། གལ་བཅས་ཡིན། གཞན་ཚད་ཕྲན་གཞི་རྒྱུ་མ་འདང་ནའང་སྲན་རིལ་གྱི་སྐྱེ་འཚར་འཚར་ལོངས་ལ་ཤུགས་རྐྱེན་བཟོ་བ་ཡིན།

ས་བཅད་བཞི་པ། སྲན་རིལ་གྱི་འདེབས་གསོ་བྱེད་པའི་ས་བོན་གཙོ་བོ།

གཅིག རྒྱ་ཐང་ཨང་23པ།

(གཅིག)ཁྱད་རྟགས་ཁྱད་གཤིས།

དཔྱིད་གཤིས་ཅན་གྱི་ས་བོན་ཡིན། སྨྱུ་གུ་དྲང་མོར་ལངས་པ་དང་ལྗང་མདོག་ཡིན། སྡོང་རྐང་དམའ་ཞིང་ལྗང་སྐྱ་ཡིན། གཞུང་རྐང་གི་སྦོམ་ཚད་ལི་སྨིད 0.65 ~0.70ཡིན། གཞུང་རྐང་གི་ཚིགས་གྲངས་ནི་ཚིགས 17 ~18དང་། ཚིགས་བར་གྱི་རིང་ཚད་ལི་སྨིད 5.40 ~6.50ཡིན། སྡོང་རྐང་སྟེང་ལ་སྤུ་ཚིལ་གྱིས་གཡོགས་ཡོད། སྡོང་རྐང་གི་མཐོ་ཚད་ལི་སྨིད 79.02~82.40ཡིན། ཉུས་ལྡན་ཡལ་ག 1.30~1.61ཡོད། ལོ་མ་ཆུང་བ་སྣེ་འཁྱིལ་ཡིན་ཞིང་། སྣེ་འཁྱིལ་རབ་ཏུ་རྒྱས་པ། རྟེང་གི་ལོ་མ་མདོག་ལྗང་ཁུ། རིམ་ཟློས་ཁྲ་ཐིག་ཅུང་། རྟེང་གི་ལོ་མའི་མཚན་ཁུང་དུ་སྔོ་ནག་གི་ཁྲ་ཐིག་མེད། རྫོག་དབྱིབས་ཅན་གྱི་མེ་ཏོག་གི་བང་རིམ

ཡིན་ལ་མེ་ཏོག་དཀར་པོ་ཡིན། ཤུན་དོར་གང་བུ་གྲིའི་དབྱིབས། སྲ་བའི་ཕྱི་ཤུན་ཡོད། མཉེན་པའི་གང་བུ་ལྷང་ཁྱུ། སྨིན་པའི་གང་བུ་སེར་པོ། གང་བུའི་རིང་ཚད་ལི་སྨིད 6.50~7.00དང་། གང་བུའི་ཞེང་ལ་ལི་སྨིད 1.40~1.60ཡོད། གང་བུའི་ནང་འབྲུ་རྡོག་རང་མོས་རྣམ་པར་བསྒྲིགས་ཡོད། ཞིང་ཁར་གང་བུ་ཁ་མི་གས་པ་ཡིན། འབྲུ་རྡོག་གཉེར་འཁུམ་ཅན། ཤུན་ལྤགས་ལྷང་ཁྱུ། སྙོར་དབྱིབས་དང་ཉེ་བ། འབྲུ་རྡོག་གི་ཚངས་ཐིག་ལ་ལི་སྨིད 0.75~0.80ཡོད། སྡོང་ཀང་རྐྱང་པ་རེར་གང་བུ 18.05 ~21.10ཡོད་པ་དང་། སྡོང་ཀང་རྐྱང་པ་རེར་འབྲུ་རྡོག 80.46 ~85.80ཡོད་ལ། གང་བུ་རྐྱང་པ་རེར་འབྲུ་རྡོག 4.06 ~4.48ཡོད། འབྲུ་རྡོག་རློམ་པོ་སྟོང་རེའི་ལྗིད་ཚད་ཁེ 320.10~325.30ཡོད། སྐྱེ་འཚར་དུས་ཡུན་ཉིན 115~119ཡིན། ཉལ་བ་འགོག་པའི་རང་བཞིན་ཅུང་དྲག་པ་དང་། ཙད་ཏུལ་ནད་ཡང་མོ་འགོ་བ་ཡིན། ཆུ་ལུད་ཆ་རྐྱེན་འབྲིང་ཙམ་གྱི་འོག་ཐོན་ཚད་(སྟོང་ཁེ 245~265/མུ)དང་། ཆུ་ལུད་ཆ་རྐྱེན་ཚད་མཐོན་པོའི་འོག(སྟོང་ཁེ 350~420/མུ)ཡིན།

(གཉིས)འདེབས་གསོའི་ལག་རྩལ་གནད་འགག

ས་རྒྱུའི་གཤིན་ཚད་འབྲིང་ཡན་བདམས་སྦྱོད་བྱེད་དགོས་པ་མ་ཟད་ཆུ་འབུད་གཏོང་སྟབས་བདེ་ཡིན་པའི་ཞིང་སར་འདེབས་དགོས། མ་བཏབ་སྔོན་ལ་སྐྱེ་ལྡན་ལུད(སྟོང་ཁེ 1 500~3 000/མུ)དང་། ཏན་རྐྱང་(སྟོང་ཁེ 3~4/མུ) དབྱང་ལྡ་ལིན་གཉིས་ཟུང(སྟོང་ཁེ 10 ~15/མུ)གཏིང་ལུད་དུ་འཛོག་དགོས། ཟླ 3པའི་ཟླ་དཀྱིལ་ནས་ཟླ 4བའི་ཟླ་སྟོད་དུ་འདེབས་དགོས། འདེབས་པའི་ཟབ་ཚད་ལི་སྨིད 5~6དང་འདེབས་ཚད་སྟོང་ཁེ 15~17.5ཡིན། ཐྲང་བར་ལ་ལི་སྨིད 20~25དང་སྨུག་ཀང་གི་བར་ཐག་ལི་སྨིད 2~4ཡིན། མུ་རེའི་ལྷང་པ་ཁག་ཐིག་ཚད་ཀང་ཁྲི 5.5~6ཡིན། སྐྱེ་འཚར་གྱི་དུས་ལ་ཡུར་མ་ཡུར་ནས་ས

སོབ་སོབ་ཐེངས་2~3ལ་བཟོ་བ། མེ་ཏོག་ཐོག་མ་བཞད་པ་དང་གང་བུ་འདོགས་པའི་དུས་ཆུ་ཐེངས་1~2ལ་གཏོང་དགོས། ས་འོག་གནོད་འབུ་ཚབས་ཆེ་བའི་ཞིང་སར་ཞིན་ལེའུ་ལིན་བཀོལ་ནས་ས་རྒྱུ་ཐག་གཅོད་བྱེད་དགོས། ལྡང་པར་སོ་མའི་སྦྲང་ནག་གིས་གནོད་སྐབས་ལེ་ཀུའོ་འོ་སྨན་ཐེངས་1~2ལ་གཏོར་དགོས།

(གསུམ)འདེབས་འཛུགས་ས་ཁུལ།

མཚོ་སྔོན་ཞིང་ཆེན་གྱི་ཤར་ཕྱོགས་དང་ནུབ་ཕྱོགས་ཞིང་ལས་ཁུལ་གྱི་ཆུ་འདྲེན་ཆ་རྐྱེན་འཛོམས་པའི་ས་ཁུལ་དུ་འདེབས་འཛུགས་བྱེད་པར་འཚམ།

གཉིས། རྒྱ་ཐང་ཨང་25པ།

(གཅིག)ཁྱད་རྟགས་ཁྱད་གཤིས།

དབྱིད་གཤིས་ཅན་གྱི་ས་བོན། སྤུ་གུ་ལྡང་ཁུ་དང་དྲང་སོར་ལངས་ཡོད། སྐྱེ་འཚར་དུས་ཡུན་ཉིན་93ཡིན། སྡོང་རྐང་གི་མཐོ་ཚད་ལི་སྨིད་113ཡས་མས། ནུས་ལྡན་ཡལ་ག་2ཡོད། གཞུང་རྐང་ལ་ཚིགས་24ཡོད། འབྲས་བུ་དང་པོ་ཚིགས་12པར་ཡོད། རྡིང་གི་ལོ་མ་མདོག་ལྡང་ཁུ། སྡོ་ནག་གི་ཁྲ་ཐིག་མེད། ལོ་མར་ཉ་རལ་ཡོད་པ། རིམ་ཟློས་ཁྲ་ཐིག་མངོན་གསལ་ལྡན་པ། གང་བུ་དྲང་མོའི་གཟུགས། སྲ་བའི་ཕྱི་ཤུན་ཡོད་པ། སྨིན་པའི་གང་བུ་མདོག་སེར་སྐྱ། གང་བུའི་རིང་ཚད་ལི་སྨིད་7དང་གང་བུའི་ཞེང་ཚད་ལ་ལི་སྨིད་1.2ཡོད། ཞིང་ཁར་གང་བུ་ཁ་གས་མི་སྲིད་པ་ཡིན། འབྲུ་རྡོག་སྒོར་དབྱིབས་དང་མདོག་དཀར་པོ། སྐྱེ་རྐྱེན་ལོ་མ་མདོག་ལི་ཧྲང་། སོན་ལྟེ་མདོག་སེར་སྐྱ་ཡིན། གང་བུ་རྐྱང་པ་རེར་འབྲུ་རྡོག་4ཡོད། འབྲུ་རྡོག་བརྒྱ་རེའི་ལྗིད་ཚད་ཁེ་23.8ཡིན། ཞིང་ཁར་རང་བཞིན་གྱིས་སྲན་རིལ་གྱི་རྩད་རུལ་ནད་དང་སྲིན་ནད་ཁམ་པ། སྲིན་ནད་སྐྱ་པོ། ལོ་མའི་འབུ་མེ་ལྕེབ་ཀྱི་འབུ་སྦྲུག་གི་གནོད་པ་ཡོད་མེད་གསལ་འབྱེད་བྱས་ཚོག ཆ་སྙོམས་ཐོན་ཚད(སྟོང་ཁེ128.9/མུའུ)ཡིན།

(གཉིས)འདེབས་གསོའི་ལག་རྩལ་གནད་འགག

ས་རྒྱུའི་གཤིན་ཚད་འབྲིང་ཡན་བདམས་སྦྱོད་བྱས་ནས་འདེབས་དགོས། གྲོའི་རིགས་ཀྱི་ལོ་ཏོག་དང་ལོ 3~4ཡི་རེས་འདེབས་བྱེད་དགོས། མ་བཏབ་སྔོན་ལ་སྐྱེ་ལྡན་ལུད(སྟོང་ཁེ 1533~3000/མུའུ)དང་། ཞིན་ལུད(སྟོང་ཁེ 5~6/མུའུ) ཏན་ལུད(སྟོང་ཁེ 2~3/མུའུ)བཞག་ནས་འདེབས་ལུད་བྱེད་དགོས། མུའུ་རེའི་ལྗང་པ་ཁག་ཐེག་ཚད་ཀང་ཁྲི 2~2.5ཡིན། ཕྲེང་བར་ལ་ལི་སྨིད 30~40ཡིན། བརྟག་པ་བདེ་ཆེད་ཕྲེང་སྟར 4~5ཡི་མཚམས་ནས་ལི་སྨིད 50ཅན་གྱི་ཕྲེང་བར་ཡངས་མོ་ཕྲེང་སྟར 1འདེབས་དགོས། རྡོད་ཁང་དུ་འདེབས་པའི་སྟུག··· ཚད་ནི(ཀང་ཁྲི 1.6~1.7/མུའུ)ཡིན། མེ་ཏོག་བཞད་དེ་གང་བུ་འདོགས་པའི་དུས་ཆུ་ཐེངས 1~2ལ་གཏོང་དགོས། སྲན་རྡོག་གི་མིག་ལྤུག་པའི་དུས་དཀྱིལ་དུ་བརྟག་དགོས། ས་འོག་གནོད་འབུ་ཚབས་ཆེ་བའི་ཞིང་སར་སྨན་རྫས་བཀོལ་ནས་ས་རྒྱུ་ཐག་གཅོད་བྱེད་དགོས། སྐྱེ་འཚར་གྱི་དུས་སྨོད་དུ་ལྗང་པར་ལོ་མའི་སྦྲང་ནག་གིས་·· གནོད་སྐབས་ལེ་ཀུའོ་འོ་སྨན་ཆུ་ལ་བསྲེས་ནས་ཐེངས 1~2ལ་གཏོར་དགོས།

(གསུམ)ཁྱབ་སྤེལ་ས་ཁོངས།

མཚོ་སྔོན་ཞིང་ཆེན་ཟི་ལིང་གྲོང་ཁྱེར་དང་ཉིང་ཞ་ཧོར་རིགས་རང་སྐྱོང······ ལྗོངས་ཀྱི་ཀུའུ་ཡོན་གྲོང་ཁྱེར། ཧྲའན་ཞི་ཞིང་ཆེན་གྱི་ཅིང་པེན་རྫོང་། ནང་སོག་རང་སྐྱོང་ལྗོངས་ཁྲི་ཧྥེང་གྲོང་ཁྱེར་སོགས་ས་ཆར་ཁྱབ་སྤེལ་འདེབས་འཛུགས་བྱེད་པ་ཡིན།

གསུམ། རྩ་ཐང་ཡང 224པ།

(གཅིག)ཁྱད་རྟགས་ཁྱད་ཆོས།

ཀྲུ་གུ་རུང་དྲང་མོར་ལངས་ནས་སྐྱེས་པ། མདོག་ལྗང་སྨུག སྡོང་ཀང་མཐོ་ཞིང་མདོག་ལྗང་སྐྱ། སྡོང་ཀང་སྦོམ་ཚད་ལི་སྨིད 0.5~0.7ཡོད། གཞུང་

ཀང་ལ་ཚིགས 19.4~21.2ཡོད་ཅིང་མཐོ་ཚད་ལི་སྨིད 145.2~160.6དང་། ཚིགས་བར་རིང་ཚད་ལི་སྨིད 1.3~2.3ཡིན། སྡོང་ཀང་གི་སྟེང་དུ་པྲ་ཚིལ་གྱིས་གཡོགས་པ། ཡལ་ག 3ཡོད། སྦྲ་དབྱིབས་མང་གྲུས་ལོ་མ། རྩེ་མོར་སྙེ་འཁྱིལ་ཡོད། རྟིང་གི་ལོ་མ་ལྗང་ཁུ། ཤ་རལ་ཡོད། སྟེང་ཕྱོགས་སུ་རིམ་ཟེས་ཁྲ་ཐིག་ཅུང་ཉུང་བ་ཡིན། རྟིང་གི་ལོ་མའི་མཐའ་ཁུང་དུ་རྫོ་ནག་གི་ཁྲ་ཐིག་མངོན་གསལ་ལྡན་པ། རྗོག་དབྱིབས་ཅན་གྱི་མེ་ཏོག་གི་བང་རིམ། མེ་ཏོག་མཆེན་མདོག ཤུན་དོར་གང་བུ་ཤང་ལང་གི་དབྱིབས། མཉེན་པའི་གང་བུ་ལྗང་ཁུ། སྨིན་པའི་གང་བུ་མདོག་སེར་སྐྱ། གང་བུའི་རིང་ཚད་ལི་སྨིད 7.1~7.7དང་གང་བུའི་ཞེང་ཚད་ལ་ལི་སྨིད 1.44~1.56ཡིན། གང་བུའི་ནང་འབྲུ་རྡོག་རང་མོས་རྣམ་པར་བསྒྲིགས་ཡོད། གང་བུ་ཟུང་ཅན་ཤིན་ཏུ་ཉུང་། ཞིང་ཁར་གང་བུ་གས་མི་སྲིད། འབྲུ་རྡོག་སྒོར་དབྱིབས། སྡོང་ཀང་རྒྱུང་པ་རེར་ཆ་སྙོམས་གང་བུ 6.50~8.50ཡོད། སྡོང་ཀང་རེར་འབྲུ་རྡོག 38.60~40.70ཡོད། གང་བུ་རྒྱུང་པ་རེར་འབྲུ་རྡོག 6.39~7.19ཡོད། འབྲུ་རྡོག་སྟོང་རེའི་ལྗིད་ཚད་ཁེ 222.80~233.20ཡིན། ཡོངས་སུ་སྨིན་འཚར་བྱུང་བའི་དུས་ཡུན་ཉིན 137~141ཡིན། གྲང་ངར་བསྲན་ཐུབ་པ་དང་། ཐན་པ་བསྲན་པའི་རང་བཞིན་ཅུང་དྲག རྩད་ནུལ་ནད་ཅུང་ཡང་བ། ཚད་མཐོ་བའི་ཆུ་ལུད་ཀྱི་ཆ་རྐྱེན་འོག་ཐོན་ཚད(སྟོང་ཁེ 250/མུའུ)དང་། ཕྱིར་བཏང་གི་ཆུ་ལུད་ཆ་རྐྱེན་འོག(སྟོང་ཁེ 200~250/མུའུ)ཡིན། སྐམ་འདེབས་ཀྱི་ཆ་རྐྱེན་འོག(སྟོང་ཁེ 159~200/མུའུ)ཡིན།

(གཉིས)འདེབས་གསོའི་ལག་རྩལ་གནད་འགག

སྐྱེ་ལྡན་ལུད་སྨིད་ལྷམ་པ 1~2དང་། ལིན་ལུད་སྟོང་ཁེ 7~8 ཏན་རྒྱུང་སྟོང་ཁེ 1~2གཏིང་ལུད་དུ་འཛུགས་དགོས། ཟླ 3པའི་ཟླ་སྨད་ནས་ཟླ 4བའི་མགོར་འདེབས་དགོས། མུའུ་རེའི་ལྗང་པ་ཁག་ཐིག་ཚད་ཀང་ཁྲི 5.5~7ཡིན། ལག་

གཏོར་རམ་འཕྲུལ་འཁོར་གྱིས་རོལ་འདེབས་བྱེད་དགོས། རྣང་བར་ལི་སྨིད 20~25ཡིན། ཕྲེང་སྟར་བར་ཐག་ལ་ལི་སྨིད 20དང་འདེབས་པའི་ཟབ་ཚད་ལི་སྨིད 7~9ཡིན། སྐྱེ་འཚར་གྱི་དུས་ལ་ཡུར་མ་ཡུར་ནས་ས་སོབ་སོབ་ཐེངས 2ལ་བཟོ་བ། ཆུ་གཏོང་བའི་ཆ་རྐྱེན་འཛོམས་པའི་ས་ཁུལ་དུ་མེ་ཏོག་ཐོག་མ་བཞད་པ་དང་འབྲུ་རྡོག་ཆེར་རྒྱས་པའི་དུས་ཆུ་ཐེངས 1~2ལ་གཏོང་དགོས། ས་འོག་གནོད་འབུ་ཚབས་ཆེ་བའི་ཞིང་སར་ཞིན་ལིའུ་ལིན་བཀོལ་ནས་འགོག་བཅོས་བྱེད་དགོས། ལྗང་པར་ལོ་མའི་སྲང་ནག་གིས་གནོད་སྐབས་ལེ་ཀུའོ་འོ་སྨན་ཐེངས 1~2ལ་གཏོར་ནས་འགོག་བཅོས་དགོས།

(གསུམ)འདེབས་འཛུགས་ས་ཁུལ།

མཚོ་སྔོན་ཞིང་ཆེན་གྱི་འབྲིང་དང་མཐོ་གནས་ཀྱི་ཞིང་རི་མ་དང་ལུང་……གཞུང་གི་ཞིང་ཆུ་མ། ཚྭ་འདམ་གཞོང་གི་ཆུ་འདྲེན་ཞིང་ས་བཅས་སུ་ཁྱབ་སྤེལ་……འདེབས་འཛུགས་བྱེད་པ་ཡིན།

བཞི། ཆིང་ཧྲོ་ཡང 1པ།

(གཅིག)ཁྱད་རྟགས་ཁྱད་གཤིས།

གང་བུ་ཆེན་པོ་དབྱིབས་ཀྱི་ཚལ་བཀོལ་སྲན་རིལ་ཡིན། སྨྱུ་གུ་དྲང་མོར་ལངས་ནས་སྐྱེ་འཚར་འབྱུང་བ་དང་མདོག་ལྗང་ཁུ། སྙིང་རྐང་དམའ་བ་ཡིན། སྙིང་རྐང་གི་མཐོ་ཚད་ལི་སྨིད 78~89ཡིན། གཞུང་རྐང་གི་སྦོམ་ཚད་ལི་སྨིད 0.7~0.8ཡིན། སྙིང་རྐང་ལ་ཚིགས 16~18ཡོད་པ་དང་ཡལ་ག 2~3ཡོད། ཡོངས་སུ་སྐྱེ་འཚར་བྱུང་བའི་དུས་ཡུན་ཉིན 100~115ཡིན། སྨྱུ་གུ་ཐོན་པ་ནས་གང་བུ་འཐོག་པའི་བར་ཉིན 55~60ཡིན། མེ་ཏོག་མདོག་དཀར་པོ་ཡིན་པ་དང་རལ་གྲིའི་དབྱིབས། སྲ་བའི་ཕྱི་ཤུན་མེད། རིང་ཚད་ལི་སྨིད 12~14དང་ཞེང་ལ་ལི་སྨིད 3~4ཡོད། གསར་སྐྱེས་གང་བུ་མདོག་ལྗང་ཁུ་དང་། མངར་ཞིང་སྙི་བ།

བྲོ་བ་བཟང་པོ་ཡོད། རྙིང་གི་ལོ་མ་ལྗང་མདོག ཤ་རལ་ཡོད་པ། རིམ་ཟླས་ཁྲ་ཐིག་མདོན་གསལ་ལྡན་པ། རྙིང་གི་ལོ་མར་མཐའ་ཁུང་གི་སྦྱོ་ནག་གི་ཁྲ་ཐིག······མེད་པ་ཡིན། གང་བུའི་ནང་འབྲུ་རྡོག་རང་མོས་རྣམ་པར་བསྒྲིགས་ཡོད། ཞིང་ཁར་གང་བུ་མི་གསལ་པ། སྡོང་ཀང་རྒྱུང་པ་རེར་ཆ་སྙོམས་གང་བུ 15~18དང་། སྡོང་ཀང་རེར་འབྲུ་རྡོག 76~100ཡོད། གང་བུ་རེར་འབྲུ་རྡོག 5~6ཡོད། འབྲུ་རྡོག་སྟོང་རེའི་ལྗིད་ཚད་ཁེ 239~268ཡིན།

(གཉིས)འདེབས་གསོའི་ལག་རྩལ་གནད་འགག

ས་རྒྱུའི་གཤིན་ཚད་འཁྱིལ་ཡན་གྱི་ཆུ་གཏོང་འབུད་སྟབས་བདེ་བའི་ཞིང་··ས་བདམས་ནས་འདེབས་དགོས། གྲའི་རིགས་ཀྱི་ལོ་ཏོག་དང་ལོ 3~4ཡི་རེས་འདེབས་བྱེད་དགོས། མ་བཏབ་སྔོན་ལ་སྐྱེ་ལྡན་ལུད(སྟོང་ཁེ 1500 ~3000/མུའུ)དང་། ལིན་ལུད(སྟོང་ཁེ 5~6/མུའུ) ཏན་ལུད(སྟོང་ཁེ 2~3/མུའུ) བཞག་ནས་གཏིང་ལུད་བྱེད་དགོས། དུས་དང་མཐུན་པར་འདེབས་དགོས། དཔྱིད་འདེབས་ཁུལ་དུ་ཟླ 3པའི་ཟླ་སྨད་ནས་ཟླ 4བའི་ཟླ་སྟོད་དུ་འདེབས་དགོས། སྤྱིར་བཏང་འདེབས་ཚད(སྟོང་ཁེ 15/མུའུ)ཡིན། ཕྲེང་བར་ལ་ལི་སྨིད 30 ~40ཡིན། མུའུ་རེའི་ལྗང་པ་ཁག་ཐིག་ཚད་ཁང་ཁྲི 5 ~6ཡིན། བཏོག་པ་བདེ་ཆེད་ཕྲེང་སྟར 4 ~5ཡི་མཚམས་ནས་ལི་སྨིད 50ཅན་གྱི་ཕྲེང་བར་ཡངས་མོ་ཕྲེང་སྟར" 1འདེབས་དགོས། ཇོད་ཁང་དུ་འདེབས་པའི་སྟུག་ཚད་ནི(ཁང་ཁྲི 1.6~1.7/མུའུ)ཡིན། མེ་ཏོག་བཞད་དེ་གང་བུ་འདོགས་པའི་དུས་ཆུ་ཐེངས 1~2ལ་གཏོང་དགོས། སྨན་རྡོག་གི་མིག་བླུག་པའི་དུས་དཀྱིལ་དུ་བཏོག་དགོས། ས་ལ་བརླན་ཆེ་བའི་དུས་སུ་བཏོག་མི་རུང་བ་སྟེ་རྩ་བ་བརྣད་ནས་སྤུ་མོ་ནས་སྐམ་པར་གཡོལ·····དགོས། སྲན་རིལ་གྱི་སྲིན་ནད་སྐྲ་པོ་འགོག་བཅོས་བྱེད་པར་དོ་སྣང་བྱེད་དགོས། སྤྱིར་བཏང་གི་འདེབས་གསོའི་ཆ་རྐྱེན་འོག་མུའུ་རེ་ནས་གསར་སྐྱེས་གང་བུ་སྟོང་····

ཁེ 1000~1400ཐོན་ཐུབ། འབྲུ་ཏོག་སྐམ་པོ་ མུའུ་རེ་ནས་སྟོང་ཁེ 130~170 ཐོན་པ་ཡིན།

(གསུམ)འདེབས་འཛུགས་ས་ཁུལ།

ཟི་ལིང་ས་ཁུལ་དང་། མཚོ་ཤར་ཞིང་ལས་ཁུལ་གྱི་རྗེན་ཞིང་དང་སྲུང་སྐྱོབ་ལྡན་པའི་ཞིང་སར་འདེབས་པར་འཚམ།

ལྔ། མདངར་སྐྱི 761

(གཅིག)ཁྱད་རྟགས་ཁྱད་གཤིས།

གང་བུ་ཆུང་བ་དབྱིབས་ཀྱི་འབྲུ་ལྷགས་མཐུག་པའི་ཚལ་བཀོལ་སྣན་རིལ་ཡིན། སྨུ་གུ་དྲང་སོར་ལངས་ནས་འཚར་སྐྱེ་འབྱུང་བ་དང་མདོག་ལྗང་ཁུ། སྡོང་རྐང་མཐོ་བ་ཡིན། མཉེན་པའི་གང་བུ་མདངར་ཚད་མཐོ་ཞིང་སྐྱི་བ་ཡིན། སྡོང་རྐང་གི་མཐོ་ཚད་ལ་ལི་མི 170.8 ~184.6ཡོད། གཞུང་རྐང་གི་སྦོམ་ཚད་ལི་མི 0.7~0.8ཡིན། སྡོང་རྐང་གི་ཚིགས་ཀྱི་གྲངས་ཀ 20~23དང་ཡལ་ག 2~3ཡོད། ཡོངས་སུ་སྐྱེ་འཚར་བྱུང་བའི་དུས་ཡུན་ཉིན 120 ~133ཡིན། མེ་ཏོག་མདོག་དཀར་པོ་དང་ཕྲེང་ཏོག་གི་དབྱིབས། རིང་ཚད་ལི་མི 11.1~12.2དང་ཞེང་ཚད་ལི་མི 2.1~2.4ཡོད། སྤ་བའི་ཕྱི་ཤུན་མེད། གསར་སྐྱེས་གང་བུ་མདངར་ཞིང་སྐྱི་བ་ཡིན་ལ། མདོག་ལྗང་ཁུ། རྒྱུ་སྤུས་དང་ཐྲོ་བ་ལེགས་པོ་ལྡན། ལོ་མ་ཆུང་བ་དང་རྩེང་གི་ལོ་མ་ལྗང་ཁུ། རིམ་ཐོས་ཁྲ་ཐིག་མངོན་གསལ་ལྡན། རྩེང་གི་ལོ་མར་མཆན་ཁྱེར་གི་སྔོ་ནག་ཁྲ་ཐིག་མེད། གང་བུའི་ནང་འབྲུ་ཏོག་རང་སོར་རྣམ་པར་བསྒྲིགས་ཡོད། ཞིང་ཁར་གང་བུ་མི་གསས་པ། སྡོང་རྐང་རྐྱང་པ་རེར་ཆ་སྙོམས་གང་བུ 15~19དང་། སྡོང་རྐང་རེར་འབྲུ་ཏོག 73~82ཡོད། གང་བུ་རེར་འབྲུ་ཏོག 5 ~6ཡོད། འབྲུ་ཏོག་སྟོང་རེའི་ལྗིད་ཚད་ཁེ 224.9 ~233.3ཡིན། ཉལ་བ་འགོག་ཅིང་རྩད་རུལ་ནད་རྩུབ་ཡང་།

(གཉིས)འདེབས་གསོའི་ལག་རྩལ་གནད་འགག

ས་རྒྱུའི་གཤིན་ཚད་འབྲིང་ཡན་གྱི་ཆུ་གཏོང་འཐུད་སྟབས་བདེ་བའི་ཞིང་ས་བདམས་ནས་འདེབས་དགོས། མུའུ་རེར་སྐྱེ་ལྡན་ལུད(སྟོང་ཁེ 1500~3000/མུའུ)དང་། ལིན་ལུད(སྟོང་ཁེ 2.3~2.9/མུའུ) ཏན་ལུད(སྟོང་ཁེ 1.8~2.4/མུའུ)བཞག་ནས་གཏིང་ལུད་བྱེད་དགོས། མུའུ་རེའི་ལྷུང་པ་ཁག་ཐེག་ཚད་ཀང་ཁྲི 2 ~2.2ཡིན། ཕྲེང་བར་ལ་ལི་སྨིད 30 ~60ཡིན། བཏོག་པ་བདེ་ཆེད་ཕྲེང་སྟར 2~3ཡི་མཚམས་ནས་ལི་སྨིད 60ཅན་གྱི་ཕྲེང་བར་ཡངས་མོ་ཕྲེང་སྟར 1 འདེབས་དགོས། དྲོད་ཁང་དུ་འདེབས་པའི་སྤུག་ཚད་ནི(ཀང་ཁྲི 1.8~2.0/མུའུ)ཡིན། མེ་ཏོག་ཐོག་མར་བཞད་པའི་དུས་དང་གང་བུ་འདོགས་པའི་དུས། མེ་ཏོག་མཇུག་རྫོགས་པའི་སྔོན་བཅས་སུ་ཆུ་ཐེངས 1~3ལ་གཏོང་དགོས། མེ་ཏོག་བཞད་རྗེས་ཀྱི་ཉིན 20ཡས་མས་སུ་འཐོག་པ་འགོ་ཚུགས་དགོས། ཉིན 3~4ལ་ཐེངས 1རེ་བཏོག་དགོས། ས་ལ་བརླན་ཆེ་བའི་དུས་སུ་བཏོག་མི་རུང་བ་སྟེ་ཙ་བ་བསྣད་ནས་ཐ་མོ་ནས་སྐམ་པར་གཡོལ་དགོས། སྲན་རིལ་གྱི་སྲིན་ནད་སྐྱོ་འགོག་བཅོས་བྱེད་པར་དོ་སྣང་བྱེད་དགོས། འབྲིང་རིམ་གྱི་ཆུ་ལུད་ཆ་རྐྱེན་འོག་མུའུ་རེ་ནས་གསར་སྐྱེས་གང་བུ་སྟོང་ཁེ 900~1000ཐོན་ཐུབ། འབྲུ་རྡོག་མུའུ་རེ་ནས་སྟོང་ཁེ 130~170ཐོན་པ་ཡིན།

(གསུམ)འདེབས་འཛུགས་ས་ཁུལ།

ཟི་ལིང་ས་ཁུལ་དང་། མཚོ་ཤར་ཞིང་ལས་ཁུལ་གྱི་རྗེན་ཞིང་དང་སྲུང་སྐྱོབ་ལྡན་པའི་ཞིང་སར་འདེབས་པར་འཚམ།

དྲུག ཨ་ཙི་ཁོ་སི།

(གཅིག)ཁྱད་རྟགས་ཁྱད་གཤིས།

ཟས་གྲིན་ལས་པ་དང་མྱུར་འཁྱུགས་རྣམ་པའི་སྲན་རིལ་ཡིན། སྦུ་གུ་དྲང་

ཨོར་ལངས་ནས་སྐྱེ་འཚར་འབྱུང་བ་དང་མདོག་ལྗང་ནག སྡོང་རྐང་ཕྱེད་དམའ་བ་ཅན་ཡིན། གཞུང་རྐང་གི་སྦོམ་ཕྲ་ལི་སྨིད་0.6~0.7ཡིན། སྡོང་རྐང་གི་ཚིགས་ཀྱི་གྲངས་ཀ་18~21དང་ཡལ་ག་2~3ཡོད། སྡོང་རྐང་སྟེང་དུ་ཕྲ་ཚིལ་གྱིས་བཏུམས་ཡོད། སྡོང་རྐང་གི་མཐོ་ཚད་ལི་སྨིད་81.3~90ཡོད། ཡོངས་སུ་སྐྱེ་འཚར་བྱུང་བའི་དུས་ཡུན་ཉིན་127~130ཡིན། མེ་ཏོག་དཀར་པོ། ཕྲེང་རྡོག་གི་དབྱིབས། རིང་ཚད་ལི་སྨིད་11.1~12.2དང་ཞེང་ལ་ལི་སྨིད་2.1~2.4ཡོད། སྤྲ་བའི་ཕྱི་ཤུན་མེད། གསར་སྐྱེས་གང་བུ་མངར་ཞིང་སྙི་བ་དང་མདོག་ལྗང་ཁུ། རྒྱུ་ཕྲུས་དང་བྲོ་བ་བཟང་བ། ལོ་མ་ཆུང་བར་རིམ་ཟློས་ཁྲ་ཐིག་ཉུང་། རྟིང་གི······ལོ་མ་མདོན་གསལ་ཅན། རྟིང་གི་ལོ་མར་མཚན་ཁུང་གི་སྡོ་ནག་ཁྲ་ཐིག་མེད། སྡོང་རྐང་རྒྱུང་པ་རེར་ཆ་སྙོམས་གང་བུ་15~18དང་། སྡོང་རྐང་རྒྱུང་པ་རེར་འབྲུ་རྡོག་57~70ཡོད། གང་བུ་རེར་འབྲུ་རྡོག་5~6ཡོད། ཞིང་ཁར་གང་བུ་ཁ་མི་གས་པ་ཡིན། སྲན་རྡོག་སྔོན་པོས་གཡོས་སྦྱོར་བྱས་ཚེ་ལྷང་ཞིང་གསར་པ་ཡིན། འབྲུ་རྡོག་སྟོང་རེའི་ལྗིད་ཚད་ཁེ་202~230ཡིན། ཕྱིར་བཏང་གི་ཆུ་ལུད་ཀྱི་འདེབས་འཛུགས་ཆ་རྐྱེན་འོག་མུའུ་རེའི་ཐོན་ཚད་སྟོང་ཁེ་180~200ཡིན།

(གཉིས)འདེབས་གསོའི་ལག་རྩལ་གནད་འགག

ས་རྒྱུའི་གཤིན་ཚད་འབྲིང་ངམ་འབྲིང་ཡན་གྱི་ཞིང་སར་འདེབས་པར······འཚམ། མུའུ་རེར་སྐྱི་ལྷན་ལུད(སྟོང་ཁེ1500~3000/མུའུ)དང་། ལིན་ལུད(སྟོང་ཁེ2.3~2.8/མུའུ) ཧན་རྐྱང(སྟོང་ཁེ0.29~1.38/མུའུ)བཞག་ནས་གཏིང་ལུད་བྱེད་དགོས། མུའུ་རེར་རྫ་ལི་ལིང་ཁེ0.15~0.18བཀོལ་ནས་ས་བཏབ་སྔོན་དུ་ས་རྒྱུ་ཐག་གཅོད་བྱེད་དགོས། མུའུ་རེའི་ལྗང་པ་ཁག་ཐེག་ཚད···རྐང་ཁྲི་5~6.5ཡིན། ཕྲེང་བར་ལ་ལི་སྨིད་20~30ཡིན། མེ་ཏོག་ཐོག་མར་བཞད་པའི་དུས་དང་འབྲུ་རྡོག་མིག་ལྷུག་པའི་དུས་ཆུ་ཐེངས་1~2ལ་གཏོང་དགོས། ཆུ་

གཏོང་བ་དང་ཟླུང་འབྲེལ་གྱིས་སྐྱེང་ལུད་ཏན་རྒྱུང་(སྟོང་ཁེ 1.38~1.84/མུའུ) དང་། ཐུ་རྒྱུང་(སྟོང་ཁེ 2.2~2.75/མུའུ)འཇོག་དགོས། བཏོག་པ་བདེ་ཆེད་ཕྲེང་སྟར 2~3ཡི་མཚམས་ནས་ལི་སྨིད 60ཙམ་གྱི་ཕྲེང་བར་ཡངས་མོ་ཕྲེང་སྟར 1 འདེབས་དགོས། སྲན་རིལ་གྱི་གནོད་འབུ་ལ 50%ཙམ་གྱི་ཞིན་ལིའུ་ལིན་འོ་སྨན··· བཀོལ་ཏེ་ཆུ་ལྡབ 500ལ་བསྲེས་ཏེ་ཐེངས 1~2ལ་གཏོར་དགོས་ཤིང་། མུའུ་རེར་སྨན་སྟོང་ཁེ 40གཏོར་དགོས། འབྲུ་ཇོག་གསར་ཞིང་ནེམ་པའི་དུས་རིམ་ལ···· བཏོག་པའི་སྐབས་སུ་ས་ལ་བརྟན་ཆེ་བའི་དུས་སུ་བཏོག་མི་ཐུང་བ་སྐྱེ་རྩ་བ་བསྡད་ནས་སྡུ་མོ་ནས་སྐམ་པར་གཡོལ་དགོས།

(གསུམ)འདེབས་འཛུགས་ས་ཁུལ།

མཚོ་སྔོན་ཞིང་ཆེན་གྱི་ཞིང་ཆུ་མ་དང་བརྟན་གཤེར་ཚུང་བཟང་བའི་ཞིང་ལས་ཁུལ། འབྲིང་དང་མཐོ་གནས་ཀྱི་ཞིང་རི་མར་འདེབས་པར་འཚམ། (རི་མོ 3–4ལ་ལྟོས)

རི་མོ 3–4 ཨ་ཅི་ཕོ་སི་སྲན་རིལ་ལ་སྒྲོམ་བརྒྱབ་ནས་འདེབས་གསོ་བྱེད་པ།

ས་བཅད་ལྔ་པ། སྲན་རིལ་འདེབས་གསོ་བྱེད་པའི་ལག་རྩལ།

གཅིག རི་ཐང་མཚམས་སུ་སྲན་རིལ་ཐོན་མཐོ་འདེབས་གསོའི་ལག་རྩལ།

(གཅིག) རེས་འདེབས་བྱེད་པ།

སྲན་རིལ་ལ་ཆེས་མི་རུང་བ་ནི་བསྟུད་འདེབས་བྱེད་པ་དེ་ཡིན། བསྟུད་འདེབས་བྱས་ན་ནད་དང་འབུ་ཡི་གནོད་པ་ཇེ་སྡུག་ཏུ་འགྲོ་ཞིང་ཐོན་ཚད་ཇེ་དམའ་རུ་འགྲོ་བ། རྒྱུ་སྤུས་ཇེ་ཞན་དུ་འགྲོ་བ་ཡིན། དེའི་ཕྱིར། སོག་ཤུལ་ལ་གསེང་སྦྱོད་བྱས་པའི་ལོ་ཏོག་བཟང་བ་ཡིན།

(གཉིས) ཞིང་བཅོས་བྱེད་པ།

ས་རིམ་སོབ་པ་དང་གཏིང་ཟབ་པ། བརླན་གཤེར། ཆུ་དང་ལུད་སྦྱུང་ཞིང་སྲན་རིལ་གྱི་རྩ་ལག་སྐྱེ་འཚར་འཚར་ལོངས་ལ་ཕན་པ་ཡིན། སྲན་རིལ་ཐོན་སྐྱེད་ཁུལ་གྱི་ཞིང་བཅོས་ཀྱི་བྱེད་ཐབས་ལ་སྔོན་ཁར་ཤལ་རྒྱག་པ་དང་འདེབས་སྐབས་ཀྱི་དཔྱིད་རྨོ། བཏབ་རྗེས་ཀྱི་ཤལ་བརྒྱབ་ནས་བཞའ་སྤྱུང་བྱེད་པ་བཅས་གཙོར་བྱེད་པ་ཡིན། སྔོན་མའི་ལོ་ཏོག་བསྡུས་རྗེས་དེ་མ་ཐག་ཡོག་གཏིང་དུ་བརྒྱབ་ཏེ་ས་རྒྱུ་བཏུལ་ནས་ཆར་ཆུ་འཛིན་པར་བྱེད་དགོས།

(གསུམ) ས་རྒྱུ་ཐག་གཅོད།

མ་བཏབ་སྔོན་ལ་རྩྭ་ལེ་ལིང་ཁེ 100~150འམ་ཡང་ན་ཡན་མའི་ལྕེ་ཁེ 200བཀོལ་ཏེ་ཚ་སྔོང་ཁེ 30ལ་བསྲེས་ནས་ས་རྒྱུ་ཐག་གཅོད་བྱས་ཏེ་ཡུག་རྩྭ་འགོག་བཅོས་བྱེད་དགོས།

(བཞི) ལུད་འཛུགས་པ།

ལུགས་མཐུན་གྱིས་ཁྱིམ་ལུད་དང་རྫས་ལུད་འཇོག་པ་ནི་སྲན་རིལ་ཡོན་ཚད་ཇེ་མཐོར་གཏོང་བའི་བྱེད་ཐབས་གལ་ཆེན་ཡིན།

1.ཁྱིམ་ལུད། དཔྱིད་འདེབས་སྲན་རིལ་ཁྲུལ་གྱི་མུའུ་རེར་སྟོང་ཁ་450ཡན་ཐོན་པའི་ཐོན་མཐོ་ས་ཞིང་ལ། ཕྱིར་བཏང་མུའུ་རེར་ར་ལུད་དམ་སྐྱིགས་ལུད་སྟོང་ཁ་3000~4000འཇོག་དགོས།

2.ཏན་ལུད། རྩད་རྫོག་ཕྲ་སྲིན་གྱི་ཏན་འཇགས་བྱེད་ནུས་ཀྱི་དབང་གིས་ཏན་ལུད་ཤུང་ཙམ་འཇོག་པའམ་མ་བཞག་ན་ཆོག དེའི་གཏན་འཇགས་ཀྱི་ཏན་རྒྱུ་ཡིས་སྲན་རིལ་སྐྱེ་འཚར་དུས་ཀྱི་ཏན་གྱི་དགོས་མཁོ་སྤྱིའི་60%~70%སྐོང་ཐུབ་ཅིང་། ལྷག་མའི་30%~40%ཡི་ཏན་རྒྱུ་ནི་ས་རྒྱུ་ཁྲོད་ནས་བསྡུ་ལེན་བྱེད་ཐུབ། འོན་ཀྱང་ཞིང་རི་མའི་ས་རྒྱུ་ནང་སྐྱེ་ལྡན་བཙུད་རྫས་ཅུང་ཤུང་ཞིང་། ས་རྒྱུ་ཡི་གཤིན་ཚད་དམའ་བ་ཡིན་པས་ཐན་སྐམ་གྱི་འཇིགས་པ་ཐེབས་སྲིད། དེའི་ཕྱིར་ས་རྒྱུའི་གཤིན་ཚད་འབྲིང་རིམ་མན་གྱི་ཆུ་ཚད་ཀྱི་ཞིང་སར་མུའུ་རེར་ཏན་ཀྲུང་སྟོང་ཁ་1.25~2འཇོག་དགོས་པ་དང་། ས་རྒྱུའི་གཤིན་ཚད་འབྲིང་རིམ་མམ་འབྲིང་རིམ་ཡན་གྱི་ཆུ་ཚད་ཀྱི་ཞིང་སར་ཕྱིར་བཏང་ཏན་ལུད་མི་འཇོག་པ་ཡིན། དེ་ལས་ལྡོག་ན་རྩད་རྫོག་ཕྲ་སྲིན་གྱི་ཏན་འཇགས་ནུས་པར་ཤུགས་རྐྱེན་ཐེབས་ཏེ་སྐྱེས་དལ་ཞིང་སྨིན་འཕྱི་བར་བྱེད་ངེས།

3.ལིན་ལུད། ཕྱིར་བཏང་དུ་ལིན་ལུད་དང་སྐྱེ་ལྡན་ལུད་མཉམ་བསྲེས་ཀྱིས་གཏིང་ལུད་དུ་འཇོག་ཅིང་། མུའུ་རེར་སྟོང་ཁ་4~6རེ་ཚད་ལྡན་དུ་བྱས་ཚེ་ནུས་པ་ལྡན་པའི་སྒོ་ནས་སྲན་རིལ་གྱི་སྐྱེ་དངོས་ཐོན་ཚད་དང་འབྲུ་རྫོག་སྐམ་པོའི་ཐོན་ཚད་འཕར་སྣོན་བྱེད་ཐུབ།

4.ཀྲི་ལུད། རྨང་ལུད་དུ་བྱེད་ཅིང་མུའུ་རེར་སྟོང་ཁ་1.5~2བཞག་ཚེ་སྡོང་ཀང་ལ་སྟོབས་རྒྱས་ཏེ་ཉལ་བ་འགོག་པ་དང་། སྡོང་ཀང་གི་ཐན་པ་བསྲུན་པའི་

ནུས་པ་རྗེ་དྲག་ཏུ་གཏོང་བའི་བྱེད་ནུས་ལྡན་པ་ཡིན།

(ལྔ)སོན་བཟང་བདམས་སྤྱོད་བྱེད་པ།

1.ས་བོན་གྱི་གྲ་སྒྲིག ས་བོན་ཉི་མར་སྐེམ་པ་དང་ས་བོན་འདེམ་པ། ས་བོན་སྨན་རྫས་ཀྱིས་བསྒོག་པ་བཅས་འདུ་བ་ཡིན། ས་བོན་ཉི་མར་བསྐམས་ན་སྦུ་གུ་འབུས་པའི་ནུས་པ་དང་སྦུ་གུ་འབུས་པའི་སྟོབས་ཤུགས་ཚང་མ་མཐོར་འདེགས་གཏོང་ཐུབ། ས་བོན་གདམ་པ་ནི་སྦུ་གུ་ཆ་མཉམ་ཞིང་སྐྱེ་འཚར་བཟང་བའི་སྦུ་གུ་འདེབས་གསོ་བྱེད་པར་ཕན་པ་ཡིན། ས་བོན་བསྒོག་པ་ལ་སྲིན་གསོད་སྨན་དང་རྩད་རྫོག་ཕྲ་སྲིན་སྨན་རྫས་སོགས་འདུ་བ་ཡིན།

2.འདེབས་དུས། སྲུན་རིལ་གྱི་འཚམ་པའི་འདེབས་དུས་ནི་ས་དེ་གའི་རང་བྱུང་ནམ་ཟླའི་ཆ་རྐྱེན་དང་བཀོལ་སྤྱོད་བྱེད་པའི་ས་བོན་གྱིས་ཐག་གཅོད་པ་ཡིན། མཚོ་སྔོན་ཞིང་ཆེན་གྱི་ས་ཁུལ་སོ་སོའི་གནམ་གཤིས་དྲོད་གྲང་ནི་བཏབ་རྗེས་སུ་ཡར་འཕར་བ་ཙུང་མགྱོགས་པ་མ་ཟད། ས་ཁུལ་སོ་སོར་སྲུན་རིལ་ལ་མེ་ཏོག་བཞད་པ་དང་གང་བུ་འདོགས་པའི་དུས 25℃ཡན་གྱི་དྲོད་ཚད་མཐོན་པོར་འཕྲད་སྲིད་པ་ཡིན། དེའི་མཚུངས་སུ་སྲུན་རིལ་གྱིས་ད་དུང−5～−3℃གྱི་དྲོད་ཚད་དམའ་མོ་བསྲན་ཐུབ་པ་ཡིན། དེའི་ཕྱིར། འཚམ་པའི་འདེབས་དུས་ནི་སྔ་འདེབས་བྱས་ན་འཚམ་པ་སྟེ་སྲུན་རིལ་ལ་དྲོད་ཚད་མཐོན་པོ་མ་བསླེབས་སྔོན་ལ་གང་བུ་འདོགས་སུ་འཇུག་དགོས། སྔ་འདེབས་བྱས་ན་ཐན་པ་འགོག་ཅིང་སྦུ་གུར་སྲུང་སྐྱོབ་བྱེད་པ་དང་། སྐྱེ་སྟོབས་བཟང་བའི་སྦུ་གུ་འདེབས་གསོ་བྱེད་པ། མེ་ཏོག་གི་སྦུ་གུ་ཁ་གྱེས་པའི་དུས་རིང་དུ་བསྲིང་པ། མེ་ཏོག་བཞད་པ་དང་གང་བུ་འདོགས་པ་རྗེ་མང་དུ་གཏོང་བ་བཅས་ལ་ཕན་པ་ཡིན། དམའ་གནས་དང་འབྲིང་གནས་རི་ཁུལ་གྱི་ཞིང་རི་མར་ཟླ 3པའི་ཟླ་སྨད་ནས་ཟླ 4པའི་ཟླ་སྟོད་དུ་འདེབས་པ་དང་། འབྲིང་དང་མཐོ་གནས་ཀྱི་ཞིང་རི་མར་ཟླ 4པའི་དཀྱིལ་དང་

སྐད་དུ་འདེབས་དགོས་པ་ཡིན།

3.འདེབས་སྟངས་དང་འདེབས་པའི་སྟུག་ཚད། སྲན་རིལ་འདེབས་སྟངས་ལ་གཏོར་འདེབས་དང་རོལ་འདེབས། ཕྲེང་འདེབས། ལག་གཏོར་བྱེད་པ་སོགས་རིགས་སྣ་ཚོགས་ཡོད། འོན་ཀྱང་གཏོར་འདེབས་དང་རོལ་འདེབས་ཉུང་མང་བ་ཡིན། གཏོར་འདེབས་ནི་ཉུང་རགས་ལས་ཡིན་ཞིང་ས་བོན་ཐོག་ས་བཀབ་པའི་ཟབ་ཚད་གཅིག་མཚུངས་མིན་པ། ས་ཁར་ལུས་པའི་ས་བོན་མང་བ། སྨྱུ་གུ་ཐོན་པ་གྲལ་འགྲིག་པོ་མིན་པ་མ་ཟད། གསེང་སྐྱོད་བྱས་ནས་ས་སོབ་སོབ་བཟོ་བར་སླབས་བདེ་མིན་པ་རེད། རོལ་འདེབས་ནི་ས་བོན་ཐོག་ས་བཀབ་པའི་ཟབ་ཚད་གཅིག་མཚུངས་ཡིན་པ་དང་ཕྲེང་སྟར་གྱི་བར་ཐག་སྙོམས་པོ་ཡིན་པ། གསེང་སྐྱོད་བྱས་ནས་ས་སོབ་སོབ་བཟོ་བར་སླབས་བདེ་བ་བཅས་ཆེས་ཕུགས་རེ་དང་མཐུན་པའི་འདེབས་སྟངས་ཤིག་ཡིན་པ་རེད། འདེབས་པའི་སྟུག་ཚད་ནི་ས་བོན་དང་གནམ་གཤིས་ཀྱི་ཆ་རྐྱེན། ས་རྒྱུ་ཡི་གཤིན་ཚད་བཅས་ལ་འབྲེལ་བ་དམ་པོ་ཡོད་པ་ཡིན། མཚོ་སྔོན་གྱི་རི་ཁུལ་ཞིང་རི་མའི་ཆེས་འཚམ་པའི་འདེབས་པའི་སྟུག་ཚད་ནི(ཀང་ཁྲི 5 ~6/མུའུ)ཡིན། གལ་ཏེ་གཟུགས་ཕྲུང་ས་བོན་ཡིན་ན་ས་ཁུལ་སོ་སོའི་འདེབས་པའི་སྟུག་ཚད་ཀྱི་ཁྱབ་ཁོངས་ནང་ཀང་ཁྲི 0.5 ~0.7སྣོན་ཆོག་པ་ཡིན།

4.འདེབས་པའི་ཟབ་ཚད། སྲན་རིལ་འདེབས་པའི་ཟབ་ཚད་ནི་ས་རྒྱུ་ཡི་འཁྲིགས་ཚད་དང་ས་རྒྱུ་ཡི་བཞའ་བརླན་ཚད། ཆར་ཆུའི་འབབ་ཚད་བཅས་ཀྱིས་གཏན་འཁེལ་བྱེད་པ་ཡིན། བྱེ་མ་ཅན་གྱི་ས་རྒྱུ་ལ་འོས་འཚམ་གྱིས་བཏབ་པ་ཟབ་དགོས་པ་དང་འབྱུར་ཚབས་ཆེ་བའི་ས་རྒྱུ་ལ་གཏིང་ཐུང་བར་འདེབས་དགོས། ས་རྒྱུར་བཞའ་བརླན་ཆེ་བ་དང་ཆར་ཆུ་འབབ་ཚད་མོད་པའི་ས་ཁུལ་དུ་གཏིང་ཐུང་དུར་བཏབ་ན་ཆོག མཚོ་སྔོན་ཞིང་ཆེན་གྱི་ཆ་སྙོམས་ཀྱི་འདེབས་

པའི་ཟབ་ཚད་ལི་མིད 8~13ཡིན།

(དྲུག)ཞིང་ཁའི་དོ་དམ།

སྲན་རིལ་ལ་སྨུ་གུ་ཐོན་རྗེས་ཀྱི་ཞིང་ཁའི་དོ་དམ་ལ་གཙོ་བོར་གསེང་སྐྱོད་ཡུར་རྒྱག་དང་། སྟེང་ལུད་འཛོག་པ། ནད་དང་འབུ་ཡི་གནོད་པ་འགོག་བཅོས་བྱེད་པ་སོགས་འདུ་བ་ཡིན།

1.གསེང་སྐྱོད་དང་ས་སྐྱོར་རྒྱག་པ། སྲན་རིལ་ནི་སྨུ་གུའི་དུས་སུ་རྩ་ལྷུམ་གྱིས་མཐར་སླབ་ཡིན། དེ་བས་གསེང་སྐྱོད་ཡུར་རྒྱག་ཐེངས་མང་བྱེད་དགོས། གསེང་སྐྱོད་དང་ས་སྐྱོར་རྒྱག་པ་ལ་ཞིང་ཁའི་རྩྭ་ལྷུམ་མེད་པར་བཟོ་བ་དང་ས་སོབ་སོབ་བཟོས་ཏེ་སེར་སྲུང་པ་ལ་ཕན་ཐོགས་ཡོད་པ་ཡིན།

2.སྟེང་ལུད་རྒྱག་པ། སྨུ་གུ་སྐྱེ་འཚར་ཞན་པའི་ཞིང་སར་གསེང་སྐྱོད་དང་ས་སྐྱོར་རྒྱག་པ་དང་ཟུང་དུ་འབྲེལ་ཏེ་ཏན་ལུད་སྟེང་ལུད་དུ་འཛོག་དགོས། ཡུའུ་རེར་གཅིན་རྒྱ་སྟོང་ཁ 2.5~5.0འཛོག་དགོས། མེ་ཏོག་དང་གང་བུའི་དུས་ས་མའི་ཐོག་ཏུ་ཚད་འོས་འཚམ་གྱི 1%~2%གྱི་ཡིན་སྐྱུར་ཆེང་གཉིས་ཐྭ་གཏོར་དགོས།

3.ནད་དང་འབུ་ཡི་གནོད་པ་འགོག་བཅོས་བྱེད་པ། ནད་དང་འབུ་ཡི་གནོད་པ་ནི་སྲན་རིལ་ཐོན་ཚད་ལ་ཚོད་འཛིན་བྱེད་པའི་རྒྱུ་རྐྱེན་གཙོ་བོའི་གྲས་ཡིན། སྲན་རིལ་གྱི་ནད་ཀྱི་གནོད་པ་ལ་གཙོ་བོར་བཙའ་ནད་དང་རྩད་རུལ་ནད། གྲིན་ནད་སྨུ་པོ་སོགས་ཡོད་པ་ཡིན། འབུ་ཡི་གནོད་པ་ནི་སྐྱེ་དངོས་གནོད་འབྲུ་དང་ས་མའི་སྦྲང་ནག་གཙོ་བོ་ཡིན། འགོག་བཅོས་བྱེད་ཐབས་ནི། གཅིག་ནས་རིམ་འདེབས་བྱེད་ཐབས་སྤྱོད་པ་དང་ནད་འགོ་ཚད་ཡང་བའི་ས་བོན་བདམས་སྤྱོད་བྱེད་དགོས། གཉིས་ནས་སྨན་རྫས་བཀོལ་ནས་འགོག་བཅོས་བྱེད་དགོས། དཔེར་ན་ཡུའུ་རེར 50%ཅན་གྱི་ཏོ་རུན་ལིན་གཤེར་རྫང་ཕྱེ་སྨན་སྟོང་ཁ 0.12ཆུ་སྟོང་ཁ 20~30ལ་བསྲེས་ནས་ཞིང་ཁར་སྣུག་གཏོར་བྱས་ཏེ་འགོག་བཅོས་ཐེངས 2~

3ལ་བྱས་ན་བཙའ་ནད་མཆེད་པར་ཆོད་འཛིན་བྱེད་ཐུབ་པ་དང་། 90%ཅན་གྱི་ཏི་པའི་ཁྲུང་སྟོང་ཁེ 0.5ཆུ་སྟོང་ཁེ 50ལ་བསྲེས་ཏེ་སྨུག་གཏོར་བྱས་ནས་འགོག་བཅོས་བྱས་ན་ལོ་མའི་སྦྲང་ནག་གི་འབུ་ཕྲུག་དང་ཞལ་འབུ་ལ་འགོག་བཅོས་ཀྱི་ཕན་ནུས་མངོན་གསལ་ལྡན་པ་ཡིན།

(བདུན)འབྲེག་སྟུད་དང་གསོག་ཉར།

དུས་དང་འཚམ་པར་འབྲེག་སྟུད་བྱེད་རྒྱུ་ནི་སྲན་རིལ་གྱི་ཐོན་ཚད་མཐོ་བའི་གནད་འགག་ཡིན། ཟླ 6པའི་དཀྱིལ་སྟོད་ཡས་མས་སུ་སྲན་གང་མང་ཆེ་ཤོས་མདོག་སེར་པོར་གྱུར་ཅིང་། ཡིན་ཡང་ཁ་གས་མེད་པའི་དུས་སུ་འབྲེག་སྟུད་བྱེད་དགོས། འབྲེག་སྟུད་ཀྱི་བྱ་བ་ནི་ནངས་སྔ་མོར་སྒྲིལ་དགོས་པ་དང་། བྲེགས་རྗེས་སྔོང་རྐང་ཧྲིལ་པོའི་སྲན་རིལ་ཤོག་བརྒྱབ་ཏེ་བདེ་སྙོམས་ཀྱི་ས་སྐམ་སར་བཏིངས་ཏེ་བསིལ་སྐམ་བྱེད་དགོས། ཉིན 1~2ལ་བསིལ་སྐམ་བྱས་ཏེ་སྲན་རིལ་གྱི་གང་བུ་མང་ཆེ་བ་ཁ་གས་རྗེས་འབྲུ་འདོན་འཕྲུལ་ཆས་བཀོལ་ནས་འབྲུ་གུ་འདོན་པ་དང་། འབྲུ་གུ་བཏོན་རྗེས་སྒྲོམ་བཀོལ་ཏེ་སྲན་རིལ་འབྲུ་རྫོག་ཁྲོད་ནས་བསླད་རྫས་བསལ་དགོས། དེ་རྗེས་ཡང་བསྐྱར་ཚགས་མ་བཀོལ་ནས་ཞིབ་བསལ་ཐེངས་གཅིག་བྱས་ཏེ་སྣོད་དུ་བཙུག་ནས་སྐམ་ཞིང་རླུང་རྒྱུ་བའི་མཛོད་ཁང་དུ་བདག་ཉར་བྱེད་དགོས།

གཉིས། ཚལ་བཀོལ་སྲན་རིལ་གྱི་ཐོན་ཚད་མཐོ་བའི་འདེབས་གསོ་ལག་རྩལ།

ཚལ་བཀོལ་སྲན་རིལ་ལ་གཙོ་བོར་འབྲུ་རྫོག་བཀོལ་བ་ཅན་དང་སྦུ་གུ་བཀོལ་བ་ཅན། གང་བུ་བཀོལ་བ་ཅན་བཅས་རིགས་གསུམ་ཡོད་ཅིང་། དེའི་ཐོན་ཚད་མཐོ་བའི་འདེབས་གསོ་ལག་རྩལ་དང་རི་ཐང་མཚམས་སུ་སྲན་རིལ་ཐོན་མཐོ་འདེབས་གསོ་ལག་རྩལ་གཉིས་ཕལ་ཆེར་གཅིག་མཚུངས་ཡིན། མི་མཚུངས་

ས་ནི། སྨུ་གུ་བཀོལ་བ་ཅན་དང་གང་བུ་བཀོལ་བ་ཅན་གྱི་སྲན་རིལ་གྱི་འདེབས་གསོའི་ཁྱད་ཆོས་ནི་དུས་བགོས་ཀྱིས་འཐོག་པ་ཡིན་པས་ངེས་པར་དུ་ཕྲེང་བར་ཡངས་དོག་ཅན་དུ་འདེབས་དགོས་པའི་ཐླང་བྱ་ལྷན་པ་མ་ཟད། གང་བུ་བཀོལ་བ་ཅན་གྱི་སྲན་རིལ་ལ་སྒྲོམ་རྒྱག་དགོས་པ་དང་། རབ་ཡིན་ན་རྟང་ཐོག་ཏུ་འདེབས་ཤིང་ཤུར་ནང་དུ་ཆུ་གཏོང་བ་སྤྱོད་དགོས། བྱེད་ཐབས་འདིས་ནི་འཐོག་པ་སྐབས་བདེ་ཞིང་ཐོན་ཚད་མངོན་གསལ་གྱིས་འཕར་བ་མ་ཟད། ད་དུང་གང་བུ་གསར་པའི་ཕྱིའི་རྣམ་པའི་ཚོང་རྫས་ཀྱི་རང་བཞིན་སྲུང་འཛིན་བྱེད་པ་ཡིན། བྱེ་བྲག་གི་འདེབས་གསོའི་གནད་འགག་ནི་གཤམ་ལྟར།

(གཅིག)འདེབས་པའི་དུས་ཚོད།

ཟླ 3པའི་ཟླ་སྨད་ནས་ཟླ 4བའི་ཟླ་དཀྱིལ་དུ་འདེབས་པ།

(གཉིས)ལུད་རྒྱག་ཞིང་བཅོས།

སྲན་རིལ་ནི་སྔོན་གྱི་སོག་ཤུལ་ལོ་ཏོག་ལ་ བླང་བྱ་ནན་མོ་མེན་མོད། འོན་ཀྱང་བསྡུད་འདེབས་བྱེད་པར་འཛེམ་དགོས་པ་ཡིན། མ་བཏབ་སྔོན་དུ་མུའུ་རེར་ཁྱིམ་ལུད་ཐིད་ལྷམ་པ 3 ~4དང་། གཙོ་ལིན་སོན་ཀལ་སྟོང་ཁེ 30 ~40 གཅིན་རྒྱུ་སྟོང་ཁེ 10བཅས་གཏོར་འཇོག་བྱེད་དགོས། ལོག་གཏིང་དུ་ལི་ཐིད 30ཡན་རྒྱག་པ་དང་ཤལ་བརྒྱབ་རྗེས་རྟང་མ་ལས་དགོས། དེ་རྗེས་ཆུ་གཏིང་དུ་སེམ་པ་བཏང་སྟེ་རྟང་མའི་ངོས་ཙུང་སྐམ་རྗེས་ཤལ་བརྒྱབ་ནས་འདེབས་པར་སྒྲུག་དགོས།

(གསུམ)འདེབས་ཐབས།

ཤུར་སྣང་ལས་ཏེ་ཁྲུང་འདེབས་བྱེད་པ་སྤྱོད་དགོས། མུའུ་རེར་འདེབས་ཚད་སྟོང་ཁེ 3~4དང་། འདེབས་པའི་ཟབ་ཚད་ལི་ཐིད 3~4ཡིན། ཕྲེང་བར་ཆེ་བ་ལ་ལི་ཐིད 60དང་ཕྲེང་བར་ཆུང་བ་ལ་ལི་ཐིད 40ཡིན། ཁྲུང་བུ་རེའི་བར

ཐག་ལི་སྨིད་20དང་ཁུང་བུ་རེར་སོན་རྗེག་2~3འདེབས་དགོས།

(བཞི)སྟུག་ཚད་གླང་བྱ།

གང་བུ་བཀོལ་བ་ཅན་ནི་རྗེན་ཞིང་དུ་མུའུ་རེར་ལྡང་པ་ཀྲང་ཁྲི་2~2.2ཁག་ཐེག་བྱེད་པ་དང་སྲུང་སྐྱོབ་ཡོད་པའི་ཞིང་སར་ཀྲང་ཁྲི་1.8~2.0ཡིན་ལ། ཕྲེང་བར་ཡངས:དོག=ལི་སྨིད་60 :30ཡིན། སྨྱུ་གུ་བཀོལ་བ་ཅན་ནི་རྗེན་ཞིང་དུ་མུའུ་རེའི་ལྡང་པ་ཁག་ཐེག་ཚད་ཀྲང་ཁྲི་5~6དང་སྲུང་སྐྱོབ་ཡོད་པའི་ཞིང་སར་ཀྲང་ཁྲི་4~5ཡིན་ཞིང་། ཕྲེང་བར་ཡངས:དོག=ལི་སྨིད་40:20ཡིན།

(ལྔ)ཞིང་ཁའི་དོ་དམ།

1.སྒྲོམ་རྒྱག་པ་དང་སྙིང་ལུད་འཛོག་པ། སྨྱུ་གུ་ཐོན་ཚར་རྗེས་དུས་ཐོག་ཏུ་གསེང་རྫོད་ས་སོབ་ཐེངས་1~2ལ་བྱེད་དགོས། སྡོང་ཀྲང་གི་མཐོ་ཚད་ལི་སྨིད་15~20ཡི་སྐབས་དུས་ཐོག་ཏུ་སྒྲོམ་བརྒྱབ་ནས་འཁྲིལ་བར་བྱས་ཏེ་དེར་རླུང་རྒྱུ་བ་དང་ཉལ་བ་འགོག་པར་བྱེད་དགོས། དེ་དང་ཆབས་ཅིག་ད་དུང་ལྷེ་སྙིང་བཏོག་སྟེ་ཡལ་ག་སྐྱེས་པར་སྐྱུལ་ཏེ་མེ་ཏོག་བཞད་པའི་གྲངས་ཀ་དང་གང་བུ་འདོགས་ཚད་ཇེ་མང་དུ་གཏོང་དགོས། ཕྱིར་བཏང་འཁྲིལ་ལྷན་གཞུང་ཀྲང་ལ་ཚིགས་4~5ཡི་སྐབས་རྩེ་མོའི་ལྷེ་སྙིང་བཏོག་དགོས་ཤིང་། འཁྲིལ་ལྷན་ཡལ་གར་ཚིགས་2~3སྐྱེས་པའི་སྐབས་འཁྲིལ་ལྷན་ཡལ་གའི་རྩེ་སྙིང་བཏོགས་ནས་ཡལ་ག་གཉིས་པ་སྐྱེས་པར་སྐྱུལ་དགོས། འཁྲིལ་བའི་དུས་དང་གང་བུ་འདོགས་པའི་དུས་ཆུ་གཏོང་བ་དང་ཟུང་འབྲེལ་གྱིས་མུའུ་རེར་གཅིན་རྒྱ་སྟོང་ཁེ་10རྒྱག་དགོས། གང་བུ་རབ་ཏུ་འདོགས་པའི་དུས་0.4%ཅན་གྱི་ལིན་སྐྱུར་ཆེང་གཉིས་ཀླའམ་རྫས་ལུད་བཅུད་རྫས་དང་ཧྲི་ཧྲིང་ལེ་སོགས་ཕྲན་ལུད་བཀོལ་ནས་ལོ་མའི་ཐོག་ཏུ་གཏོར་དགོས། མུའུ་རེར་བཀོལ་ཚད་སྟོང་ཁེ་50དང་བསྟོམས་པས་ཐེངས་2~3ལ་གཏོར་ཏེ་མཉེན་པའི་གང་བུའི་སྐྱེ་འཚར་ལ་སྐུལ་འདེད་བྱེད་དགོས། སྐྱེ་འཚར་གྱི་དུས་སྨད་ལ་

དུས་ཐོག་ཏུ་སོ་མ་སྐྱོན་ཅན་བཏོགས་ནས་མེད་པར་བཟོ་དགོས།

2.ནད་དང་འབུ་ཡི་གནོད་པ་འགོག་བཅོས། ཐོག་མར་ཞིང་ཁའི་རྡོ་དམ་ལ་ཤུགས་བསྣན་ནས་ལུགས་མཐུན་གྱིས་ལུད་འཇོག་དགོས་པ་དང་། ཞིང་ཁར་རླུང་རྒྱུ་ཞིང་ཉི་འོད་ཕོག་པ་རྒྱུན་འཁྱོངས་བྱས་ཏེ་སྔོན་ཚང་གི་ནད་འགོག་ནུས་པ་མཐོར་འདེགས་བྱེད་དགོས། ཞིང་ཁར་ནད་ཀྱི་གནོད་པ་བྱུང་ཚེ། 50%ཅན་གྱི་ཏོ་ཙུན་ལིན་ཆུ་ལྷད 1000ལ་བསྲེས་པ་དང་། 70%ཅན་གྱི་ཙ་ཅི་ཐུའོ་པུའུ་ཅིང་ཆུ་ལྷད 1000ལ་བསྲེས་པའམ 75%ཅན་གྱི་པའེ་ཙུན་ཆིང་ཆུ་ལྷད 600ལ་བསྲེས་ནས་སྨྱུག་གཏོར་བྱེད་དགོས་ཤིང་། ཉིན 10ཡས་མས་མཚམས་སུ་ཐེངས 1རེ་གཏོར་དགོས་ལ་བསྟུད་མར་ཐེངས 2~3ལ་འགོག་བཅོས་བྱེད་དགོས། སྦུ་གུའི་དུས་སུ་སོ་མར་སོ་མའི་སྲང་ནག་བྱུང་དུས་མུའུ་རེར 5%ཅན་གྱི་ཉི་ཁྲུའུ་ཁྲུང་ཙུས་སུའུ་ཧྲའོ་ཁེ 30ཆུ་ལ་བསྲེས་ཏེ་གཏོར་ནས་འགོག་བཅོས་བྱེད་དགོས། མེ་ཏོག་བཞད་པའི་དུས་འབུ་ཅི་མ་འགོག་བཅོས་བྱེད་པར 40%ཅན་གྱི་ལེ་ཀུའོ་འོ་སྦུམ་ཆུ་ལྷད 1000ལ་བསྲེས་ཏེ་སྨྱུག་གཏོར་བྱས་ན་འགོག་པའི་ནུས་པ་ཅུང་ཆེ་བ་ཡིན།

(དྲུག)འབྲེག་སྐུད།

སྤྱིར་བཏང་མེ་ཏོག་བཞད་རྗེས་ཀྱི་ཉིན 14~18སྐབས། སྲན་གང་དུ་ངང་ལྡང་ནག་ཡིན་པའམ་ལྡང་སྐྱ་རུ་འགྱུར་འགོ་བརྩམས་པ་དང་སྲན་རྡོག་རྒྱགས་པའི་འགོ་ཚུགས་དུས་དུས་ཐོག་ཏུ་བཏོགས་ཏེ་ཁྲིམ་རར་བསྐྱལ་དགོས། ས་བོན་ལ་བསྒྱུར་ན་ནད་དང་འབུ་ཡི་གནོད་པ་མེད་ཅིང་སྐྱེ་སྟོབས་བཟང་བའི་སྔོན་ཚང་བདམས་ཏེ། གང་བུ་ཡོངས་སུ་སྨིན་ནས་སེར་པོར་གྱུར་པའམ་གང་བུ་སྐམ་པའི་དུས་ལ་ཐོན་སྐབས་འབྲེག་སྐུད་བྱེད་དགོས། འབྲེག་སྐུད་བྱས་རྗེས་ཉི་མར་སྐེམ་པ་དང་འབྲུ་གུ་བཏོན་ནས་སྐམ་ཞིང་འོད་མི་ཕོག་པའི་གནས་སུ་བདག་ཉར་བྱེད་དགོས།